计算机基础课程系列教材

计算思维导论

万珊珊 吕橙 邱李华 李敏杰 郭志强 张昱 编著

INTRODUCTION
TO COMPUTATIONAL
THINKING

机械工业出版社
China Machine Press

图书在版编目（CIP）数据

计算思维导论 / 万珊珊等编著 . —北京：机械工业出版社，2019.9（2021.11 重印）
（计算机基础课程系列教材）

ISBN 978-7-111-63653-3

I. 计… II. 万… III. 电子计算机 - 高等学校 - 教材 IV. TP3

中国版本图书馆 CIP 数据核字（2019）第 188274 号

　　"计算思维导论"是学生进入大学的第一门计算机课程。针对课程学习对象的特点和课程的教学要求，本书设计了 9 个章节，分别是绪论、计算基础、计算平台、计算机网络基础、数据库技术基础、逻辑思维、问题求解、数据挖掘基础、计算机新技术。

　　为了便于教师使用本教材和方便学生学习，本书配有电子教案和实验指导书等教学资料。本书适合作为普通高等学校非计算机专业计算机基础课程教材，也可作为成人高等教育或其他培训机构的培训教材或自学参考书。

出版发行：机械工业出版社（北京市西城区百万庄大街 22 号　邮政编码：100037）

责任编辑：张梦玲　张志铭　赵亮宇　曲 熠　　　　责任校对：李秋荣

印　　刷：北京文昌阁彩色印刷有限责任公司　　　版　　次：2021 年 11 月第 1 版第 4 次印刷

开　　本：185mm×260mm　1/16　　　　　　　　印　　张：16.5

书　　号：ISBN 978-7-111-63653-3　　　　　　　定　　价：49.00 元

客服电话：（010）88361066　88379833　68326294　　　　投稿热线：（010）88379604

华章网站：www.hzbook.com　　　　　　　　　　　　读者信箱：hzjsj@hzbook.com

前　　言

社会信息化进程正以人们无法预测的速度突飞猛进地发展。信息技术的发展和日益丰富的社会需求对高校的计算机教育提出了新的挑战，对当代大学生计算机能力的培养提出了更高的要求。为了满足当前社会对计算机人才的需求，大学生计算机基础课程不应该只是注重技能和操作能力的培养，更应该着眼于培养和提高学生的计算机科学素养。目前，以"增强计算思维能力培养，提高计算机科学素养"为目的的大学计算机基础教育成为改革方向。针对普通院校非计算机专业学生的特点和培养定位，从培养学生建立计算思维理论体系、促进学生的计算思维与各专业思维交叉融合的角度出发，我们编写了这本适合非计算机专业学生的计算思维导论教材。

"计算思维导论"是学生进入大学的第一门计算机课程。针对课程学习对象的特点和课程的教学要求，本书设计了9个章节，分别是绪论、计算基础、计算平台、计算机网络基础、数据库技术基础、逻辑思维、问题求解、数据挖掘基础、计算机新技术。通过本书的学习，学生能够了解利用计算手段求解社会问题或自然问题的基本思维模式，理解网络的原理与构建，从而形成网络化思维，了解抽象复杂系统或复杂问题的基本思维模式，了解由问题到算法再到程序的问题求解思维模式，了解数据管理和挖掘的手段，并体验基于数据库和数据挖掘的数据运用方法，理解大数据、人工智能等技术的社会影响。

本书旨在为各专业学生今后设计、构造和应用各种计算系统求解学科问题奠定思维基础，帮助学生提高解读真实世界系统并解决复杂问题的能力。本书会为学生学习后续的计算机应用课程及其他相关课程奠定基础，并且为他们拥有走向工作岗位应具备的技能提供有力保障。

为了便于教师使用本教材，本书配有电子教案和实验指导书等教学资料，电子教案可从华章官网 ww.hzbook.com 免费下载。本书适合作为普通高等学校非计算机专业计算机基础课程教材，也可作为成人高等教育或其他培训机构的培训教材或自学参考书。

本书源于大学计算机基础教育工作者的教学和实践，凝聚了一线任课教师的教学经验与科研成果。本书在编写过程中得到了机械工业出版社的大力支持和帮助，在此表示衷心的感谢。同时，对书末所列参考文献的作者表示谢意。

由于时间仓促，书中难免有不足之处，敬请读者批评指正。

编　者
2019 年 7 月

目　录

前言
第1章　绪论 ·············· 1
1.1　计算的概念 ············ 1
1.1.1　什么是计算 ········· 1
1.1.2　普适计算与计算无所不在 ······· 2
1.2　计算思维概述 ·········· 2
1.2.1　计算思维的概念 ······· 2
1.2.2　计算思维的本质 ······· 3
1.2.3　计算思维示例 ········ 4
1.2.4　计算思维的特征 ······· 5
1.2.5　计算思维的思维模式 ····· 6
1.2.6　日常生活中的计算思维 ··· 6
1.3　计算工具与计算机 ······· 7
1.3.1　计算机的产生 ········ 7
1.3.2　计算机的分代与分类 ···· 11
1.3.3　计算机的局限性 ······ 13
1.3.4　计算机的发展趋势 ····· 14
1.3.5　计算机的应用 ······· 16
习题 ··············· 18
第2章　计算基础 ·········· 19
2.1　数制 ·············· 19
2.1.1　数制的概念 ········· 19
2.1.2　数制的转换 ········· 21
2.2　数据的存储 ··········· 23
2.2.1　数据的组织形式 ······ 23
2.2.2　计算机中数据的运算 ···· 23
2.3　数据在计算机中的表示形式 ··· 25
2.3.1　计算机中数值型数据的表示 25
2.3.2　计算机中西文字符的表示 · 28
2.3.3　计算机中中文字符的表示 · 29
2.3.4　声、图信息的表示 ····· 31
习题 ··············· 33

第3章　计算平台 ·········· 35
3.1　计算机硬件系统概述 ······ 35
3.1.1　计算机系统构成 ······ 35
3.1.2　冯·诺依曼计算机的基本
　　　组成 ············ 36
3.2　计算机基本工作原理 ······ 37
3.2.1　指令和指令系统 ······ 37
3.2.2　程序的执行过程 ······ 38
3.3　微型计算机硬件组成 ······ 39
3.3.1　微型计算机的主要性能指标 ·· 39
3.3.2　主板 ············ 39
3.3.3　中央处理器 ········· 43
3.3.4　存储器 ··········· 45
3.3.5　输入/输出设备 ······· 53
3.3.6　其他设备 ·········· 56
3.4　计算机软件系统分类 ······ 57
3.4.1　系统软件和应用软件 ···· 57
3.4.2　本地软件和在线软件 ···· 58
3.4.3　商业软件、免费软件、自由
　　　软件和开源软件 ······ 58
3.4.4　软件许可证 ········· 59
3.5　操作系统的功能和分类 ····· 59
3.5.1　操作系统的概念 ······ 59
3.5.2　操作系统的分类 ······ 60
3.5.3　操作系统的引导 ······ 61
3.5.4　操作系统的功能 ······ 61
习题 ··············· 66
第4章　计算机网络基础 ······ 68
4.1　计算机网络概述 ········ 68
4.1.1　计算机网络的定义和功能 ··· 68
4.1.2　计算机网络的形成和发展 · 69
4.1.3　计算机网络的组成 ····· 70
4.1.4　计算机网络的分类 ····· 71

4.2 计算机网络的体系结构 …………… 76
　4.2.1 OSI 参考模型 ………………… 76
　4.2.2 TCP/IP 参考模型 …………… 78
4.3 网络基础知识 …………………… 79
　4.3.1 网络互连设备 ……………… 79
　4.3.2 传输介质 …………………… 81
　4.3.3 网络地址和域名 …………… 83
4.4 因特网概述 ……………………… 85
　4.4.1 因特网简介 ………………… 85
　4.4.2 因特网的接入方式 ………… 87
　4.4.3 因特网的基本服务功能 …… 89
4.5 计算机局域网 …………………… 93
　4.5.1 局域网的组成 ……………… 94
　4.5.2 局域网的组建步骤 ………… 94
　4.5.3 局域网的组建实例 ………… 94
4.6 无线局域网 ……………………… 98
　4.6.1 无线局域网的特点 ………… 98
　4.6.2 无线局域网协议标准 ……… 98
　4.6.3 身份验证方式 ……………… 98
　4.6.4 无线网络设备 ……………… 99
　4.6.5 无线局域网的组建模式 …… 100
　4.6.6 无线局域网的组建实例 …… 101
4.7 网络安全及防护 ………………… 104
　4.7.1 网络安全 …………………… 104
　4.7.2 网络安全面临的威胁 ……… 105
　4.7.3 网络安全技术 ……………… 107
习题 …………………………………… 110

第5章 数据库技术基础 ……………… 112
5.1 数据管理技术的发展 …………… 112
　5.1.1 人工管理阶段 ……………… 112
　5.1.2 文件系统阶段 ……………… 113
　5.1.3 数据库系统阶段 …………… 114
5.2 数据库系统的基本概念 ………… 114
　5.2.1 数据库的基本概念 ………… 114
　5.2.2 数据模型的基本概念 ……… 116
　5.2.3 关系模型的基本概念 ……… 118
5.3 Access 数据库管理系统 ………… 123
　5.3.1 Access 数据库的建立和维护 … 124
　5.3.2 查询 ………………………… 131
　5.3.3 SQL 语句 …………………… 134
　5.3.4 窗体设计 …………………… 141

　5.3.5 报表设计 …………………… 144
习题 …………………………………… 150
第6章 逻辑思维 ……………………… 152
6.1 逻辑思维相关概念 ……………… 152
　6.1.1 逻辑思维的概念 …………… 152
　6.1.2 逻辑思维的特征 …………… 153
　6.1.3 数理逻辑的概念 …………… 153
6.2 命题及命题判断 ………………… 154
　6.2.1 命题的概念 ………………… 154
　6.2.2 命题的类型 ………………… 154
　6.2.3 命题的判断方法 …………… 155
6.3 命题符号化和联结词 …………… 156
　6.3.1 命题符号化 ………………… 156
　6.3.2 联结词 ……………………… 156
6.4 逻辑代数与真值表 ……………… 160
　6.4.1 逻辑代数 …………………… 160
　6.4.2 逻辑代数的应用 …………… 160
　6.4.3 真值表及其构建方法 ……… 161
6.5 等值演算与逻辑推理 …………… 163
　6.5.1 等值演算 …………………… 163
　6.5.2 主析取范式与主合取范式 … 165
　6.5.3 逻辑推理 …………………… 167
习题 …………………………………… 171
第7章 问题求解 ……………………… 172
7.1 算法和算法描述 ………………… 172
　7.1.1 计算思维与传统思维 ……… 172
　7.1.2 算法的定义 ………………… 174
　7.1.3 程序设计的三大结构 ……… 174
　7.1.4 算法的描述 ………………… 175
　7.1.5 算法的程序实现 …………… 184
7.2 常用算法 ………………………… 186
　7.2.1 枚举法 ……………………… 186
　7.2.2 递推法 ……………………… 188
　7.2.3 递归法 ……………………… 189
　7.2.4 迭代法 ……………………… 190
　7.2.5 查找法 ……………………… 192
　7.2.6 排序法 ……………………… 194
　7.2.7 分治法 ……………………… 198
　7.2.8 动态规划法 ………………… 199
　7.2.9 贪心法 ……………………… 200
　7.2.10 回溯法 ……………………… 201

习题 ·· 202

第8章 数据挖掘基础 ······················ 204

8.1 数据挖掘概述 ·························· 204
  8.1.1 数据挖掘的背景 ············ 204
  8.1.2 数据挖掘的定义 ············ 205
  8.1.3 数据挖掘的步骤 ············ 206

8.2 数据采集 ······························· 207
  8.2.1 数据来源 ······················ 207
  8.2.2 数据采集方法 ················ 209

8.3 数据探索 ······························· 210
  8.3.1 数据质量分析 ················ 210
  8.3.2 数据特征分析 ················ 212

8.4 数据预处理 ·························· 215
  8.4.1 数据清洗 ······················ 216
  8.4.2 数据集成 ······················ 217
  8.4.3 数据变换 ······················ 218
  8.4.4 数据归约 ······················ 219

8.5 分类和预测 ·························· 220
  8.5.1 分类 ···························· 220
  8.5.2 预测 ···························· 226

8.6 聚类算法 ······························· 228
  8.6.1 聚类的概念 ·················· 228
  8.6.2 系统聚类法 ·················· 229
  8.6.3 K-means 聚类法 ············ 231

8.7 关联规则 ······························· 233
  8.7.1 关联规则挖掘的基本概念 ······ 233
  8.7.2 Apriori 算法 ·················· 234

习题 ·· 236

第9章 计算机新技术 ······················ 237

9.1 大数据技术 ·························· 237
  9.1.1 大数据的概念与特点 ········ 237
  9.1.2 大数据的度量 ················ 238
  9.1.3 大数据生态圈 ················ 238
  9.1.4 大数据典型应用 ············ 240
  9.1.5 大数据的发展趋势 ·········· 242

9.2 人工智能 ······························· 242
  9.2.1 人工智能的概念 ············ 242
  9.2.2 人工智能的发展 ············ 243
  9.2.3 人工智能的主要研究领域 ······ 244
  9.2.4 人工智能的主要实现技术 ······ 245
  9.2.5 人工智能典型应用 ·········· 246

9.3 量子计算机 ·························· 247
  9.3.1 量子计算机的概念 ·········· 247
  9.3.2 量子计算机的发展 ·········· 248
  9.3.3 量子计算机典型应用 ········ 249

9.4 BIM ·· 250
  9.4.1 BIM 的概述与意义 ············ 250
  9.4.2 BIM 的代表软件 ·············· 250
  9.4.3 BIM 典型应用 ················ 251

9.5 其他计算机新技术 ··············· 253
  9.5.1 云计算 ·························· 253
  9.5.2 物联网 ·························· 253
  9.5.3 智能家居 ······················ 254
  9.5.4 智慧建筑 ······················ 254
  9.5.5 智慧城市 ······················ 254
  9.5.6 VR、AR 和 MR ··············· 255

习题 ·· 256

参考文献 ·· 257

学习目标
- 了解计算的含义和计算的形式。
- 了解计算思维的概念，以及计算思维的特征和本质。
- 了解计算机的产生及发展趋势。
- 了解计算机的特点及其应用。

在网络助力下，数据积累趋向简单化、容易化，用于处理数据的计算工具变得无处不在、无事不用。计算是利用计算工具解决问题的过程，计算机科学是关于计算的科学，计算机科学家在用计算机解决问题时形成了特有的思维方式和解决方法，即计算思维。基于数据、计算和计算工具的计算思维成为人们认识和解决问题的重要思维方式之一。本章主要介绍计算思维的基本概念，以及与计算思维相关的计算工具和计算机。

1.1　计算的概念

1.1.1　什么是计算

从借助木棒数数做加减法到现在的智能机器人能够解决人类都难以解决的问题，这些都是计算。计算以各种形式存在于我们身边。计算实质上是对输入数据进行处理，得到一定输出结果的过程。抽象地说，计算就是从一个状态变换到另一个状态。

狭义的计算是关于具体的数的状态改变。人们对狭义计算的理解经历了初级、中级和高级阶段。初级阶段的计算是通过一些计算工具对数据进行简单直接的运算。比如，对于小学阶段的加减乘除四则运算，现在大家可以借助计算器、计算机进行数的简单计算。这种形式的计算不需要太多的设计技巧和人为的预处理。中级阶段的计算主要是推导计算。在这种计算中，需要对现有的数据进行处理，抽丝剥茧，得到计算结果。例如，公式的推导和证明。高级阶段的计算是指将输入数据按照一定的算法进行数据转换。例如，输入问题的已知条件，通过计算机执行算法，求得问题答案。2016 年 3 月 9 日，AlphaGo 大战李世石，AlphaGo 的输入是人们预先给出的棋局和传统的博弈策略，它会根据李世石的棋局变化进行推理演算并决策落子, 即完成状态的转换。这就是高级计算。

广义的计算是指大自然中存在的一切具有状态转换的过程。将所有自然界存在的过程都抽象为一种输入输出系统, 所有自然界存在的变量都看作一种信息, 那么广义计算就无处不在。比如, 向平静的湖面投掷一枚小石子, 那么瞬间就会看到因为石子的落下而溅起的水花和湖水泛起的微微涟漪, 这相当于湖水对小石子完成的一次计算。

1.1.2 普适计算与计算无所不在

普适计算 (pervasive computing), 又称为普存计算、普及计算、遍布式计算、泛在计算。1991 年, 美国施乐帕克研究中心首席科学家马克·维瑟 (Mark Weiser) 在《Scientific American》杂志上发表了一篇文章 "The Computer for the 21st Century", 正式提出了普适计算的概念。他认为从长远的观点来看计算机会消失, 这种消失并不是计算机本身 (物理器件) 的消失, 也不是计算机技术的消失, 而是计算机发展的直接后果, 是人类的心理作用, 因为计算变得无所不在。当人类对某些事物掌握得足够好的时候, 这些事物就会和人们的生活密不可分, 人们就会慢慢察觉不到它的存在。因此, 无所不在的计算体现为五个 any: access any body; any thing; any-where; at any time; via any device。也就是说, 任何人在任何时间、任何地点, 通过任何设备访问任何事物。无所不在的计算强调把计算机嵌入到环境或日常工具中, 而将人们的注意力集中在任务本身上。

普适计算也体现在我们的日常生活中。数字家庭通过家庭网关将宽带网络接入家庭, 在家庭内部, 手持设备、PC 或者家用电器通过有线或者无线的方式连接到网络, 从而提供了一个无缝、交互和普适计算的环境。通过这种普适计算的环境, 人们能在任何地点、任何时候访问社区服务网络。例如, 人们可以在社区网络里预订比赛的门票; 可以对家庭电气设备进行自动诊断、自动定时、集中和远程控制, 令生活更方便舒适; 可以通过远程监控器监控家庭的情况, 使生活更安全。

1.2 计算思维概述

计算思维作为一种与计算机及其特有的问题求解紧密相关的思维形式, 让人们可以根据自己的工作和生活需要, 在不同的层面上利用这种思维方法去解决问题。计算思维分为朴素的计算思维、狭义的计算思维和广义的计算思维, 掌握计算思维的内涵有助于提高计算思维的能力。

1.2.1 计算思维的概念

2006 年 3 月, 美国卡内基·梅隆大学计算机科学系主任周以真 (Jeannette M. Wing) 教授 (见图 1-1) 在美国计算机权威期刊《Communications of the ACM》上给出了计算思维 (computational thinking) 的概念。周以真教授认为, 计算思维是运用计算机科学的基础概念进行问题求解、系统设计以及人类行为理解等涵盖计算机科学之广度的一系列思维活动。更进一步, 周以真对计算思维

图 1-1 周以真教授

的概念做了如下阐释：计算思维就是把一个看起来困难的问题重新阐述成一个人们知道怎样解决的问题，如通过约简、嵌入、转化和仿真的方法。

国际教育技术协会（ISTE）和计算机科学教师协会（CSTA）2011 年给计算思维下了一个可操作性定义，即计算思维是一个问题解决的过程，该过程具有以下特点：

1）拟定问题，并能够借助计算机和其他工具解决问题；

2）符合逻辑地组织和分析数据；

3）通过抽象（如模型、仿真等）再现数据；

4）通过算法思想（一系列有序的步骤）支持自动化的解决方案；

5）分析可能的方案，找到最有效的方案，并且有效地应用这些方案和资源；

6）将该问题的求解过程进行推广，并移植到更广泛的问题中。

1.2.2　计算思维的本质

计算思维的本质是抽象（abstract）和自动化（automation）。它反映了计算的根本问题，即什么能被有效地自动执行。从操作层面上讲，计算思维就是要确定合适的抽象，选择合适的计算方法和计算工具去解释、执行该抽象。

计算工具利用某种方法求解问题的过程是自动执行的，即计算思维的自动化特征。计算思维建立在计算工具的能力和限制之上，由人控制机器自动执行。程序自动执行的特性使原本无法由人类完成的问题求解和系统设计成为可能。

抽象的概念在计算思维中非常重要，计算思维中的抽象有如下解释：

1）抽象是对事物的性质、状态及其变化过程（规律）进行符号化描述。与数学相比，计算思维中的抽象显然更为丰富，也更为复杂。数学抽象的特点是抛开现实事物的物理、化学和生物等特性，仅保留其量的关系和空间的形式。例如，将应用题"原来有五个苹果，吃掉两个后还剩下几个？"抽象表示成"5-2"，这里显然只是抽象了问题中的数量特性，完全忽略了苹果的颜色或吃法等不相关特性。一般意义上的抽象，就是指这种忽略研究对象具体的或无关的特性，抽取其一般的或相关的特性。而计算思维中的抽象却不仅仅如此。计算思维利用启发式推理来寻求解答，就是在不确定情况下进行规划、学习和调度。它的计算结果可能是一系列网页、一个赢得游戏的策略，或者一个反例。计算思维的数据类型也比较复杂，比如，堆栈是计算学科中一种常见的抽象数据类型，这种数据类型的基本操作是入栈、出栈等，而不是简单的加减法。算法也是一种抽象，所以不能将两种算法简单地放在一起去实现并行算法。另外，数学抽象通常要解决一个具体的问题，而计算思维是通过抽象实现对一类问题的系统描述，以保证计算对该类问题的有效性，即需要将思维从实例计算推演到类的普适计算。

2）计算思维的抽象有不同的抽象层次，即人们可以根据不同的抽象层次，有选择地忽视某些细节，进而控制系统的复杂性。这样，研究对象及其变换的抽象表示使问题具有可计算的复杂度。计算思维中的抽象最终是要能够机械地一步步自动执行。为了确保机械的自动化，需要在抽象过程中进行精确和严格的符号标记和建模，同时也要求计算机系统或软件系统生产厂家能够向公众提供各种不同抽象层次之间的翻译工具。作为抽象的较高层次，可以使用模型化方法，建立抽象水平较高的适当模型，然后依据抽象模型实现计算机表示和处理。

1.2.3 计算思维示例

下面通过几个计算思维示例了解计算思维的内涵特征。

1. 七桥问题

哥尼斯堡城地处东普鲁士，位于普雷格尔河的两岸及河中心的两个岛上，城市各部分由七座桥与两岸连接起来。多年来，当地居民有一个愿望：从家里出去散步，能否恰好通过每座桥一次，再返回家中？但是任何人都没有找到这样一条理想的路径。

1736年，瑞士数学家欧拉（见图1-2）解决了这个问题，方法是把陆地抽象为一个点，用连接两个点的线段表示桥梁，将该问题抽象成点、线连接的数学问题（见图1-3），并证实：七桥问题的走法根本不存在。同时，他发表了"一笔画定理"：一个图形要想一笔画完必须符合两个条件，即图形是封闭连通的和图形中的奇点（与奇数条边相连的点）个数为0或2。欧拉的研究开创了数学上的新分支——拓扑学。很显然，七桥问题的解决过程体现了计算思维的抽象特征。

图1-2 莱昂哈德·欧拉（Leonhard Euler）

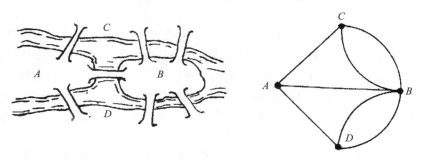

图1-3 七桥问题与一笔画

2. 取咖啡问题

在咖啡店，物品的摆放如图1-4所示，从左至右分别是杯盖、杯子、咖啡、糖、牛奶、咖啡壶。若想制作一杯咖啡，行动轨迹应该是：先取杯子，然后加入咖啡、糖、牛奶、水，再返回来，盖上杯盖。但这条路径很低效，需要折返取杯盖。如何提高效率呢？很显然，可以将杯盖放到水壶的右侧，构成流水线，这似乎不太符合逻辑，但从工程的角度来说，将杯盖放到水壶的右侧是最高效的方法。很显然，这体现了计算思维的自动化特征。

图 1-4　取咖啡问题

3. 求 $n!$ 的阶乘问题

任何大于等于 1 的自然数 n 的阶乘表示方法可以有两种：

第一种：

$$n!=\begin{cases}1 & n=0 \\ 1\times2\times3\times\cdots\times n & n\geq1\end{cases}$$

第二种：

$$n!=\begin{cases}1 & n=0 \\ n\times(n-1)! & n\geq1\end{cases}$$

可以看出，不同思维下，阶乘有多种不同的解题方式。不同的抽象方法和自动求解思路体现了计算思维的灵活性和多样性特征。

1.2.4　计算思维的特征

1. 计算思维是人的思维，而非机器的思维

计算思维是人类求解问题的一条途径，是人的思维，而非机器的思维。AlphaGo 战胜了多名围棋大师，并不是机器具有思维，而是人类赋予了机器"人的思维"，从而实现了"只有想不到，没有做不到"的境界。所以，计算思维的重点是如何用计算机帮助我们解决问题，而非要人像计算机那样枯燥沉闷地思考问题。

2. 计算思维是能力，而非技能

计算思维是分析和解决问题的能力，而非刻板的操作技能，因此重点是培养分析问题和解决问题的能力，而不是学习某一个软件的使用。

3. 计算思维是概念化，而非程序化

计算机科学不仅是计算机编程。像计算机科学家那样去思维意味着不仅要进行计算机编程，还要求能够在抽象的多个层次上思维。所以，计算思维的重点是算法设计，即解决问题的方法和步骤，而不会涉及具体的编程。

4. 计算思维是一种思想，而非人造品

目前，软、硬件等人造物以物理形式呈现在我们周围，并时时刻刻影响着我们的生活，但计算思维体现的是一种我们用以解决问题、管理日常生活、与他人交流和互动的与计算有关的思想。当计算思维真正融入人类活动的整体，不再表现为一种显式哲学时，就成为一种人类特有的思想。

1.2.5   计算思维的思维模式

计算思维产生的新思想、新方法使人们的思维模式发生转变。这些思维模式的改变反映在自然科学与工程以及社会经济与技术等各个学科领域。

计算思维中常用的思维模式举例如下：

1）分层思维。分层思维将一个大问题拆解成许多小问题或子问题。这些小问题更加容易被理解，也更容易被解决，从而使整个问题的求解简单化。

2）模式识别思维。模式识别是识别不同问题中的模式和趋势（共同点）的过程，帮助人们从以往的经验中得到规律并举一反三地运用到其他问题中。

3）流程思维。流程思维是一步步地解决问题的过程，它是较为传统的思维模式，但是通过流程建设，有助于问题求解的规范化和系统化。

4）抽象思维。抽象是从众多事物中抽取出共同的、本质的特征，而舍弃其非本质的特征。思维是人脑对客观现实概括和间接的反映，它反映的是事物的本质和事物间的规律性联系，包括逻辑思维和形象思维；抽象思维是理论化、系统化的世界观，是自然知识、社会知识、思维知识的概括和总结，是世界观和方法论的统一。

1.2.6   日常生活中的计算思维

人们在日常生活中的很多做法其实都和计算思维不谋而合，也可以说，计算思维从生活中吸收了很多有用的思想和方法，举例如下。

最短路径问题：如果你是邮递员，你会怎样投递物品呢？邮递员通常不会盲目地挨家挨户去投递，更不会随意投递，一般会规划好自己的投递路线，按照最短路径进行优化。

分类：如果你要在一堆文件中找一份重要资料，你首先会怎么做？一般不会先随机拿一份，若不是再随机拿另一份，更不会一份一份地找，而是会把文件按照内容先分类，然后在与资料相关的文件类中找。

背包问题：有一辆卡车运送物品到外地，能带走的物品有 4 种，每种物品的重量不同，价值不同，由于卡车能运送的重量有限，不能把所有的物品都拿走，那么如何才能让卡车运走的物品价值最高？这时可以把所有物品的组合列出来，如果卡车能装下某组合，并且该组合价值最高，就选择这种物品的运送方案。

查找：如果要在英汉词典中查找一个英文单词，读者不会从第一页开始一页一页地翻看，而是会根据字典是有序排列的事实，快速地定位单词词条。

回溯：人们在路上遗失了东西之后，会沿原路边往回走边寻找。在一个岔路口，人们会选择一条路走下去，如果最后发现此路上没有所找的东西就会原路返回，到岔路口选择另外一条路继续寻找。

缓冲：假如将学生用的教科书视为数据，上课视为对数据的处理，那么学生的书包就可以被视为缓冲存储。学生随身携带所有的教科书是不可能的，因此每天只能把当天要用的教科书放入书包，第二天再换新的教科书。

并发：比如有三门学科的作业，在写作业的时候，可以交替完成，即写 A 作业累了时，就换 B 作业或 C 作业。从宏观上看，ABC 作业是并发完成的，即一天"同时"完成了三门功课；从微观上看，在同一时间点上，ABC 作业又是各自独立、交替完成的。

博弈：经济学上有一个"海盗分金"模型，即 5 个海盗抢得 100 枚金币，他们按抽签的顺序依次提方案——首先由 1 号提出分配方案，然后由 5 人表决，超过半数人同意，方案才被通过，否则他将被扔入大海喂鲨鱼，以此类推。在"海盗分金"模型中，任何"分配者"想让自己的方案获得通过的关键是，事先考虑清楚"挑战者"的分配方案是什么，并用最小的代价获取最大的收益，拉拢"挑战者"分配方案中最不得意的人。"海盗分金"其实是一个高度简化和抽象的模型，体现了博弈的思想。

上述例子都涉及计算思维的应用。同样，在利用计算机解决问题的时候，应用计算思维的方法去设计求解，会提高问题求解的质量与效率。

1.3　计算工具与计算机

计算无处不在，计算工具是人们在计算或辅助计算时所用的器具。在浩瀚的历史长河中，计算工具经历了从简单到复杂、从低级到高级、从低速到高速、从功能单一到多功能化的过程。计算工具的发展以特有的方式体现了社会文明的进步和科学技术的飞速发展。当代的主流计算工具是计算机，计算机作为一种能自动、高速、精确地进行信息处理的电子设备，成为 20 世纪人类最伟大的发明之一。

1.3.1　计算机的产生

人类为了满足社会生产发展的需要，在不同的时期发明了各种计算工具。

在原始社会，人们曾使用树枝、石块等物品作为计数和计算的工具。到商代时，中国已采用十进制计数方法，这对世界科学和文化的发展起着不可估量的作用。我国在春秋战国时期有了算筹法的记载，算筹被普遍认为是人类最早的手动计算工具。中国南北朝时期的数学家祖冲之就是用算筹计算出圆周率在 3.141 592 6 和 3.141 592 7 之间，这一结果比西方早1100 多年。在长期使用算筹的基础上，东汉时期，中国人又发明了算盘。由于算盘制作简单，价格便宜，珠算口诀便于记忆，运算又简便，所以在中国被普遍使用，并且陆续流传到了日本、朝鲜、美国和东南亚等国家和地区。

随着经济贸易的发展，以及金融业和航运业的日渐繁荣，需要大量复杂、繁重的计算，而且计算问题多与天文、航海有关，这就促使了计算工具的革新。1621 年，英国数学家埃德蒙·冈特（Edmund Gunter）制造出了第一把对数计算尺，给数的乘除计算带来了方便。同年，英国数学家威廉·奥特瑞德（William Oughtred）在冈特计算尺的基础上发明了直尺计算尺，如图 1-5 所示。1622 年，奥特瑞德根据对数表设计了计算尺，可执行加、减、乘、除、开方、三角函数、指数函数和对数函数的运算。直到 20 世纪 70 年代，计算尺由电子计算器替代。

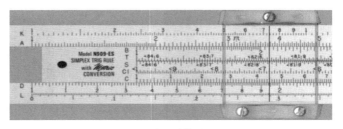

a）奥特瑞德　　　　　　　　　　　　　　　b）直尺计算尺

图 1-5　奥特瑞德与直尺计算尺

　　生产的发展和科技的进步，继续推动着计算工具的发展。特别是齿轮传动装置技术的发展，为机械计算机的产生提供了必要的技术支持。1642年，法国数学家、物理学家布莱斯·帕斯卡（Blaise Pascal）研制出了世界上第一台机械式齿轮加法器，这是人类历史上第一台机械式计算工具，其原理对后来的计算工具产生了持久的影响。帕斯卡加法器是由齿轮组成、以发条为动力、通过转动齿轮来实现加减运算、用连杆实现进位的计算装置。1673年，德国数学家戈特弗里德·莱布尼兹（Gottfriend Leibniz）在帕斯卡研究的基础上增加了乘除法器，制成可以进行四则运算的机械式计算器，并实现了可以重复做加减运算，它的实现思想也是现代计算机做乘除运算所采用的办法。但是，以上这些计算器都不具备自动进行计算的功能。

　　受法国工程师约瑟夫·玛丽·雅卡尔（Joseph Marie Jacquard）发明的自动提花织布机的启发，英国数学家查尔斯·巴贝奇（Charles Babbage）提出了带有程序控制的通用数字计算机的基本设计思想，并于1822年设计了第一台差分机。巴贝奇差分机使用十进制系统，采用齿轮结构，能够预先安排完成一系列算术运算。1834年，巴贝奇设计了分析机，它具有输入、处理、存储、输出及控制5个基本装置，设想采用穿孔卡片来存储指令，并根据这些孔的特点来决定执行什么指令，进行自动运算，如图1-6所示。巴贝奇提出了几乎是完整的现代电子计算机的设计方案，但是受当时技术和资金的限制而失败。随着19世纪中期精密机械制造技术和工艺水平的提高，电磁学等学科也得到飞速发展。美国人霍华德·艾肯（Howard Aiken）采用机电方法来实现巴贝奇分析机的想法，并在1944年成功制造了自动数字计算机Mark I，从而使巴贝奇的梦想变成现实。Mark I作为世界上最早的通用型自动程序控制计算机之一，是计算机技术历史上的一个重大突破，如图1-7所示。

a）巴贝奇　　　　　　　　b）差分机　　　　　　　　c）分析机

图1-6　巴贝奇和他的发明

a）艾肯　　　　　　　　　　　　　　b）Mark I

图1-7　艾肯和Mark I

20 世纪 20 年代以后，电子科学技术和电子工业迅速发展（如电子管、晶体管和集成电路相继诞生），为现代电子计算机的产生提供了物质基础和技术条件。

美国艾奥瓦州立大学的约翰·文森特·阿塔纳索夫（John Vincent Atanasoff）教授和他的研究生克里福特·贝瑞（Clifford Berry）于 1942 年 10 月研制出第一台完全采用真空管作为存储与运算器件的计算机——阿塔纳索夫 – 贝瑞计算机（Atanasoff-Berry Computer，ABC）。如图 1-8 所示。ABC 计算机被认为是最早的电子管计算机。阿塔纳索夫在研制 ABC 计算机的过程中提出计算机设计的三条原则：使用二进制来实现数字运算，以保证精度；利用电子元件和技术实现控制、逻辑运算和算术运算，以保证计算速度；采用计算功能和存储功能相分离的结构。这三条原则对后来计算机的体系结构及逻辑设计有深远的影响。

a）阿塔纳索夫　　　　　　　　b）贝瑞　　　　　　　　c）ABC 计算机

图 1-8　ABC 计算机和它的发明者

任何事物的产生都是有起因的。同以往的许多重大发明一样，现代电子计算机的诞生是同军事上的迫切需要紧密相连的。战争的需要像一双强有力的巨手，给电子计算机的诞生铺平了道路。第二次世界大战期间，美国陆军军械部在马里兰州的阿伯丁设立了"弹道研究实验室"，该实验室每天要为陆军提供 6 张火力表，每张表要计算几百条弹道轨迹，而当时一个熟练的计算人员用台式计算器计算一条 60 秒的弹道就需要 20 多个小时，还常常出现计算错误。更为关键的是，由于美军进入非洲作战，土质带来的差别导致炮弹根本打不中目标，所以军方领导人命令弹道实验室重新编制射击表。时任弹道实验室的领导人赫尔曼·H. 戈德斯坦（Herman H. Goldstine）估算出，为某一型号、某一口径的火炮重新编制射击表，需要一个人用台式计算器不吃不喝工作 4 ～ 5 年才能完成。计算需求和计算能力之间的矛盾日益突出，作为数学家的戈德斯坦意识到了研制一种高速新型计算机的迫切性。于是，在戈德斯坦的推动和组织下，陆军军械部着手与宾夕法尼亚大学莫尔电气工程学院联合开发电子计算机。1942 年，莫尔电气工程学院的两位青年学者——36 岁的副教授约翰·莫克利（John Mauchly）和 24 岁的工程师约翰·普雷斯伯·埃克特（John Presper Eckert）（见图 1-9）提交了一份研制电子计算机的设计方案——高速电子管计算装置的使用。他们建议用电子管作为主要元件制造一台前所未有的计算机，从而把弹道计算的效率提高成百上千倍。1943 年 7 月，项目正式开始实施。莫尔电气工程学院组织了 50 名技术人员进行该项研究，莫克利作为顾问负责总体设计，埃克特担任总工程师。军方与莫尔电气工程学院签订

图 1-9　埃克特（左）和莫克利（右）

的协议是提供 14 万美元的研制经费，但后来合同被修改了 12 次，经费一直追加到约 48.68 万美元，相当于现在的 1000 多万美元。

　　然而，为支援战争而赶制的机器没能在战争期间完成，直到 1946 年 2 月 14 日，这台标志着人类计算工具的历史性变革的电子计算机才研制成功，这台机器的名字叫 ENIAC（Electronic Numerical Integrator And Calculator，电子数字积分计算机），如图 1-10 所示。ENIAC 占地 170 m^2，重 30 t，有 18 000 个电子管，功率为 150 kW，运算速度为加法 5000 次 /s 或乘法 400 次 /s。这比当时最快的继电器计算机的运算速度要快 1000 多倍。过去需要 100 多名工程师花费 1 年才能解决的计算问题，它只需要 2 个小时就能给出答案。

图 1-10　世界上第一台电子计算机 ENIAC

　　尽管 ENIAC 有许多不足之处，如使用十进制、不能存储程序、体积庞大、耗电量大、电子元件寿命短、故障率高、操作困难等，但它毕竟是世界上第一台真正意义上的数字电子计算机。因此，ENIAC 的问世具有划时代的意义，它揭开了现代计算机时代的序幕，标志着人类计算工具的历史性变革，为提高计算速度开辟了极为广阔的前景，也标志着人类文明的一个新起点。ENIAC 的产生历程也充分表明，一项重大发明只有是社会发展所迫切需要的，才能脱颖而出。反之，如果社会没有这方面的需求，多么美妙的设想也逃脱不掉被历史淘汰的命运。电子计算机制造技术在 20 世纪 30 年代已经成熟，而相关设备在 20 世纪 40 年代才真正制造出来，也正是这个原因。

　　1944 年，美籍匈牙利数学家约翰·冯·诺依曼（John von Neumann）（见图 1-11）参加的原子弹研制项目受阻，原因同样是遇到了极为困难的计算问题。诺依曼在一次偶然的机会得知 ENIAC 的研制计划，便投身到这一宏伟的事业中。诺依曼与埃克特、莫克利等人讨论 ENIAC 的不足，于 1945 年 6 月拟定了存储程序式电子计算机方案 EDVAC（Electronic Discrete Variable Automatic Computer，离散变量自动电子计算机）。该方案指出了计算机应由五部分构成，提出了程序存储的思想，成为电子计算机设计的基本原则。根据这些原理制造的计算

图 1-11　约翰·冯·诺依曼

机称为冯·诺依曼结构计算机。由于冯·诺依曼的突出贡献，他被西方人称为计算机之父。冯·诺依曼等人于 1952 年研制成功 EDVAC。EDVAC 采用二进制，使用了 3600 个电子管，占地面积不足 ENIAC 的 1/3。而世界上首台存储程序式电子计算机 EDSAC（Electronic Delay Storage Automatic Calculator，电子延迟存储自动计算机）是由剑桥大学的莫里斯·V. 威尔克斯（Maurice V. Wilkes）教授在冯·诺依曼 EDVAC 草案的启发下，于 1949 年 5 月研制成功的。

1.3.2　计算机的分代与分类

自 1946 年电子计算机问世至今，计算机在制作工艺、元器件、软件、应用领域等各方面都有飞速的发展。根据计算机所采用的逻辑元件不同，一般将计算机的发展分成 5 个阶段，每一阶段在技术上都有崭新的突破，在性能上都有质的飞跃。

第一代计算机：电子管计算机时代（1946—1957 年）。逻辑元件采用电子管，内存储器采用水银延迟线，外存储器有纸带、卡片、磁带和磁鼓等。软件使用机器语言或汇编语言编写程序。它主要用于军事和科学计算。特点是体积大、耗能高、速度慢（一般每秒计算数千次至数万次）、存储容量小、价格昂贵。其代表机型有 EDVAC、IBM 704 等。

第二代计算机：晶体管计算机时代（1958—1964 年）。晶体管的发明改变了计算机的构建方式。IBM 公司在 1958 年制造出第一台全部使用晶体管的计算机 RCA501。逻辑元件采用晶体管，从而使得计算机的能耗降低，寿命延长，运算速度提高（一般每秒为数十万次，甚至可高达 300 万次），可靠性提高，价格不断下降。第二代计算机的内存储器使用磁芯，外存储器使用磁盘和磁带。软件方面出现了一系列高级程序设计语言（如 FORTRAN、COBOL 等），并提出了操作系统的概念。计算机设计出现了系列化的思想，应用范围也从军事与科学计算方面延伸到工程设计、数据处理、气象及事务管理科学研究领域。与第一代计算机相比，第二代计算机在体积、成本、重量、功耗、速度以及可靠性等方面有了较大的提高。其代表机型有 IBM 7090、ATLAS 等。

第三代计算机：中、小规模集成电路计算机时代（1965—1970 年）。逻辑元件采用中、小规模集成电路（Integrated Circuit，IC）。一块小小的硅片上，可以集成上百万个电子器件，如晶体管、电阻器或电容器等，因此常把它称为芯片。主存储器开始使用半导体存储器，外存储器使用磁盘和磁带。在这个阶段，出现了键盘和显示器。软件方面出现了操作系统以及结构化、模块化程序设计方法。软硬件都向标准化、多样化、通用化、系列化的方向发展。计算机应用开始广泛扩展到文字处理、图形处理等领域。其代表机型有 IBM 360 和 CDC 7600。

第四代计算机：大规模、超大规模集成电路计算机时代（1971 年至今）。第四代计算机以英特尔公司 1971 年研制的第一台微处理器 Intel 4004 为标志，这一芯片集成了 2250 个晶体管，其功能相当于 ENIAC，标志着大规模集成电路时代的到来，为微型计算机的出现奠定了基础。中央处理器（Central Process Unit，CPU）高度集成化是这一代计算机的主要特征。集成度高的半导体存储器完全代替了磁芯存储器，外存的存储速度和存储容量得到大幅度提升。外围设备有了很大发展，出现了光字符阅读器（OCR）、扫描仪、激光打印机和各种绘图仪。计算机体积、重量、功耗、价格不断下降，而性能、速度和可靠性不断提高，操作系统也在不断完善，数据库管理系统进一步发展。计算机的应用范围遍及网络、天气预报和多媒体等领域。

第五代计算机：第五代计算机是为适应未来社会信息化的要求而提出的，与前四代计算机有着本质的区别，是计算机发展史上的一次重要变革。第五代计算机是把信息采集、存储、处理、通信同人工智能结合在一起的智能计算机系统。它主要面向知识处理，能进行并行计算，具有形式化推理、联想、学习和解释的能力，能够帮助人们进行判断和决策、开拓未知领域和获得新的知识。人机之间可以直接通过自然语言（声音、文字）或图形、图像交流和传输信息。1981 年 10 月，日本首先向世界宣告开始研制第五代计算机。后来，美国等国家都先后投入巨资来研制第五代计算机。目前，第五代计算机的研制虽然取得了一定的研究成果，但至今仍没有研制出具备智能特点的计算机。第五代计算机的研制对于人类又是一个巨大的挑战。

计算机发展的"分代"代表了计算机在时间轴上的纵向发展历程，而"分类"可用来说明计算机的横向发展。计算机的种类很多，分类方法也有多种。目前，最常用的一种分类方法是，1989年11月美国电气和电子工程师学会（IEEE）根据当时计算机的性能及发展趋势，按照运算速度、字长、存储性能等综合指标，将计算机分为巨型机、大型机、小型机、工作站、微型计算机和嵌入式计算机。

1. 巨型机

巨型机（super computer）也称为超级计算机，简称为超算。在所有的计算机类型中，巨型机占地面积最大，价格最贵，功能最强，运算速度最快。巨型机的研制水平、生产能力及应用程度已经成为衡量一个国家的科技水平、经济发展、军事实力的象征。巨型机主要用于尖端科学领域，特别是国防领域。我国在1983年、1992年、1997年由国防科技大学计算机学院分别推出了银河Ⅰ（每秒一亿次）、银河Ⅱ（每秒十亿次）、银河Ⅲ（每秒百亿次）计算机。银河系列计算机的推出标志着中国成为继美国、日本之后第三个生产巨型机的国家。

2019年6月18日，在国际TOP500组织发布的全球超级计算机500强榜单中，部署在美国能源部旗下的橡树岭国家实验室及利弗莫尔实验室的两台超级计算机"顶点"和"山脊"占据前两位，中国超算"神威太湖之光"（见图1-12a）和"天河二号"分列三、四名。"顶点"的性能峰值达到148.6 PFlops，创下了新的超算记录。从上榜的超算总数来看，中国以219台上榜系统数位列第一位，美国以116台排第二位。不过，在总计算力上，美国以占据38.4%计算性能的表现保持优势，中国尽管占据43.8%的系统份额，但在计算力上的占比只有29.9%。从超级计算机选择处理器的角度来看，英特尔继续在TOP500榜单中占据主导地位，该公司的芯片出现在95.6%的超算系统之中。另有7台超算系统选择了IBM Power系列处理器，3台系统选择了AMD处理器。

2. 大型机

大型机（mainframe computer）的主机非常庞大，采用了多处理、并行处理等技术，通常具备超大的内存、海量的存储器，使用专用的操作系统和应用软件。大型机大量使用冗余等技术确保其安全性及稳定性，具有很强的管理和处理数据的能力，主要用于大企业、银行、高校和科研院所。目前，生产大型机的企业有IBM、UNISYS等（见图1-12b）。

3. 小型机

小型机（minicomputer）是20世纪70年代由美国的DEC（数字设备公司）首先开发的一种高性能计算产品。小型机具备高可靠性、高可用性、高服务性等特性，而且结构简单、价格介于普通服务器和大型主机之间、使用和维护方便，深受中小企业欢迎。当前，生产小型机的厂家主要有IBM、HP等公司（见图1-12c）。

4. 工作站

工作站（workstation）是一种高档微型机系统，具有较高的运算速度，以及大型机和小型机的多任务、多用户能力，操作方便以及拥有良好的交互界面。其最突出的特点是具有很强的图形交互能力，因此在工程领域（特别是图像处理、计算机辅助设计领域）得到迅速发展。目前，许多厂商都推出了适合不同用户群体的工作站，如Sun公司的Sun系列工作站以及 IBM、DELL、HP 等厂家的工作站（见图 1-12d）。

a）巨型机——神威太湖之光

b）IBM 大型机

c）IBM 小型机

d）HP 工作站

e）微型计算机

图 1-12　常见的计算机类型

5. 微型计算机

微型计算机（microcomputer）简称微机，通常所说的个人计算机（Personal Computer，PC）也是指微机。1981 年 8 月 12 日，IBM 发布了其第一台 PC——IBM 5150，开创了全新的微机时代（见图 1-12e）。微机自产生以来，以设计先进、软件丰富、功能齐全、价格低廉、体积小等优势而受到广大用户的青睐。微型计算机的发展，极大地推动了计算机的普及应用。现在微型机除了台式机外，还有笔记本式、掌上型和手表型等多种类型。

6. 嵌入式计算机

嵌入式计算机（embedded computer）是指嵌入到各种设备及应用产品内部的计算机系统。嵌入式计算机以应用为中心，软硬件可裁减，适合作为对功能、可靠性、成本、体积、功耗等综合性能有严格要求的专用计算机，如图 1-13 所示。嵌入式计算机系统由嵌入式硬件与嵌入式软件组成，它最早出现在 20 世纪 60 年代的各种武器控制中，用于军事指挥和通信。现在嵌入式系统已广泛应用到各种民用电器设备中，如掌上 PDA、电视机顶盒、

图 1-13　嵌入式计算机

手机上网设备、数字电视、汽车、微波炉、数码照相机、家庭自动化系统、电梯、空调、自动售货机、消费电子设备、工业自动化仪表与医疗仪器等。

1.3.3　计算机的局限性

计算机发展至今，在硬件和软件方面依然存在诸多不足。对于以下几种情况，计算机是无法处理的。

（1）信息无法离散为二进制

比如在人类情感需求中，情感的体验从来都不是一种精确的量化感受，并且受各种不同

因素的影响。这些不能数字量化的信息无法录入到计算机中，计算机更无法处理，即使强行离散化，计算机处理出来的数据也和现实相去甚远，意义不大。

（2）数据输入输出无法确定或数据范围无穷大

输入数据或输出数据一定要是确定的，且数据范围在计算机能显示的正常范围内，否则计算机无法正常显示这些信息。

（3）问题无法转化为无二义性问题或者问题无法在有限步骤内完成

问题的描述有二义性，会导致算法混乱，计算机因而会茫然无措，进而得出异常的信息。问题无法在有限步骤内完成则会导致计算机死机、瘫痪，出现故障。

1.3.4 计算机的发展趋势

计算机的未来充满了变数，性能的大幅度提高是毋庸置疑的，而且计算机的发展还越来越人性化，同时通用性与专业性并行发展。

当前的冯·诺依曼计算机主要朝着巨型化、微型化、网络化、多媒体化、智能化的方向发展。

巨型化主要是为了满足尖端科学技术的研究需要，提供更高速度、大存储容量和强功能的超大型计算机。微型化体现了当前微机相关领域的技术水平和生产工艺。计算机网络是现代通信技术与计算机技术相结合的产物，当前全球互联网用户已有 38 亿多，计算机功能及应用的网络化是一个必然的发展趋势。多媒体技术是指采用计算机综合处理数据、文字、图形图像、声音等多媒体信息，同时具有集成性和交互性。多媒体化的实质就是让人们利用计算机以更接近自然的方式交换信息。智能化是让计算机具有人工智能，它是建立在现代科学技术基础之上的综合性很强的边缘学科。智能化的目的是研究人的感觉、行为、思维过程的机理，让计算机来进行模拟，使计算机具备"视觉""听觉""语言""行为""思维""逻辑推理""学习""证明"等能力，形成智能型、超智能型计算机。人工智能的研究从本质上拓宽了计算机的能力，在某些方面可以越来越多地代替甚至超越人类的脑力劳动。

迄今为止，计算机都是按照冯·诺依曼的体系结构（即存储程序计算机）进行设计的。计算机工业的发展速度令人瞠目，然而硅芯片技术的高速发展也意味着硅技术越来越接近其物理极限。为此，世界各国的研究人员提出了新型计算机的构想，并加紧研究、开发新型计算机。从目前的研究状况来看，未来有可能在光子计算机、生物计算机、量子计算机、纳米计算机和神经网络计算机上实现质的飞越。

1. 光子计算机

光子计算机是指利用光子代替半导体芯片中的电子、以光互连代替导线而制成的数字计算机，它使用不同波长的光表示不同的数据。光的并行、高速的本质决定了光子计算机的并行处理能力很强，具有超高运算速度。光子计算机还具有与人脑相似的容错性。1990 年年初，美国贝尔实验室研制出了世界上第一台光子计算机，其运算速度比电子计算机快 1000 倍。当前，许多国家都投入巨资进行光子计算机的研究。随着现代光学与计算机技术、微电子技术相结合，在不久的将来，光子计算机可能会成为人类普遍的计算工具。

2. 生物计算机

生物计算机又称为分子计算机，它以生物芯片为主要原材料制造芯片。生物芯片是由生物工程技术产生的蛋白质分子构成的，它具有巨大的存储能力，如 $1m^3$ 的脱氧核糖核酸

（DNA）溶液可存储 1 万亿的二进制数据，而且能以波的形式传送信息。生物计算机处理数据的速度比当今最快的巨型机还要快百万倍以上，而能量的消耗仅为普通计算机的十亿分之一。另外，由于蛋白质分子具有自我组合能力，因此生物计算机具有自我调节、自我修复和再生能力，更易于模拟人类大脑的功能。1983 年，美国公布了研制生物计算机的设想之后，立即激起了发达国家的研制热潮。目前，在生物元件特别是在生物传感器的研制方面已取得不少实际成果，这将促使计算机、电子工程和生物工程这 3 个学科的专家通力合作，加快研究开发生物芯片。生物计算机一旦研制成功，将会在计算机领域引起一场划时代的革命。

3. 量子计算机

量子计算机是由美国阿贡国家实验室提出来的。量子计算机是基于量子效应开发的，它利用一种链状分子聚合物的特性来表示开与关的状态，利用激光脉冲来改变分子的状态，使信息沿着聚合物移动，从而进行运算。量子计算机中的数据用量子位存储。由于量子的叠加效应，一个量子位可以是 0 或 1，也可以既存储 0 又存储 1。与传统的电子计算机相比，量子计算机具有运算速度更快、存储容量更大、搜索功能更强和安全性能更高等优点。量子计算机使计算的概念焕然一新，这是量子计算机与其他计算机（如光子计算机和生物计算机等）的不同之处。量子计算机的研究已经取得了很大的进展。2013 年 6 月，中国科学技术大学潘建伟院士领衔的量子光学和量子信息团队的陆朝阳、刘乃乐研究小组，在国际上首次成功实现了用量子计算机求解线性方程组的实验，标志着我国在光学量子计算领域保持着国际领先地位。2017 年，潘建伟团队首次实现利用高品质量子点单光子源构建了量子计算原型机，并且演示了其超越经典电子计算机与晶体管计算机的计算能力，向真正的"量子计算"时代迈出了重要的一步。

4. 纳米计算机

"纳米"是一个计量单位，1 nm 等于 10^{-9} m，大约是氢原子直径的 10 倍。纳米技术是从 20 世纪 80 年代初迅速发展起来的新的前沿科研领域，最终目标是人类按照自己的意志直接操纵单个原子，制造出具有特定功能的产品。现在，纳米技术从微电子机械系统起步，把传感器、电动机和各种处理器都放在一个硅芯片上而构成一个系统。应用纳米技术研制的计算机内存芯片，其体积只不过如数百个原子大小，相当于人类头发直径的千分之一。纳米计算机不仅几乎不需要耗费任何能源，而且其性能要比今天的计算机强大许多倍。2013 年 9 月 26 日，斯坦福大学宣布人类首台基于碳纳米晶体管技术的计算机已成功测试运行。该项实验的成功证明了人类有望在不远的将来摆脱当前的硅晶体技术，以生产新型计算机设备。

5. 神经网络计算机

神经网络计算机用简单的数据处理单元模拟人脑的神经元，从而模拟人脑的逻辑思维、记忆、推理、设计和分析等智能行为。神经网络计算机能模仿人类大脑的判断能力和适应能力，可并行处理多种数据，判断对象的性质与状态，并能采取相应的行动，而且可同时并行处理实时变化的大量数据，得出结论。神经网络计算机除了有许多处理器之外，还有类似神经的结点，每个结点与许多点相连。若把每一步运算分配给每台微处理器，它们同时运算，其信息处理速度和智能会大大提高。神经网络计算机的信息不是存储在存储器中，而是存储在神经元之间的联络网中。若有结点断裂，计算机仍有重建资料的能力，它还具有联想记忆、视觉和声音识别能力。

科学家对新型计算机的研制还有很多构想，无论是哪一种实现方法，都要经历漫长艰苦的研究工作。不过，我们相信，科学在发展，人类在进步，随着一代又一代科学家的不断努力，新型计算机与相关技术的研发和应用必将推动全球经济社会高速发展，实现人类发展史上的重大突破。

1.3.5 计算机的应用

计算机是当代最先进的一种计算工具，它的应用已遍及经济、政治、军事及社会生产生活的各个领域，为社会创造了巨大的效益。计算机的应用可归纳为以下几方面。

1. 科学计算

计算机最早应用于计算，计算机的名字也由此而来。在科学研究和工程技术中，利用计算机高速运算和大容量存储的能力，可进行各种复杂的、人工难以完成或根本无法完成的数值计算。例如，气象预报中卫星云图资料的分析计算，有数百个变元的高阶线性方程组的求解，航空及航天技术，高层建筑、地铁隧道的设计和建设，生物医学领域分子的组成和空间结构等，都需要求解各种复杂的方程式。

2. 数据处理

数据处理又称为信息处理，指对数字、字符、文字、声音、图形和图像等各种类型的数据进行收集、存储、分类、加工、排序、检索、打印和传送等工作。数据处理具有数据量大、输入输出频繁、时间性强等特点，一般不涉及复杂的数值计算。计算机的应用范围从数值计算到非数值计算，是计算机发展史上的一个飞跃。据统计，在计算机的所有应用中，数据处理方面的应用占 3/4 以上。数据处理是现代管理的基础，广泛地用于情报检索、统计、事务管理、生产管理自动化、决策系统、办公自动化等方面，由此也促生了很多数据管理系统。

3. 数据库应用

数据库应用是计算机应用的基本内容之一。数据库是长期存储在计算机内的有组织、可共享的数据集合。例如，企业的人事部门常常要把本单位职工的基本情况存放在表中，这张表就可以看成一个数据库。而使用数据库技术可以方便地对数据进行查询、增加、删除、修改等操作。在当今的信息社会，从国家经济信息系统、科技情报系统、个人通信、银行储蓄系统到办公自动化及生产自动化等，均需要数据库技术的支持。

4. 过程控制

过程控制也称为实时控制，是指计算机实时地对被控制对象进行数据采集、检测和处理，按最佳状态来控制或调节被控对象的一种方式。在日常生活中，计算机可以代替人类完成那些繁重或危险的工作。对于一些人们无法亲自操作的控制问题（如核反应堆），使用计算机可以精确控制。用计算机控制生产过程，不仅可以大大提高生产率，减轻人们的劳动强度，更重要的是可提高控制精度，以及产品质量和合格率。过程控制已经在石油、化工、冶金、纺织、水电、机械制造业等领域得到广泛应用。

5. 计算机辅助工程

计算机辅助工程是以计算机为工具，以提高工作效率和工作质量为目标，配备专用软件辅助人们完成特定任务。

计算机辅助设计（Computer Aided Design，CAD）和计算机辅助制造（Computer Aided Manufacturing，CAM）是设计和制造人员利用计算机来协助进行生产设备的管理、控制和操作。计算机辅助设计软件能高效率地绘制、修改、输出工程图样。其中的常规计算能帮助设计人员寻找较好的方案，使设计周期大幅缩短，而设计质量却大幅提高。应用该技术能使各行各业的设计人员从繁重的绘图设计中解脱出来，使设计工作自动化。计算机辅助制造指用计算机进行生产设备的管理、控制和操作，在各大制造业都有广泛的应用。

计算机辅助设计可以与计算机辅助制造、辅助测试融为一体，形成计算机辅助工程（Computer Aided Engineering，CAE）的概念，这样就使得工程项目的全部过程（包括企业管理在内）都统一置于计算机辅助之下而完全自动化。目前，在电子、机械、造船、航空、建筑、化工、电器等方面都有计算机辅助设计的应用，这样可以提高设计质量，缩短设计和生产周期，提高自动化水平。

电子设计自动化（Electronic Design Automation，EDA）技术基于计算机中安装的专用软件和接口设备，用硬件描述语言开发可编程芯片，将软件进行固化，从而扩充硬件系统的功能，提高系统的可靠性和运行速度。

计算机辅助教学（Computer Assisted Instruction，CAI）是计算机应用的一个热门领域。计算机辅助教学利用计算机技术、多媒体技术和网络通信等手段，以生动的画面、形象的演示给人以耳目一新的感觉，使讲解更直观、更清晰、更具吸引力。计算机辅助教学还能最大化地提高课容量和课密度，这是传统教学所无法比拟的。因此，不论从理解或记忆的角度来看，辅助教学都能达到良好的教学效果。而且，计算机辅助教学是一种以计算机软件为载体的教学，而软件的易传播性也是引起教学方法变革的巨大动力。计算机辅助教学作为信息化工程的一部分，体现了它独特的魅力。

目前，大型开放式网络课程（Massive Open Online Course，MOOC）成功实现了基于计算机和网络的知识交换，让每个人都能免费获取来自名牌大学或名师的资源，可以在任何地方、用任何设备进行学习。它可适用于专家培训、各学科间的交流学习以及特别教育的学习模式，任何学习类型的信息都可以通过网络传播。

6. 人工智能

人工智能方面的应用是计算机应用中最前沿的研究。它用计算机系统来模拟人的智能行为，代替人的部分脑力劳动，进行模式识别、景物分析、自然语言理解、自动程序设计等过程，辅助人类进行决策。机器人作为20世纪人类最伟大的发明之一，也体现了计算机在人工智能方面的成果。最新研制的机器人有的可以做一些简单的表情和动作，有的具有一定的感知和识别能力。机器人不仅可以在车间流水线上完成一些重复的操作，还可以从事许多更为复杂的工作，如进行手术、给残疾人喂饭、探测月球等。目前，正在加紧研制的第五代计算机，就是一个大型综合的人工智能系统。

7. 电子商务

电子商务（electronic commerce）通常是指在开放的互联网环境下，买卖双方利用网络资源，不谋面地进行各种商贸活动，如网上购物、商户之间的网上交易、在线电子支付以及各种商务活动、交易活动、金融活动和相关的综合服务活动。电子商务可通过多种电子通信方式来完成，但目前主要是以电子数据交换（Electronic Data Interchange，EDI）和因特网来完成。作为一种新型的商业运营模式，电子商务具有普遍性、方便性、整体性、安全性、协调性等特征。同时，电子商务系统也面临诸如保密性、可测性和可靠性的挑战，但这些挑战将随着网络信息技术的发展和社会的进步得以克服。

8. 娱乐

计算机正在走向家庭，在工作之余人们可以使用计算机欣赏影碟和音乐，进行网络游戏，模拟虚拟人生等。利用计算机制作的特效也在各类影视剧中大显神威。

习题

简答题

1. 什么是计算无所不在？它具体体现的 5 个 any 是什么？
2. 计算思维是什么？它的本质和特征是什么？
3. 列举一些现实生活中的计算思维的例子。
4. 计算机的发展经历了哪几个阶段？各个阶段的主要特征是什么？
5. 按综合性能指标分类，常见的计算机有哪几类？
6. 计算机有哪些主要应用领域？试举例说明。
7. 简述未来计算机的发展趋势。
8. 计算机都有哪些局限性？

第 2 章

计 算 基 础

学习目标

- 了解数制的概念。
- 掌握常用的数制转换方法。
- 熟悉信息在计算机内的表示和存储方法。

计算思维的根本归结为对各种类型的数据进行计算或处理。要想用计算机来处理现实世界的信息，就需要用一定的方式将信息转换为计算机可以存储和处理的数据。计算机用数据来表示信息，通过处理数据来实现对信息的处理。在计算机内部，所有形式的信息都需要转换为数据，以二进制形式来表示。本章将介绍数制的概念、信息在计算机中的表示，包括数值型信息和非数值型信息的表示。

2.1 数制

现实世界中的信息是有意义的，是各种事物的变化和特征的反映，又是事物之间相互作用和联系的表征。要想用计算机来处理现实世界的信息，就需要用一定的方式将信息转换为计算机可以存储和处理的数据。计算机用数据来表示信息，通过处理数据来实现对信息的处理。在计算机内部，所有的信息（程序、文字、图片、声音、视频等）都需要转换为数据的形式，并以二进制数据表示。二进制是数制的一种，计算机领域常用的数制还有八进制、十进制、十六进制。本节将通过介绍数制的概念，引入几种常用数制的表示方法。

2.1.1 数制的概念

数制是用一组固定的数字和一套统一的规则来表示数值的方法。按照进位方式记数的数制叫进位记数制。

在采用进位记数制的数字系统中，如果用 R 个基本符号（例如 0，1，2，$\cdots$，$R-1$）表示数值，则称其为 R 进制，R 称为该数制的基。R 进制数中可用的数字符号称为数码，R 进制共有 R 个数码。数码在一个数中所在的位置称为数位。一个数的每个位置上所代表的数值大小称为位权，位权的大小是以基数为底、以数码所在位置（即数位）的序号为指数的整数次幂。整数部分最低位的位权是 R^0，次低位的位权为 R^1；小数点后第 1 位的位权为 R^{-1}，第 2 位的位权为 R^{-2}，依次类推。

各种常用数制以及它们的特点如表 2-1 所示。

表 2-1　常用数制及特点

数制	基数	数码	位权	运算规则	尾符
十进制（decimal）	10	$0 \sim 9$	10^n	逢十进一	D 或 10
二进制（binary）	2	$0 \sim 1$	2^n	逢二进一	B 或 2
八进制（octal）	8	$0 \sim 7$	8^n	逢八进一	O 或 8
十六进制（hexadecimal）	16	$0 \sim 9$、$A \sim F$	16^n	逢十六进一	H 或 16

【例 2-1】十进制数 1234.56 可以展开为[⊖]：
$$(1234.56)_D = 1 \times 10^3 + 2 \times 10^2 + 3 \times 10^1 + 4 \times 10^0 + 5 \times 10^{-1} + 6 \times 10^{-2}$$

其中，10 为该数的基，1、2、3、4、5、6 为数码，10^3、10^2、10^1、10^0、10^{-1}、10^{-2} 为位权。

【例 2-2】二进制数 10101.101 可以展开为：
$$(10101.101)_B = 1 \times 2^4 + 0 \times 2^3 + 1 \times 2^2 + 0 \times 2^1 + 1 \times 2^0 + 1 \times 2^{-1} + 0 \times 2^{-2} + 1 \times 2^{-3} = (21.625)_D$$

其中，2 为该数的基，1、0、1、0、1、1、0、1 为数码，2^4、2^3、2^2、2^1、2^0、2^{-1}、2^{-2}、2^{-3} 为位权。

【例 2-3】八进制数 237.4 可以展开为：
$$(237.4)_O = 2 \times 8^2 + 3 \times 8^1 + 7 \times 8^0 + 4 \times 8^{-1} = (159.5)_D$$

其中，8 为该数的基，2、3、7、4 为数码，8^2、8^1、8^0、8^{-1} 为位权。

【例 2-4】十六进制数 3FB9.D 可以展开为：
$$(3FB9.D)_H = 3 \times 16^3 + 15 \times 16^2 + 11 \times 16^1 + 9 \times 16^0 + 13 \times 16^{-1} = (16313.8125)_D$$

其中，16 为该数的基，3、F、B、9、D 为数码，16^3、16^2、16^1、16^0、16^{-1} 为位权。

德国数学家莱布尼茨（Leibniz）发明的二进制是对人类的一大贡献。二进制是计算技术中广泛采用的一种数制，计算机中数据的存储和处理均采用二进制，主要原因如下。

1. 电路简单

计算机是由逻辑电路组成的，逻辑电路通常只有两种状态，例如开关的接通与断开、晶体管的饱和与截止、电压电平的高与低等，这两种状态正好用数码 0 和 1 来表示。

2. 工作可靠

代表两种状态只需要两个数码，数码数量少，在数字传输和处理中不容易出错，因而电路更加稳定可靠。

3. 简化运算

二进制数的运算法则少、运算简单，因此计算机运算器的硬件结构大大简化。譬如，十进制数码有 10 个，乘法运算法则有 55 种，而由两位数码组成的二进制，其乘法只有 3 种运算法则。

4. 逻辑性强

由于二进制 0 和 1 正好与逻辑代数的假和真相对应，有逻辑代数的理论基础，因此用二进制数表示二值逻辑很自然。

⊖　数的尾符在数制转换中采用下标形式显示以突出数字，其他情况未采用下标形式，没有尾符的数默认为十进制。

二进制数一般比较长，而且容易写错，为了便于书写和记忆，除了二进制外，人们还经常采用八进制和十六进制表示数据。十进制、二进制、八进制和十六进制数之间的对应关系如表 2-2 所示。

表 2-2　十进制、二进制、八进制和十六进制数之间的对应关系

十进制	二进制	八进制	十六进制	十进制	二进制	八进制	十六进制
0	0000	0	0	8	1000	10	8
1	0001	1	1	9	1001	11	9
2	0010	2	2	10	1010	12	A
3	0011	3	3	11	1011	13	B
4	0100	4	4	12	1100	14	C
5	0101	5	5	13	1101	15	D
6	0110	6	6	14	1110	16	E
7	0111	7	7	15	1111	17	F

2.1.2　数制的转换

常用的数制转换包括其他进制转换为十进制，十进制转换为其他进制，二进制、八进制、十六进制的相互转换。

1. 非十进制转换为十进制

将非十进制数按权展开求和，各个数码与相应位权相乘以后再相加即为对应的十进制数。

【例 2-5】将二进制数 10011.101、八进制数 504.1、十六进制数 18D.6 转换为十进制数。

解： $(10011.101)_B = 1 \times 2^4 + 0 \times 2^3 + 0 \times 2^2 + 1 \times 2^1 + 1 \times 2^0 + 1 \times 2^{-1} + 0 \times 2^{-2} + 1 \times 2^{-3}$

$$= 16 + 2 + 1 + 0.5 + 0.125 = (19.625)_D$$

$$(504.1)_O = 5 \times 8^2 + 0 \times 8^1 + 4 \times 8^0 + 1 \times 8^{-1} = 320 + 4 + 0.125 = (324.125)_D$$

$$(18D.6)_H = 1 \times 16^2 + 8 \times 16^1 + 13 \times 16^0 + 6 \times 16^{-1} = 256 + 128 + 13 + 0.375 = (397.375)_D$$

2. 十进制转换为非十进制

将十进制转换为其他进制时，整数部分和小数部分分别遵循不同的转换规则。将十进制数转换为 R 进制数的过程如下：

- 整数部分：除以 R 取余法，即整数部分不断除以 R 取余数，直到商为 0 为止，最先得到的余数为最低位，最后得到的余数为最高位。
- 小数部分：乘 R 取整法，即小数部分不断乘以 R 取整数，直到乘积为 0 或达到有效精度为止，最先得到的整数为最高位（最靠近小数点），最后得到的整数为最低位。

转换规则可简记为：以小数为基准，整数部分除以 R 取余，直到商为 0，所得余数从右往左依次排列；小数部分乘 R 取整，直到小数为 0 或达到有效精度为止，所得整数从左至右依次排列。

需要注意的是，有的十进制小数不能精确转换为相应的非十进制小数，即出现"乘不尽"现象，此时可根据转换精度要求保留一定的小数位数。

【例 2-6】将 $(183.625)_D$ 分别转换成二进制、八进制和十六进制数。

解： 若十进制数既有小数部分，又有整数部分，则将它们分别转换后再合起来。

整数 $(183)_D$ 转换成其他 R 进制的方法，除以 R 取余：

$$
\begin{array}{r|l}
 & \text{余数} \\
2\,|\,183 \\
2\,|\,91 & 1 \\
2\,|\,45 & 1 \\
2\,|\,22 & 1 \\
2\,|\,11 & 0 \\
2\,|\,5 & 1 \\
2\,|\,2 & 1 \\
2\,|\,1 & 0 \\
\hline
0 & 1
\end{array}
\qquad
\begin{array}{r|l}
 & \text{余数} \\
8\,|\,183 & 7 \\
8\,|\,22 & 6 \\
8\,|\,2 & 2 \\
\hline
0
\end{array}
\qquad
\begin{array}{r|l}
 & \text{余数} \\
16\,|\,183 & 7 \\
16\,|\,11 & 11 \to B \\
\hline
0
\end{array}
$$

整数部分转换结果为 $(183)_D=(10110111)_B=(267)_O=(B7)_H$。

小数 $(0.625)_D$ 转换成 R 进制的方法，乘 R 取整：

$$
\begin{array}{ll}
 & \text{整数} \\
\quad 0.625 \\
\underline{\times\ 2} \\
\boxed{1}.250 & 1 \\
\quad 0.25 \\
\underline{\times\ 2} \\
\boxed{0}.50 & 0 \\
\quad 0.5 \\
\underline{\times 2} \\
\boxed{1}.0 & 1 \\
\quad 0.0
\end{array}
\qquad
\begin{array}{ll}
 & \text{整数} \\
\quad 0.625 \\
\underline{\times\ 8} \\
\boxed{5}.000 & 5 \\
\quad 0.0
\end{array}
\qquad
\begin{array}{ll}
 & \text{整数} \\
\quad 0.625 \\
\underline{\times\ 16} \\
\boxed{10}.000 & 10 \to A \\
\quad 0.0
\end{array}
$$

小数部分转换结果为 $(0.625)_D=(0.101)_B=(0.5)_O=(0.A)_H$。

所以，最终转换结果为 $(183.625)_D=(10110111.101)_B=(267.5)_O=(B7.A)_H$。

3. 八进制、十六进制转换为二进制

由 $2^3=8$ 和 $2^4=16$ 可以看出，每位八进制数可用 3 位二进制数表示，每位十六进制数可用 4 位二进制数表示。所以，将八进制或十六进制转换为二进制时，只要将八进制数或十六进制数的每一位表示为 3 位或 4 位二进制数，去掉整数首部的 0 或小数尾部的 0 即可得到二进制数。

【例 2-7】 将 $(372.531)_O$ 和 $(19A76.78)_H$ 转换为二进制数。

解： $(372.531)_O=(011\ 111\ 010.\ 101\ 011\ 001)_B=(11\ 111\ 010.\ 101\ 011\ 001)_B$

$(19A76.78)_H=(0001\ 1001\ 1010\ 0111\ 0110.\ 0111\ 1000)_B$

$\qquad\quad =(1\ 1001\ 1010\ 0111\ 0110.\ 0111\ 1)_B$

4. 二进制转换为八进制、十六进制

同理，二进制转换为八进制或十六进制时，需要以小数点为中心，分别向左、右每 3 位或 4 位分成一组，不足 3 位或 4 位的，整数部分在左边补零，小数部分在右边补零。然后，将每组用一位对应的八进制数或十六进制数代替即可。

【例 2-8】 将 $(11011011110111.110001)_B$ 转换为八进制数和十六进制数。

解： 当由二进制数转换成八进制数或十六进制数时，只需要把二进制数按照 3 位一组或 4 位一组转换成八进制数或十六进制数即可。转换结果为：

$(011\ 011\ 011\ 110\ 111.110\ 001)_B=(33367.61)_O$

$(0011\ 0110\ 1111\ 0111.1100\ 0100)_B=(36F7.C4)_H$

2.2　数据的存储

在计算机中利用二进制进行数组的组织和计算。

2.2.1　数据的组织形式

常用的存储容量单位有字节、千字节、兆字节等。存储单元的地址直接用二进制进行标识。

1. 位

计算机中所有的数据都是以二进制来表示的，一个二进制代码称为一位，记为 bit（读作比特）。位是计算机中最小的信息单位，计算机中最直接、最基本的操作就是对二进制位的操作。

2. 字节

在对二进制数据进行存储时，以 8 位二进制代码为一个单元存放在一起，称为一个字节（Byte），它是衡量存储器大小的单位，记为 B。

位是计算机中最小的数据单位，字节是计算机中的基本信息单位。

3. 字和字长

CPU 能一次并行处理的一组二进制数称为字，这组二进制数的位数就是字长。一个字由若干个字节组成，不同计算机系统的字长是不同的，早期的微机字长一般是 8 位和 16 位，386 以及更高的处理器大多是 32 位，目前的计算机处理器大部分已达到 64 位。一次能并行处理字长为 8 位数据的 CPU 通常就叫 8 位 CPU，一次能并行处理字长为 64 位数据的 CPU 称为 64 位 CPU。

4. 容量单位

计算机存储器的容量常用 B、KB、MB、GB 和 TB 来表示，它们之间的换算关系如下：

1 B=8 bit

1 KB=1024 B=2^{10} B　　　　　　　　　　K 读"千"

1 MB=1024 KB=2^{10} KB=2^{20} B　　　　　M 读"兆"

1 GB=1024 MB=2^{10} MB=2^{30} B　　　　　G 读"吉"

1 TB=1024 GB=2^{10} GB=2^{40} B　　　　　T 读"太"

继 TB 之后，还有 PB、EB、ZB、YB 等存储容量单位。

5. 地址

在计算机存储器中，每个存储单元必须有唯一的编号，称之为地址。通过地址可以定位存储单元，进行数据的查找、读取或存入。

2.2.2　计算机中数据的运算

计算机中的数据运算主要包括算术运算和逻辑运算。参与运算的数据均由 0 和 1 构成。算术运算有加、减、乘、除 4 种；基本逻辑运算有与、或、非 3 种。

1. 算术运算

（1）二进制加法

运算规则：0+0=0；0+1=1；1+0=1；1+1=0（进位，逢二进一）。

例如：

$$
\begin{array}{r}
1001010 \\
+\quad 11100 \\
\hline
1100110
\end{array}
$$

（2）二进制减法

运算规则：0-0=0；1-0=1；1-1=0；0-1=1（借位）。

例如：

$$
\begin{array}{r}
1100011 \\
-\quad 1101 \\
\hline
1010110
\end{array}
$$

（3）二进制乘法

运算规则：$0 \times 0=0$；$1 \times 0=0$；$0 \times 1=0$；$1 \times 1=1$。

（4）二进制除法

二进制的除法运算规则和十进制除法类似。

2．逻辑运算

英国数学家乔治·布尔（George Boole）用数学方法研究逻辑问题，成功地建立了逻辑运算。他用等式表示判断，把推理转换成等式的变换。这种变换的有效性不依赖人们对符号的解释，只依赖于符号的组合规律。这一逻辑理论称为布尔代数。计算机工作时要处理很多逻辑关系的运算，逻辑关系是 0 和 1 的二值关系。计算机中使用了能够实现各种逻辑运算功能的电路，利用逻辑代数的规则进行各种逻辑判断。逻辑运算的结果只有"真"或"假"两个值，通常用"1"代表"真"，用"0"代表"假"。

常用的逻辑运算符号有"与""或""非""异或"等。

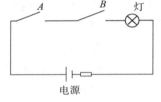

（1）与运算

与运算又称逻辑乘，用符号"$\times$""$\wedge$"或 AND 表示。

运算规则：$0 \times 1=0$；$1 \times 0=0$；$0 \times 0=0$；$1 \times 1=1$。

设 A、B 为逻辑型变量，只有当 A、B 同时为真时，与运算的结果才为真，否则为假。图 2-1 的电路图解释了逻辑与运算的运算规则。假设开关 A 或 B 闭合代表逻辑值 1，开关断开代表逻辑值 0，灯泡亮代表逻辑值 1，不亮代表逻辑值 0，则灯泡与开关 A、B 的关系就体现了逻辑与的关系。

图 2-1   逻辑与的电路示意图

逻辑与运算的真值表如表 2-3 所示。真值表是指把表达式中变量的各种可能取值一一列举出来，求出对应表达式值的列表。

表 2-3   逻辑与运算真值表

A	B	A AND B	A	B	A AND B
0	0	0	1	0	0
0	1	0	1	1	1

（2）或运算

或运算又称逻辑加，用符号"+""$\vee$"或 OR 表示。

运算规则：0+0=0；0+1=1；1+0=1；1+1=1。

设 A、B 为逻辑型变量，只要 A、B 之一为真时，或运算的结果就为真，否则为假。图 2-2 的并联电路体现了灯泡与开关 A、B 之间的关系是逻辑或的关系。逻辑或运算的真值表如表 2-4 所示。

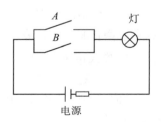

图 2-2   逻辑或的电路示意图

表 2-4　逻辑或运算真值表

A	B	A OR B	A	B	A OR B
0	0	0	1	0	1
0	1	1	1	1	1

（3）非运算

非运算又称逻辑非，一般在变量上加横线或在变量前加 NOT 表示非运算。

运算规则：$\overline{0}=1$；$\overline{1}=0$。

图 2-3 所示电路体现了灯泡与开关 A 之间是逻辑非的关系。逻辑非运算的真值表如表 2-5 所示。

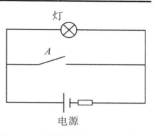

图 2-3　逻辑非的电路示意图

表 2-5　逻辑非运算真值表

A	NOT A
0	1
1	0

（4）异或运算

除以上的与、或、非运算外，异或运算也是常见的逻辑运算，运算符为"$\oplus$"，有时也用 XOR 表示。逻辑表达式为 $F=A \oplus B$，A 和 B 相异结果为真。A 与 B 异或的关系如表 2-6 所示。

表 2-6　异或真值表

A	B	A XOR B	A	B	A XOR B
0	0	0	1	0	1
0	1	1	1	1	0

以上逻辑运算符的优先级别在不同语言中略有不同，例如在 C 语言中，上述运算符的优先级从高到低依次是：非、与、异或、或。

【例 2-9】计算 1 AND 0 OR 1 AND NOT 0 的结果。

解： 1 AND 0 OR 1 AND NOT 0 = 0 OR 1= True (1)

关系运算的结果是逻辑值，可以用来进行逻辑运算。

【例 2-10】计算 NOT (4<6) OR (2*4<9) AND 0 XOR 5>6 的结果。

解： NOT (4<6) OR (2*4<9) AND 0 XOR 5>6=0 OR 1 AND 0 XOR 0 = False (0)

2.3　数据在计算机中的表示形式

2.3.1　计算机中数值型数据的表示

信息是以数据的形式存储和处理的。数据的类型有很多种，例如数字、文字、表格、声音、图形和图像等。计算机不能直接处理这些数据类型，必须将这些数据以规定的二进制形式表示后才能加以处理，这些规定的二进制形式就是数据的编码。编码时需要考虑数据的特性和是否便于计算机存储和处理。下面介绍几种常用的数据编码。

计算机的数据包括数值型和非数值型两大类。数值型数据可以进行算术运算，非数值型数据不能进行算术运算。

1. 数值型数据

（1）数的符号

数据有正有负，通常在计算机中规定用一个符号表示数的正负，即用"0"表示"正"，用"1"表示"负"。一般把计算机内部将正负符号数字化后得到的数称为机器数，把计算机外部用"+"和"−"符号表示正负的数称为真值。机器数有两个特点：一是符号数字化，二是数的大小受机器字长的限制。

例如，假设计算机字长为 8 位，十进制真值 −100 的二进制真值形式为 −1100100，机器数为 11100100。−100 的机器数形式如下所示：

1	1	1	0	0	1	0	0

其中，左侧的最高位"1"为数符，即符号位。

（2）定点数和浮点数

计算机处理的数值数据很多带有小数，带小数点的数据在计算机中通常有两种表示方法：一种是定点表示法，简称定点数；另一种小数点位置可以浮动，称为浮点表示法，简称浮点数。在数学上，小数点一般用"."来表示。在计算机中，小数点的表示采用人工约定的方法来实现，即约定小数点的位置，这样可以节省存储空间。

- 定点数：在定点数的表示方法中，约定所有数值数据的小数点隐含在某一个固定位置上。定点数分为定点整数和定点小数两种。

将小数点固定在最后一位数字之后的数称为定点整数。小数点并不真正占据一个二进制位，而是默认在最低位的右边。定点整数分为无符号整数和有符号整数。无符号整数的数码全部都是数值位，不能表示负数。有符号整数的最高位表示符号，其他位是数值位。字长为 n 的有符号数可以表示的绝对值最大的负数为 -2^n，此时，数的最高位为 1，它既表示符号位，也表示数值位。

表 2-7 中给出了 8 位、16 位、32 位、64 位字长的计算机所能表示的无符号整数和有符号整数的范围。

表 2-7　字长不同的数的表示范围

字长 / 位	无符号整数	有符号整数
8	$[0, 2^8-1]$，即 $[0, 255]$	$[-2^7, 2^7-1]$，即 $[-128, 127]$
16	$[0, 2^{16}-1]$，即 $[0, 65535]$	$[-2^{15}, 2^{15}-1]$，即 $[-32768, 32767]$
32	$[0, 2^{32}-1]$，即 $[0, 4294967295]$	$[-2^{31}, 2^{31}-1]$，即 $[-214783648, 214783647]$
64	$[0, 2^{64}-1]$，即 $[0, 18446744073709551615]$	$[-2^{63}, 2^{63}-1]$，即 $[-9223372036854775808,$ $9223372036854775807]$

当小数点的位置固定在符号位和最高数值位之间时，称为定点小数。定点小数表示一个纯小数。

例如，若机器字长为 8 位，数值 11110000 表示的十进制数为 −0.875。小数点隐含在从左侧数第一个"1"（符号位）和第二个"1"（数值位的最高位）之间，可以假想为 1.1110000。

- 浮点数：用定点法所能表示的数值范围非常有限，在做定点运算时，计算结果很容易超出字长的表示范围，不能满足实际问题的需要。所以当数据很大或很小时，通常用浮点数来表示。

浮点表示法与科学记数法类似，十进制的指数表示一般形式是 $p = m \times 10^n$，p 为十进制数值，m 为尾数，n 为指数，10 为基数。为了使浮点保持更高的精度以及有统一的表示形式，规定将浮点数写成规格化的形式，即十进制数的尾数绝对值的范围在 [0.1,1) 之间，这样便准确规定了小数点的位置。例如，+0.000215 的科学记数法的规格化形式只有一种，即 $+0.215 \times 10^{-3}$。

类似地，计算机中二进制数的浮点表示法主要包括尾数部分和阶码部分。这两部分分别用定点小数和定点整数表示。尾数部分包括数符和尾数，阶码部分包括阶符和阶码。浮点数的存储形式如下：

阶符	阶码	数符	尾数

其中，数符和阶符各占 1 位，阶码的位数对应数的大小范围，尾数的位数对应数的精度。

规格化的二进制浮点数的尾数绝对值范围是 [0.1,1)，对应的十进制范围为 [1/2,1)。假定 1 个浮点数用 2 字节来表示，设阶符和数符各占 1 位，阶码占 4 位，尾数占 10 位。十进制数 -6.75 在计算机内的表示形式做如下转换⊖：

$$(-6.75)_D=(-110.11)_B=(-0.11011)_B \times 2^{(+11)_B}$$

在计算机内的表示形式如下：

0	0011	1	1101100000

浮点数的运算精度和表示范围都远远大于定点数，但在运算规则上，定点数比浮点数简单，容易实现。因此，计算机中一般都同时具有这两种表示方法⊜。

（3）原码、反码、补码

一个二进制数同时包含符号和数值两部分，将符号也数值化的数据称为机器数。在计算机中机器数的表示方法很多，常用的有原码、反码和补码 3 种形式。原码表示法简单易懂，但由于原码表示的数在运算时常要进行一些判断，从而增加了运算的复杂性，故引入了反码和补码。

- 原码表示法：原码表示法是一种简单的机器数表示法，即用最高位表示符号，其余位表示数值。设 x 为真值，则 $[x]_原$ 为 x 的原码。
- 反码表示法：正数的反码与原码相同；负数的反码只需在原码的基础上把符号位以外的各位数按位"求反"（0 变 1，1 变 0）即可。用 $[x]_反$ 表示 x 的反码。
- 补码表示法：正数的补码与原码相同；负数的补码是在原码的基础上符号位不变，数值各位取反（0 变 1，1 变 0），然后最低位加 1。用 $[x]_补$ 表示 x 的反码。

从上面关于原码、反码、补码的定义可知：一个正数的原码、反码、补码的表示形式相同，符号位为 0，数值位是真值本身；一个负数的原码、反码、补码的符号位都为 1，数值位原码是真值本身，反码是各位取反，补码是各位取反后最低位再加 1。真值正 0 和负 0 的原码和反码表示不唯一，而补码表示是唯一的。

【例 2-11】已知 $x_1=+1100110$，$x_2=-1100111$，求 x_1 和 x_2 的原码、反码和补码。

解： 根据原码和反码、补码的转换规则，可知正数的原码和反码、补码一致。即

$$[x_1]_原=[x_1]_反=[x_1]_补=01100110$$

根据负数的转换规则，$[x_2]_原=11100111$，$[x_2]_反=10011000$，$[x_2]_补=10011001$。

⊖ 由于基数 2 不需要存储，所以下式中的 2 仍然使用十进制形式表述。
⊜ 整数和浮点数在计算机内的表示和存储形式有多种，例如大端模式和小端模式等。

　　除原码、反码和补码外，还可以用移码表示机器数。无论正负数，直接对其补码的符号位取反，即可得到数的移码。浮点数的阶码通常用移码表示。移码可用于简化浮点数的乘除法运算。利用移码便于判断浮点数阶的大小。

2. 十进制数的编码——BCD 码

　　人们习惯用十进制来记数，而计算机中采用的是二进制数。用 4 位二进制数来表示 1 位十进制数中的 0～9 这 10 个数码的编码称为 BCD 码。BCD 码使二进制和十进制之间的转换可以快捷地进行。相对于一般的浮点记数法，采用 BCD 码，既可保存数值的精确度，又可避免计算机做浮点运算所耗费的时间。此外，对于其他需要高精确度的计算，也经常使用 BCD 编码。常见的 BCD 码有 8421 码、5421 码和 2421 码等。在 8421 码中，每 4 位二进制数为一组，组内每个位置上的位权从左至右分别为 8、4、2、1。以十进制数 0～15 为例，它们的 8421 BCD 编码对应关系如表 2-8 所示。

表 2-8　十进制数与 BCD 码的关系

十进制数	8421 BCD 码	十进制数	8421 BCD 码
0	0000	8	1000
1	0001	9	1001
2	0010	10	0001 0000
3	0011	11	0001 0001
4	0100	12	0001 0010
5	0101	13	0001 0011
6	0110	14	0001 0100
7	0111	15	0001 0101

2.3.2　计算机中西文字符的表示

　　在使用计算机进行信息处理时，西文字符型数据是非常普遍的。西文字符包括各种字母、数字与符号等，它们在计算机中也需要用二进制进行统一编码。ASCII 码（American Standard Code for Information Interchange，美国标准信息交换码）是一种常用的西文字符标准码，被国际标准化组织（ISO）定为国际标准。

　　ASCII 码有 7 位 ASCII 码和 8 位 ASCII 码两种。7 位 ASCII 码称为基本 ASCII 码，是国际通用的 ASCII 码。用 1 个字节表示 7 位 ASCII 码时，最高位为 0，故 7 位二进制数可表示 128 个字符，它的范围为 00000000B～01111111B。其中，包括 52 个英文字母（大、小写各 26 个）、0～9 这 10 个数字及一些常用符号，如表 2-9 所示。

表 2-9　ASCII 码表

$b_3b_2b_1b_0$ ＼ $b_6b_5b_4$	000	001	010	011	100	101	110	111
0000	NUL	DLE	SP	0	@	P	`	p
0001	SOH	DC1	!	1	A	Q	a	q
0010	STX	DC2	"	2	B	R	b	r
0011	ETX	DC3	#	3	C	S	c	s
0100	EOT	DC4	$	4	D	T	d	t
0101	ENQ	NAK	%	5	E	U	e	u
0110	ACK	SYN	&	6	F	V	f	v

（续）

b₃b₂b₁b₀ \ b₆b₅b₄	000	001	010	011	100	101	110	111
0111	BEL	ETB	'	7	G	W	g	w
1000	BS	CAN	(	8	H	X	h	x
1001	HT	EM	)	9	I	Y	i	y
1010	LF	SUB	*	:	J	Z	j	z
1011	VT	ESC	+	;	K	[	k	{
1100	FF	FS	,	<	L	\	l	
1101	CR	GS	−	=	M	]	m	}
1110	SO	RS	.	>	N	^	n	~
1111	SI	US	/	?	O		o	DEL

8 位 ASCII 码称为扩充 ASCII 码，是 8 位二进制字符编码，其最高位有些为 0，有些为 1，范围为 00000000B ～ 11111111B，因此可以表示 256 种不同的字符。其中，00000000B ～ 01111111B 为基本部分，对应十进制数的范围为 0 ～ 127，共计 128 种；10000000B ～ 11111111B 为扩充部分，范围为 128 ～ 255，也有 128 种。尽管美国国家标准信息学会对扩充部分的 ASCII 码已给出定义，但在实际应用中多数国家都将 ASCII 码扩充部分规定为自己国家语言的字符代码，如中国把扩充 ASCII 码作为汉字的机内码。

关于 ASCII 码有以下几点说明：

1）通常一个 ASCII 字符占用 1 个字节（8 bit），最高位为 "0"。

2）标准的 7 位 ASCII 码字符分为两类：一类是可显示的打印字符，共有 95 个；另一类是控制字符或通信专用字符，包括 0 ～ 31 及 127，共 33 个。

3）数字字符 0 ～ 9 的 ASCII 码是连续的，为 30H ～ 39H；ASCII 码字符是区分大小写的，大写字母 A ～ Z 和小写字母 a ～ z 的 ASCII 码也是连续的，分别为 41H ～ 5AH 和 61H ～ 7AH。例如，大写字母 A 的 ASCII 码为 1000001B，即 ASC(A)=65；小写字母 a 的 ASCII 码为 1100001B，即 ASC(a)=97。可推得 ASC(C)=67，ASC(c)=99。

2.3.3　计算机中中文字符的表示

西文字母数量少，在计算机的键盘上都有对应的输入按键。计算机内部存储和处理西文字母一般采用 ASCII 码就可以完成。汉字数量庞大，而且汉字字形、字体复杂多变，使用计算机对汉字进行处理就要复杂得多。汉字的输入要采用输入码；在计算机中存放和处理要使用机内码；输出时需要用对应的字形码进行显示和打印。即在汉字处理过程中需要经过多种编码的转换，下面分别介绍与汉字相关的编码。

（1）汉字输入码

按标准键盘上按键的不同排列组合对汉字进行编码，称为汉字的输入码。汉字输入码也称外码，是为将汉字输入计算机设计的代码。汉字是一种拼音、象形和会意文字，本身具有十分丰富的音、形、义等内涵。迄今为止，已有好几百种汉字输入码的编码方案问世，其中已经得到广泛使用的也达几十种之多。选择不同的输入码方案，则输入的方法及按键次数、输入速度均有所不同。按照汉字输入的编码元素取材的不同，可将众多的汉字输入码分为如下 4 类：

- 区位码：我国国家标准局颁布的《信息交换用汉字编码字符集——基本集》(GB2312—1980) 对 6763 个汉字和 682 个图形字符进行了编码，给出了几种汉字编码标准。其中区位码将汉字和图形符号排列在一个94行94列的二维代码表中，每个汉字用两个字节表示，前（高）字节的编码称为区码，后（低）字节的编码称为位码。使用区位码进行输入时，需要敲入汉字的区位和位号，如"大"字在二维代码表中处于20区第83位，区位码即为2083。区位码的汉字编码无重码，向内部码转换方便。但若想记住全部区位码相当困难，所以区位码常用于录入特殊符号，如制表符、希腊字母等，或者输入发音、字形不规则的汉字、生僻字。

- 音码：音码是根据汉字的发音来确定汉字的编码方法，其特点是简单易学，但重码太多，输入速度较慢。常用的音码输入法有全拼输入法和双拼输入法。
- 形码：形码是根据汉字的字形结构来确定汉字的编码方法，其特点是重码较少，输入速度较快，但记忆量较大，熟练掌握较困难，记忆量较大。著名的形码输入法是五笔字型输入法，它是我国的王永明教授在1983年发明的。五笔是目前中国以及一些东南亚国家，如新加坡、马来西亚等最常用的汉字输入法之一。20世纪末，随着音码输入法的流行，使用五笔的人数急剧下降。
- 音形码：音形码是既根据汉字的发音又根据汉字的字形来确定汉字的编码方法，其特点是编码规则简单，重码少，缺点是难记忆。例如，自然码输入法就是一种音形结合的汉字输入方法。

（2）国标码

国家标准GB 2312—1980中的汉字代码除了十进制形式的区位码外，还有一种十六进制形式的编码，称为国标码。国标码是在不同汉字信息系统间进行汉字交换时所使用的编码。国标码并不等于区位码，它是由区位码转换得到的。将区位码转换成国标码的方法是：先将十进制区码和位码转换为十六进制的区码和位码，再将这个代码的高、低两个字节分别加上20H（十进制的32），就得到国标码。例如，"大"的区位码为2083，2083的二进制为0001010001010011B，十六进制形式为1453H。将1453的两个字节分别加上20H后，得到的3473H，即为"大"的国标码。

（3）机内码

虽然国标码是汉字信息交换的标准编码，但因其前后字节的最高位为0，与ASCII码发生冲突，会出现二义性，所以计算机内部不能使用国标码。将国标码进行转换，得到机内码。机内码是供计算机系统内部进行存储、加工处理、传输统一使用的代码。国标码转换为机内码的方法是：将国标码两个字节的最高位由0改1，其余7位不变，即国标码的每个字节都加上80H(128)。

如"大"字的国标码为3473H，其机内码为B4F3H。在Office办公软件中选择"插入"|"符号"命令，打开"符号"对话框，找到"大"字，可以看到"大"字的机内码对应的十六进制字符代码为B4F3H，如图2-4所示。

机内码表示简单，解决了中西文机内码存在二义性的问题。除机内码外，还有如GBK、UCS、BIG5、Unicode等多种编码方案。其中，Unicode码又称万国码或统一码，也是一个国际

图2-4 "大"字的机内码

编码标准，它为每种语言中的每个字符设定了统一并且唯一的二进制编码，以满足跨语言、跨平台进行文本转换、处理的要求。Unicode 码在当前的网络、Windows 系统和许多大型软件中得到了广泛的应用。

（4）汉字的字形码

汉字字形码是汉字字库中存储的汉字字形的数字化信息，用于汉字的显示和打印。常用的输出设备是显示器与打印机。汉字字形码通常用点阵、矢量函数等方式表示。常用的字形点阵有 16×16 点阵、24×24 点阵、48×48 点阵、96×96 点阵、128×128 点阵、256×256 点阵。不同的字体有不同的字库，如黑体、仿宋体、楷体等。点阵的点数越多，字的表达质量也越高、越美观，但占用的存储空间也就越大。以"大"的 16×16 点阵为例（见图 2-5a），每个点位用一位二进制表示，1 表示有点，0 表示没有点，则每行需 16 个点，即 2 字节，共 16 行，则占用 32 字节。因此，所有汉字的字模点阵构成"字库"。字库中存储了每个汉字的点阵代码，当显示输出时才检索字库，根据字模点阵输出字形。

（5）汉字处理流程

通过输入设备将汉字外码送入计算机，再由汉字系统将其转换成内码存储、传送和处理，当需要输出时，再由汉字系统调用字库中汉字的字形码得到结果，整个过程如图 2-5b 所示。

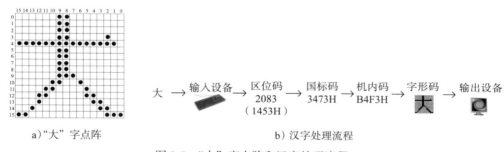

a）"大"字点阵　　　　　　　　　　b）汉字处理流程

图 2-5　"大"字点阵和汉字处理流程

2.3.4　声、图信息的表示

除数值、字符外，计算机还需要处理声音、图形、视频等信息，这些信息也需要转换成二进制数后计算机才能存储和处理。

1. 声音的表示

声音信息包括话语、音乐以及自然界发出的各种声音。声音通常用模拟波的方式表示，振幅反映声音的音量，频率反映声音的音调。音频是连续变化的模拟信号，而计算机只能处理数字信号，要使计算机能处理音频信号，必须把模拟音频信号转换成用"0""1"表示的数字信号，这就是音频的数字化。声音信息的数字化需要经过采样、量化、编码等过程。

（1）采样

对声音的采样，就是每隔一定时间间隔（称为采样周期）在模拟声音波形上取一个幅度值（电压值），采样的对象是通过话筒等装置转换后得到的模拟电信号。采样频率越高，用采样数据表示的声音就越接近原始波形，数字化音频的质量也就越高。根据奈奎斯特采样定理，在采集模拟信号时，选用该信号所含最高频率两倍的频率采样，才可基本保证原信号的质量。人耳所能听到的频率范围为 20 Hz ～ 20 kHz，在实际采样中，采用 44.1 kHz 作为高质量声音的采样频率。

（2）量化

把采样得到的模拟电压值用所属区域对应的数字来表示，就称为对声音的量化。用来量化样本值的二进制位数称为量化位数。量化位数越多，所得到的量化值就越接近于原始波形的采样值。常见的量化位数有 8 位、16 位、24 位等。

（3）编码

编码是把量化后的数据用二进制数据形式表示。用一组 0 和 1 数字表示的声音，称为数字音频。编码之后得到的数字音频数据是以文件的形式保存在计算机中的。图 2-6 是声音采样、量化、编码过程示意图。图中以 t_A、t_B 和 t_C 时刻采样的 3 个点 A、B、C 为例，给出其编码形式和对应幅值。该例采用 3 位量化位数。

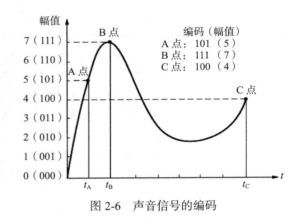

图 2-6   声音信号的编码

决定数字音频质量的主要因素是采样频率、量化位数和声道数。采样频率越高，数字音频的质量越好；量化位数越多，数字音频的质量越好；双声道（立体声）的声音质量要好于单声道。相应地，信息的存储量也随之增加。

记录每秒存储声音容量的公式为：

$$采样频率 \times 采样精度（位数） \times 声道数 \div 8 = 字节数$$

例如，用 44.10 kHz 的采样频率，每个采样点用 16 位的精度存储，录制 10 s 的立体声节目，则其 WAV 格式文件所需的存储量为：

$$44\,100 \times 16 \times 2 \times 10 \div 8 = 1\,764\,000（B） \approx 1.68\,MB$$

在声音质量要求不高时，降低采样频率、采样精度的位数或利用单声道来录制声音，可减小声音文件的容量。

2. 图像的表示

矢量图形文件存储的是生成图形的指令，因此不必对图形中的每个点进行数字化处理。

现实中的图像是一种模拟信号。图像的数字化涉及对图像的采样、量化和编码等。

（1）采样

对图像的采样，就是把时间上和空间上连续的图像转换成离散点的过程。图像采样的实质是用若干个像素点来描述一幅图像。在一定的面积上采样的点数（像素数）称为图像的"分辨率"，用点的"行数 × 列数"表示。分辨率越高，图像质量越好，容量也越大。

（2）量化

对图像的量化，是在图像离散化后将表示图像色彩浓淡的连续变化值离散成整数值的过程。在多媒体计算机系统中，图像的颜色用若干位二进制数表示，称为图像的颜色深度或亮度。常用的二进制位数有 8 位、16 位、24 位、32 位。

在计算机中，常用以下类型的图像文件。

- 黑白图：图像的颜色深度为 1 位，即用一个二进制位 1 和 0 表示纯白、纯黑两种情况。

- 灰度图：图像的颜色深度为 8 位，占一个字节，灰度级别为 256 级。通过调整黑白两色的程度（称颜色灰度）可以有效地显示单色图像。
- RGB 24 位真彩色：彩色图像显示时，由红、绿、蓝三基色通过不同的强度混合而成，当强度分成 256 级（值为 0 ~ 255）时，占 24 位，就构成了 2^{24}=16 777 216 种颜色的"真彩色"图像。

无论从采样还是量化来讲，形成的数字化图像必然会丢掉一些数据，与模拟图像有一定的差距。但这个差距可以控制得非常小，以至人的肉眼难以分辨，此时，人们可以将数字化图像等同于模拟图像。

（3）编码

图像的分辨率和像素点的颜色深度决定了图像文件的大小，计算公式为：

$$行数 \times 列数 \times 颜色深度 \div 8 = 字节数$$

例如，当要表示一个分辨率为 640×480 像素的 24 位真彩色图像时，需要的存储空间为 $640 \times 480 \times 24 \div 8B \approx 1MB$。

由此可见，数字化后的图像数据量十分巨大，必须采用编码技术来压缩信息。编码是图像传输与存储的关键。

数据压缩通过编码的技术来降低数据存储时所需的空间，当需要使用压缩文件时，再进行解压缩。根据压缩后的数据解压缩后是否能准确恢复到压缩前的数据进行分类，可将数据压缩技术分为无损压缩和有损压缩两类。

无损压缩由于能确保解压后的数据不失真，一般用于文本数据、程序以及重要图片和图像的压缩。无损压缩比一般为 2：1 ~ 5：1，因此不适合实时处理图像、视频和音频数据。典型的无损压缩软件有 WinZip、WinRAR 等。

有损压缩方法是以牺牲某些信息（这部分信息基本不影响对原始数据的理解）为代价，换取了较高的压缩比。有损压缩具有不可恢复性，也就是还原后的数据与原始数据存在差异，一般用于图像、视频和音频数据的压缩，压缩比高达几十到几百倍。例如，在位图图像存储形式的数据中，像素与像素之间无论是列方向还是行方向都具有很大的相关性，因此数据的冗余度很大，这就允许在人的视觉、听觉允许的误差范围内对图像进行大量的压缩。20世纪 80 年代，国际标准化组织（ISO）和国际电信联盟（ITU）联合成立了两个专家组——联合图像专家组（Joint Photographic Experts Group，JPEG）和运动图像专家组（Moving Picture Experts Group，MPEG），分别制定了静态和动态图像压缩的工业标准。目前主要有 JPEG 和 MPEG 两种类型的标准。

习题

一、简答题

1. 简述计算机内部利用二进制编码的优点。

2. 什么是 ASCII 码？

3. 试从 ASCII 码表中查出字符 *、！、E、5 的 ASCII 码。

4. 浮点数在计算机中是如何表示的？

5. 如汉字"中"的区位码是 5448，它的国标码和机内码是什么，是如何转换的？

6. 简述将声音存入计算机的过程。

二、填空题

1. 计算机在处理数据时，一次存取、加工和传送的数据长度是指_____。

2. 在计算机中，表示信息数据的最小单位是_____。

3. _____是指用一组固定的数字和一套统一的规则来表示数目的方法。

4. 国际通用的 ASCII 码是 7 位编码，而计算机内部一个 ASCII 码字符用 1 字节来存储，其最高位为_____，其低 7 位为 ASCII 码值。

5. 在微型机汉字系统中，一个汉字的机内码占的字节数为_____。

6. 将二进制转换为八进制或十六进制时，_____位二进制数对应一个八进制数，_____位二进制数对应一个十六进制数。

7. 在国标码（GB 2312—1980）中总共规定了_____个汉字的编码。

8. 汉字"华"的机内码是 BBAAH，那么它的国标码是_____。

9. 在计算机中表示数值时，小数点位置固定的数称为_____。

10. 二进制数 01000111 代表 ASCII 码字符集中的_____字符。

11. 机器数有_____、_____和_____ 3 种类型。

12. $(10001000)_B = ($ $)_D = ($ $)_H$。

13. $(0.110101)_B = ($ $)_O = ($ $)_H$。

14. $(27.2)_O = ($ $)_D = ($ $)_B$。

15. $(19.8)_H = ($ $)_B = ($ $)_D$。

16. $(1012)_D = ($ $)_B = ($ $)_O$。

17. $(10110010.1011)_B = ($ $)_O = ($ $)_H$。

18. $(35.4)_O = ($ $)_B = ($ $)_D = ($ $)_H = ($ $)_{8421}$。

19. $(39.75)_D = ($ $)_B = ($ $)_O = ($ $)_H$。

20. $(5E.C)_H = ($ $)_B = ($ $)_O = ($ $)_D = ($ $)_{8421}$。

21. $(0111\ 1000)_{8421} = ($ $)_B = ($ $)_O = ($ $)_D = ($ $)_H$。

22. 二进制数 −10110 的原码为_____，反码为_____，补码为_____。

学习目标

- 了解计算机的基本构成、工作原理和基本指令系统。
- 掌握微型计算机的硬件系统结构。
- 掌握微型计算机各主要部件的功能和主要技术指标。
- 了解操作系统的功能和分类。

计算机系统的硬件和软件是相辅相成的两部分。硬件是计算机系统赖以工作的实体，它是各种物理部件的有机结合；软件是计算机系统中的程序及其文档，是计算机硬件和应用程序之间的接口。本章介绍计算机硬件系统的基本工作原理、计算机的主要硬件部分、软件系统的分类和构成以及操作系统的基本功能。

3.1 计算机硬件系统概述

计算机系统是能按照给定的程序来接收和存储信息，自动进行数据处理和计算，并输出结果信息的机器系统。

3.1.1 计算机系统构成

计算机系统由硬件系统和软件系统两大部分组成。

硬件系统是指构成计算机的物理设备的总称，包括计算机主机及其外围设备，主要由中央处理器、内存储器、输入 / 输出设备等组成。

软件系统是指管理计算机软件和硬件资源，控制计算机运行的程序、指令、数据及文档的集合。广义地说，软件系统还包括电子和非电子的有关说明资料、说明书、用户指南、操作手册等。

硬件是计算机系统的物质基础，软件是计算机系统的灵魂。只有硬件系统和软件系统这两者密切地结合在一起，才能构成一个正常工作的计算机系统。计算机系统的组成结构如图 3-1 所示。

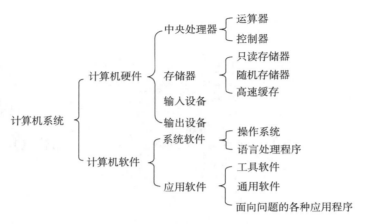

图 3-1 计算机的组成

计算机系统是由若干相互独立而又相互作用的要素组成的有机整体，不同要素间存在着依赖关系，是按层次结构组织起来的，这种层次关系可用图 3-2 示意说明。各层之间的关系是：下层是上层的支撑环境，即上层依赖于下层。

计算机系统的最底层是硬件，不含任何软件的机器称为裸机。距离硬件最近的软件是操作系统，其他任何软件必须在操作系统的支持下才能运行。再向上的其他各层是各种实用软件。最上层是直接面向用户的应用程序。

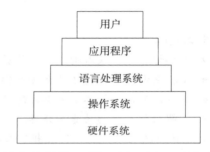

图 3-2 计算机系统不同要素间的层次关系

3.1.2 冯·诺依曼计算机的基本组成

自第一台计算机诞生以来，计算机的制造技术已经发生了翻天覆地的变化。但到目前为止，计算机硬件系统的构成依然是基于冯·诺依曼计算机原理的。

冯·诺依曼计算机的设计思想可以概括为 3 点：

1）计算机由 5 个基本部分组成，即运算器、控制器、存储器、输入设备和输出设备。

2）程序由指令构成，程序和数据都用二进制数表示。

3）采用存储程序的方式，任务启动时程序和数据同时送入内存储器中，计算机在无须操作人员干预的情况下，自动地逐条取出指令和执行任务。

数据在五大部件间传输需要有数据总线，总线内传输的信息可以分为数据流和控制流两大类，如图 3-3 所示。图中实线为数据流，虚线为

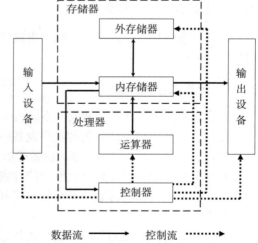

图 3-3 冯·诺依曼计算机基本结构

控制流。从图中可以看出，计算机以运算器为中心，输入、输出设备与存储器间的数据传送都通过运算器。控制器与其他各个部件进行交互，它是发布命令的"决策机构"，完成协调

和指挥整个计算机系统的操作。

下面简单介绍冯·诺依曼计算机的组成部件。

1. 运算器

运算器是进行算术运算和逻辑运算的部件，主要由算术逻辑单元（Arithmetic Logic Unit，ALU）和一组寄存器构成。在控制器的控制下，运算器对内存储器或寄存器中的数据进行算术逻辑运算，再将结果送到内存储器或寄存器中。算术逻辑单元的功能是进行算术运算和逻辑运算。算术运算指进行加、减、乘、除等基本运算；逻辑运算指"与""或""非"等基本操作。

2. 控制器

控制器是计算机的指挥中心，它控制着整个计算机的各个部件有条不紊地工作，从而自动执行程序。

控制器一般由程序计数器、指令寄存器、指令译码器、时序电路和控制电路组成。控制器的基本功能就是从内存取指令，对指令进行分析，给出执行指令时计算机各部件需要的操作控制命令，对取自内存或内部寄存器的数据进行算术或逻辑运算。

控制器和运算器合在一起称为中央处理器，它是计算机的核心。

3. 存储器

存储器主要用来存放程序和数据，分为内存储器和外存储器两种。计算机运行时将需要CPU 执行的程序和数据存放在内存中，运算的中间结果和最终结果也要送至内存存放。需要长期保存的信息送入外存储器。

4. 输入设备

输入设备用来接收用户输入的原始数据和程序，并将它们转换为计算机能识别的二进制数存放到内存中。

5. 输出设备

输出设备用于将存放在内存中的数据转变为声音、文字、图像等易于被人们理解的表现形式。

3.2 计算机基本工作原理

计算机能够按照指定的要求完成复杂的科学计算或数据处理，这些功能是通过程序来实现的。计算机的工作过程就是自动连续地执行程序的过程，而程序是由一系列指令构成的。无论多么复杂的操作都要转化成一条条的指令，由计算机执行。

3.2.1 指令和指令系统

指令就是让计算机完成某个操作所发出的命令，由二进制代码构成。一条指令通常由两部分组成，前面是操作码部分，后面是操作数部分，如下所示：

操作码	操作数

操作码指明该指令要完成的操作，如加、减、乘、除等。操作数是指参与运算的数或者其所在的内存单元的地址。操作数多数情况下是数据所在的地址，所以也常称为地址码。

计算机是通过执行指令序列来解决问题的，因此每种计算机都有一组基本的指令集供用户使用，这组指令集即为计算机的指令系统。不同类型的计算机，指令系统所包含的指令数目与格式也不同。指令系统一般都应具有以下几类指令：

1. 数据传送指令

数据传送指令负责把数据、地址或立即数传送到寄存器或存储单元中。一般可分为通用数据传送指令、累加器专用传送指令、地址传送指令和标志寄存器传送指令。

2. 数据处理指令

数据处理指令主要是对操作数进行算术运算和逻辑运算。

3. 程序控制转移指令

程序控制转移指令是用来控制程序中指令的执行顺序，如条件转移、无条件转移、循环、子程序调用、子程序返回、中断、停机等。

4. 输入 / 输出指令

输入 / 输出指令用来实现外围设备与主机之间的数据传输。

5. 其他指令

其他指令包括对计算机的硬件进行管理的指令等。

3.2.2 程序的执行过程

计算机的工作过程实际上是快速执行指令的过程，为了解决特定的问题，人们编制了一条条的指令构成指令序列，这种指令序列就是程序。正确、合理、高效的程序代码，可以保证计算机能够解决问题，并加快计算机解决问题的速度。

计算机执行指令一般分为两个阶段：第一阶段，将要执行的指令从内存取到 CPU 内；第二阶段，CPU 对获取的指令进行分析译码，判断该条指令要完成的操作，然后向各部件发出完成该操作的控制信号，完成该指令的功能。当一条指令执行完后就进入下一条指令的取指操作。一般把计算机完成一条指令所花费的时间称为一个指令周期。第一阶段取指令的操作称为取指周期，将第二阶段称为执行周期。

CPU 不断地读取指令、分析指令、执行指令的过程就是程序的执行过程。

下面以计算机指令 070270H 的执行过程为例，来说明计算机的基本工作原理。070270H 指令占 3 个字节，它是一个累加器加法指令，例如累加器当前的数据是 08H，该条指令要实现将内存单元 0270H 中的数据 09H 与累加器中的 08H 相加，并将结果存储于累加器中。

1. 取指令

假设程序计数器的地址为 0100H，从内存储器中取出指令 070270H，并送往指令寄存器，如图 3-4 中的①和②所示。

2. 分析指令

对指令寄存器中存放的指令 070270H 进行分析，由译码器对操作码 07H 进行译码，将指令的操作码转换成相应的控制电位信号，由地址码 0270H 确定操作数地址，如图 3-4 中的③和④所示。

3. 执行指令

由操作控制线路发出完成该操作所需要的一系列控制信息，来完成该指令所要求的操作。例如做加法指令，取内存单元 0270H 的值和累加器的值相加，结果放在累加器中，如图 3-4 中的⑤、⑥、⑦、⑧所示。

4. 读取下一条指令

一条指令执行完毕后，程序计数器加 1 或 n（指令跳转），指向下一条指令，如图 3-4 中的⑨所示（如果有跳转指令，程序计数器跳转到给定的指令处），然后继续读取并执行 0103H 中的指令。

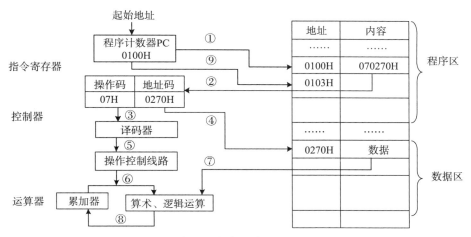

图 3-4　指令的执行过程

3.3　微型计算机硬件组成

当前，微型计算机得到越来越广泛的应用，成为计算机中发展最快的分支之一。下面主要介绍微型计算机的硬件结构和制造技术。

3.3.1　微型计算机的主要性能指标

衡量一台微型计算机的主要性能指标有运算速度、字长、主频、内存容量、存储周期、外围设备配置、可用性、可靠性和可维护性等指标。其中，主频、运算速度、存储周期是衡量计算机速度的性能指标。

外围设备配置是指光盘驱动器的配置、硬盘的接口类型与容量、显示器的分辨率、打印机的型号与速度等性能。

可靠性指在给定时间内计算机系统能正常运转的概率，通常用平均无故障时间表示。无故障时间越长，表明系统的可靠性越高。

可用性指计算机的使用效率，它用计算机系统在执行任务的任意时刻能正常工作的概率表示。

可维护性指计算机的维修效率，通常用平均修复时间来表示。

此外，还有一些评价计算机的综合指标，如性能价格比、兼容性、系统完整性、安全性等。

3.3.2　主板

主板（main board）也叫主机板、系统板或母板。主板是装在机箱内、包含总线的多层印刷电路板，上面分布着构成微型计算机主系统电路的各种元器件和接插件。CPU 等硬件和外设通过主板有机地组合成一套完整的系统。计算机主板既是连接各个部件的物理通路，也是各部件之间数据传输的逻辑通路。计算机在运行时对系统内的部件和外部设备的控制都必须通过主板来实现，因此，计算机的整体运行速度和稳定性在很大程度上取决于主板的性能。

主板上面有芯片组、各种 I/O 控制芯片、扩展槽、CPU 插座、电源插座等元器件。随着计算机技术的发展，高度整合的主板成为主板发展的一个必然趋势，现在的主板可以集成声卡、网卡、显卡以及各种新型接口。

主板的结构标准是指主板上各元器件的布局排列方式和主板的尺寸大小、形状及所使用的电源规格等。目前的主流主板结构标准是 Intel 公司在 1995 年提出的 ATX。ATX 的特点是插槽多，扩展性强。ATX 中 CPU 插座、内存插槽的位置布局更加合理，便于各种扩展卡的拆装。CPU 靠近电源，可以更好地利用电源的通风冷却系统为 CPU 散热。硬盘、光驱等连接线的位置更接近于硬盘和光驱实体。ATX 规范对整机的电源系统也做了改进，实现绿色节能，使 PC 机能工作在低电压的工作状态。图 3-5 所示为一个实际的 ATX 主板的布局结构及外形图。

图 3-5　ATX 结构的主板

有一种外形规格较小的 Micro-ATX 主板结构，它是 ATX 结构的简化版，又称 Mini ATX 或小板。这种主板扩展插槽较少，PCI 插槽数量在 3 个或 3 个以下，多用于品牌机并配备小型机箱。Min-ITX 主板的尺寸比 Mini ATX 主板还要小，耗电量更低，因此不需要使用风扇进行散热。Mini-ITX 主板只有一个用于扩展卡的 PCI 插槽。Mini-ITX 外形规格的计算机可用于不便放置较大或运行有噪声的计算机的地方。

除以上主板外，主板的结构标准还有 NLX、Flex ATX、E-ATX（Extended ATX）等。NLX 和 Flex ATX 是 ATX 的变种，多见于国外的品牌机。E-ATX 主板尺寸较大，一般都需要特殊 EATX 机箱，大多支持两个以上 CPU，多用于高性能工作站或服务器。

目前主要的主板制造厂商有华硕（ASUS）、技嘉（GIGABYTE）和微星（MSI）等。

下面以 ATX 结构的主板为例介绍主板的各项功能。

1. 芯片组

芯片组（chipset）是固定在主板上的一组超大规模集成电路芯片的总称，它负责连接 CPU 和计算机其他部件。芯片组是主板的灵魂，其性能的优劣，决定了主板性能的好坏与级别的高低。目前 CPU 的型号与种类繁多、功能特点不一，如果芯片组不能与 CPU 良好地协同工作，将严重地影响计算机的整体性能，甚至导致计算机不能正常工作。近年来，芯片组技术突飞猛进，每一次新技术的进步都带来计算机性能的提高。

目前，比较典型的芯片组通常由两部分构成：南桥芯片和北桥芯片。

南桥芯片是距离 CPU 较远的芯片，主要负责管理 PCI 和 PCIE 插槽、USB 总线、SATA 或 SCSI 接口、网卡、BIOS 以及其他周边设备的数据传输。北桥芯片主要负责管理 CPU、AGP 或 PCIE 总线以及内存之间的数据传输。北桥芯片的数据处理量非常大，发热量也越来越大，所以现在的北桥芯片都覆盖着散热片，用来加强北桥芯片的散热，有些主板的北桥芯片还会加配风扇进行散热。一般来说，芯片组的名称就是以北桥芯片的名称来命名的。考虑到北桥芯片与处理器之间的通信最密切，为提高通信性能、缩短传输距离，北桥芯片距离

CPU 很近。目前，很多厂家将北桥集成整合到了 CPU 内部。

生产芯片组的厂家主要有 Intel、AMD、VIA、SiS、ULI、Ali、NVIDIA、IBM 等。在台式机中，Intel 芯片组占据 Intel 平台最大的市场份额。AMD 芯片组在 AMD 平台中也占有很大的市场份额，NVIDIA、VIA、SiS 基本退出主板芯片组市场。在笔记本、服务器 / 工作站领域，由于 Intel 平台具有的绝对优势，因此 Intel 的芯片组也占据了最大的市场份额。

2. 外围设备接口

微型计算机的外围设备（简称外设）接口有很多接口标准。图 3-6 所示为一组外围设备接口示例。

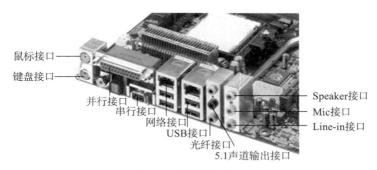

图 3-6　外围设备接口

（1）串行接口和并行接口

串行接口简称串口，通常指 COM 接口。串行接口的数据和控制信息按一位位的顺序传送。串行接口的特点是通信线路简单，只要一对传输线就可以实现双通信，从而降低了成本，适合远距离通信，但是利用串行接口通信速度会慢一些。串行接口按电气标准和协议分为 RS-232、RS-422、RS-485 等，一般用来连接串行鼠标和外置 Modem 等设备。

并行接口又称并口，可实现数据的各位同时进行传送，其特点是传输速度快，但并行传送的线路长度受到限制。因为线路越长，传输的信号干扰就会加强，数据也就容易出错。现有计算机基本上都配有 25 针 D 形接头的并行接口，称为打印终端接口（Line Print Terminal，LPT），如 LPT 1、LPT 2……，一般用来连接打印机或扫描仪。

在目前的品牌主板上，上述串口和并口已不再作为标配向用户提供，取而代之的是性能更高的 USB 接口。

（2）USB 接口

通用串行总线接口标准（Universal Serial Bus，USB）是连接计算机系统与外围设备的一种串口总线标准，也是一种输入 / 输出接口的技术规范，被广泛地应用于个人计算机和移动设备等信息通信产品，并扩展至摄影器材、数字电视（机顶盒）、游戏机等其他相关领域。USB 接口的主要优点为速度快、连接简单快捷、无须外接电源、统一输入 / 输出接口标准、支持多设备连接、支持热插拔、具有即插即用功能、具有高保真音频和良好的兼容性，USB 接口现已成为 PC 领域最受欢迎的总线接口标准。

2008 年发布的 USB 3.0，其理论上的最大传输带宽为 5.0Gbit/s。2013 年发布的 USB 3.1，传输速率为 10Gbit/s，采用的新型 Type C 接口不再分正反。2017 年 9 月，出现了 USB 3.2，速度为 20Gbit/s。USB-IF（USB 标准组织）重新调整了 USB 3.x 系列版本的命名，USB 3.0、USB 3.1、USB 3.2 都统一在 USB 3.2 的序列之下，分别叫作 USB 3.2 Gen 1、USB 3.2

Gen 2、USB 3.2 Gen 2x2。其中，最后一个命名源于使用了 Type-C 接口的双通道模式。

（3）IEEE 1394 接口

IEEE 1394 接口是苹果公司开发的串行标准，中文译名为火线接口（firewire）。1995年，IEEE 把它作为正式的标准，编号为 1394。作为一种数据传输的开放式技术标准，IEEE 1394 被应用在众多领域，包括数码摄像机、高速外接硬盘、打印机和扫描仪等多种设备。1394 接口有两种常用的接口形式：6 芯以及 4 芯小型接口，6 芯接口中除了数据线外，还包括有一组电源用以对连接的外设进行供电。4 芯接口只有两对数据线而无电源，多使用在 DV 本体和笔记本计算机上。不同标准的接口和数据线之间可以用转换器进行转换连接。图 3-7 列出了 4 芯接口以及 4 芯和 6 芯数据线。

a）4 芯接口　　　　　　　　　　　　　　　　　　b）4 芯和 6 芯数据线

图 3-7　　IEEE 1394 接口

（4）其他接口

PS/2 接口最初是 IBM 公司的专利，是 ATX 主板的标准接口。PS/2 接口是一种 6 针的圆形接口，仅能用于连接键盘和鼠标（鼠标接口用绿色标识，键盘接口用紫色标识）。PS/2 接口的传输速率比 COM 接口稍快一些，而且不占用串口资源。PS/2 接口是带电的（5 V 电压），不支持热插拔。开机时插拔很可能烧坏主板上 PS/2 接口附近的电路。

3. 总线扩展插槽

总线（bus）是计算机内部传输指令、数据和各种控制信息的高速通道，按照总线的功能和传输数据的种类可以分为 3 类。

- 数据总线（Data Bus，DB）：数据总线是 CPU 和内存储器、I/O 接口间传送数据的通路。由于它可在两个方向上往返传送数据，故是一种双向总线。
- 地址总线（Address Bus，AB）：地址总线是 CPU 向内存储器和 I/O 接口传送地址信息的通路，它是单方向的，只能从 CPU 向外传送。
- 控制总线（Control Bus，CB）：控制总线是 CPU 向内存储器和 I/O 接口传送控制信号以及接收来自外围设备向 CPU 传送应答信号、请求信号的通路。控制总线上的信息是双向传输的。

主板上的总线扩展插槽是 CPU 通过系统总线与外围设备联系的通道，系统的各种扩展接口卡都插在扩展插槽上，如显卡、声卡、网卡、采集卡及 Modem 等。微机总线的结构特点是标准化和开放性。从发展过程看，早期的微机总线结构标准有 PC 总线、ISA（Industry Standard Architecture）工业标准体系总线、PCI（Peripheral Component Interconnect）外设组件互连总线、PCI-X（PCI 总线的改版，有更高的带宽，多用于服务器）和 AGP（Accelerated Graphics Port）图形加速端口总线。目前，PCI-E（PCI Express）是新一代的总线接口，PCI-3.0 标准的总线接口数据传输速率可达 8GT/s。在 2019 年问世的 PCI-E 5.0，其传输速度可达 32GT/s。PCI-E 的接口根据总线位宽不同而有所差异，包括 X1、X4、X8 以及 X16。

主板中的 PCI 插槽离 CPU 远些，数据通过南桥芯片再到 CPU。PCI-E 靠近 CPU，直接与 CPU 进行交互。其中 PCI-E X8/X16 用来扩展显卡等设备，用于替代 AGP 插槽。PCI-E X4 用来扩展磁盘阵列卡等中速设备，用于替代 PCI-X 插槽。PCI-E X1/X2 主要是用来扩展声卡、网卡等低速设备，用于淘汰 PCI 插槽。另外还有 Mini PCI E 接口，常用来接驳无线模块。

4. BIOS 与 CMOS

BIOS（Basic Input Output System）即基本输入 / 输出系统，它是一组固化到计算机主板的 ROM（Read Only Memory，只读存储器）芯片上的含有计算机启动指令的系统程序。存放 BIOS 的 ROM 芯片也称为 ROM BIOS。BIOS 保存着计算机最重要的基本输入 / 输出程序、系统设置信息、开机后自检程序和系统自启动程序。其主要功能是为计算机提供最底层的、最直接的硬件设置和控制。计算机开机后，由 BIOS 初始化硬件，然后搜索一个引导设备（如硬盘、U 盘或光驱）来启动相应的系统软件。目前市面上较流行的主板 BIOS 主要有 Award BIOS、AMI BIOS、Phoenix BIOS 等。

由于用于固化 BIOS 软件的 BIOS 芯片是只读的，即使计算机断电，芯片里的内容还是会保留不变。如果需要修改计算机硬件的设置，可以在计算机启动时通过按相应的键进入 BIOS 设置界面来做一些设置，比如硬件的启动顺序、电压、频率、开关、模式等。这些利用 BIOS 设置的计算机硬件配置信息需要保存在一个可读 / 写的 RAM（Random Access Memory，随机存储器）芯片上。这个芯片就是 CMOS（Complementary Metal Oxide Semiconductor，互补金属氧化物半导体）芯片。CMOS 芯片一个特点——断电之后数据会丢失，所以主板上都配有时钟电路（带有 3V 纽扣电池）来给 CMOS 芯片供电，以保证数据不丢失。在主板中，CMOS 芯片通常放置在纽扣电池的旁边。

3.3.3 中央处理器

1. CPU 的组成和基本结构

CPU 是一块超大规模集成电路芯片，它是整个计算机系统的核心。CPU 主要包括运算器、控制器和寄存器 3 个部件。

运算器的主要部件是算术逻辑单元，其核心功能是实现数据的算术运算和逻辑运算。运算器主要完成各种算术运算和逻辑运算；控制器是指挥中心，主要完成指令的分析、指令及操作数的传送、产生各种控制信号、协调整个 CPU 需要的时序逻辑等。内部寄存器包括通用寄存器和专用寄存器，其功能是暂时存放运算的中间结果或数据。

2. Intel CPU 的发展

1971 年，Intel 公司首先推出 Intel 4004 CPU，然后经历了 286、386、486 的发展。1993 年开始推出了流行长达 13 年之久的"奔腾"处理器系列。2006 年 7 月，Intel 发布了基于 Core 微架构的 Core 2（酷睿 2）处理器。Core 2 分双核（Duo）、四核（QUAD）、八核 3 种。2011 年 1 月，Intel 第二代智能 Core i 系列发布，分为 i7/i5/i3（分别代表高、中、低端）三大系列，工艺统一为 32 nm，并且在除了六核产品之外都内置了图形处理器（Graphic Processing Unit，GPU）芯片。2012 ~ 2018 年间，Intel 相继发布了酷睿三代到酷睿九代处理器。2017 年出现了 i9 系列。目前的酷睿九代可以达到 8 核 16 线程，最大睿频（动态加速频率）可达 5GHz。

Intel 几个时期发布的 CPU 外形如图 3-8 所示。

图 3-8　Intel CPU 系列外形图

3. CPU 插槽

CPU 具备不同的外形规格，这就要求主板上配备特定的插槽或插座。CPU 插槽指用于安装 CPU 的插座，不同类型的 CPU 具有不同的外形规格，它们使用的 CPU 插座结构是不一样的。LGA、PGA、BGA 是 3 种 CPU 的封装形式，全称分别是栅格阵列封装、插针网格阵列封装和球栅阵列结构封装。LGA 是 Intel 自己定义的一个针脚插座，是触点型、没有针的 CPU。PGA 封装的芯片内外有多个方阵形的插针，安装时，将芯片插入专门的 ZIF CPU 插座，该技术一般用于插拔操作比较频繁的场合。BGA 的 CPU 是没有插座的，使用的是球型矩阵锡球，直接焊接在主板上，这种 CPU 通常是为轻薄笔记本式计算机设计的。现在 Intel 产品接口的布局是高端型号用 LGA2011，主流型号用 LGA1151、LGA1155，后面 4 位数字代表着接口针脚数。AMD CPU 常采用针脚式封装，主流接口型号是 Socket AM4。

4. CPU 的性能指标

CPU 性能的高低直接决定着一个微机系统的性能。CPU 的性能主要由以下几个因素决定：

（1）字长

CPU 的字长是衡量计算机性能的一个重要指标，其大小直接反映计算机的数据处理能力，字长越长，CPU 可同时处理的数据二进制位数就越多，运算能力就越强，计算精度就越高。目前的酷睿系列多为 64 位 CPU。

（2）主频、超频、睿频

CPU 主频又称为 CPU 工作频率，即 CPU 内核运行时的时钟频率。一般来说，主频越高，一个时钟周期内完成的指令数也越多，CPU 的速度也就越快。由于 CPU 的内部结构不尽相同，所以并非所有时钟频率相同的 CPU 性能都一样。

CPU 超频是指通过某些设置，使 CPU 的主频超过固有的频率。超频的方法一个是硬件设置，一个是软件设置。其中，硬件设置比较常用，它又分为跳线设置和 BIOS 设置两种。

睿频指的是应对复杂应用时，处理器可以自动提高运行主频，以符合高工作负载的应用需求。当进行工作任务切换时，如果只有内存和硬盘在进行主要的工作，处理器会立刻处于节电状态。这样既保证了能源的有效利用，又使程序速度大幅提升。睿频较高时，热功耗增加，发热量变大，性能更强。但最新的睿频标准限制了维持在高主频的时间，即只有在程序真正需要提升主频来更快地计算数据时，才允许处理器超过散热设计功耗（Thermal Design Power，TDP）一小段时间来达到最大高睿频频率以获取最快的运算效能。

（3）外频

外频是 CPU 与主板之间同步运行的速度，它是由主板为 CPU 提供的基准时钟频率。例如，100 MHz 外频特指数字脉冲信号在每秒振荡一亿次。CPU 的外频决定着整个计算机的运行速度。外频越高，CPU 与外围设备之间同时可以交换的数据量越大。主频大小用公式表示为：主频 = 外频 × 倍频。其中，倍频是指 CPU 主频与外频之间的相对比例关系。在相同的外频下，倍频越高，CPU 的频率也越高。但实际上，在外频相同的前提下，高倍频的 CPU 本身意义并不大。这是因为 CPU 与系统之间的数据传输速率是有限的，一味追求高倍频而得到高主频的 CPU 就会出现明显的"瓶颈"效应，CPU 从系统中得到数据的极限速度仍不能满足 CPU 运算的速度。

（4）核心数量和线程数

核心数量是指一个 CPU 中集成的计算内核的数量，常见的有单核、双核、四核、六核和八核。譬如双核就是两个相对独立的 CPU 核心单元组，它们可以同时处理两个数据流。CPU 线程数是一种逻辑的概念，它通过算法模拟出 CPU 的核心数量。譬如，双线程指一个核心单元组可以运行两个线程，让计算机认为这个核心有两个虚拟核心。例如，酷睿 i9 9900K 是八核、十六线程的。

（5）制造工艺

制造工艺的单位通常用纳米（nm）表示，它是指集成电路中晶体管门电路的尺寸。制造工艺的趋势是向密集度更高的方向发展。密度愈高的 IC 设计，意味着在同样面积的 IC 中，可以拥有密度更高、功能更复杂的电路设计。从 2015 年 Intel 发布的第五代酷睿 CPU 开始，Intel 已经把产品制造工艺升级到 14 nm 工艺。2018 年的第九代酷睿仍采用 14nm 的制造工艺，不过其功耗和性能方面有了显著的提升，称之为 14nm++。AMD 的 CPU 制造工艺目前可以达到 12nm。

（6）CPU 架构

CPU 架构指 CPU 接收和处理信号的方式，及其内部元件的组织方式，先进的架构可以使 CPU 在单位时间内执行更多的指令。目前 CPU 分类主要分为两大阵营，一个是以 Intel、AMD 为首的复杂指令集 CPU，另一个是以 IBM、ARM 为首的精简指令集 CPU。两个不同类型的 CPU，其产品的架构也不相同，例如，Intel、AMD 的 CPU 是 X86 架构的，而 IBM 公司的 CPU 采用 PowerPC 架构，ARM 公司的是 ARM 架构。

（7）缓存

缓存大小也是衡量 CPU 性能的重要指标之一，而且缓存的结构和大小对 CPU 速度的影响非常大，CPU 内缓存的运行频率极高，一般是和处理器同频运作，工作效率远远大于系统内存和硬盘。

3.3.4　存储器

存储器是计算机系统中用来存储程序和数据的设备，存储器的容量和性能在很大程度上影响着整个计算机的功能和工作效率。存储器分为内存储器和外存储器。

1. 内存储器

内存储器又称主存储器，简称内存。内存位于系统主板上，可以直接与 CPU 进行信息交换，运行速度较快，容量相对较小。内存储器主要用来存放计算机系统中正在运行的程序及处理程序所需要的数据和中间计算结果，以及与外部存储器交换信息时作为缓冲。内存控制器是计算机系统内部控制内存并且使内存与 CPU 之间交换数据的重要组成部分。内存控制器决定了计算机系统所能使用的最大内存容量、内存类型和速度、数据宽度等重要参数，从而也对计算机系统的整体性能产生较大影响。

（1）内存储器的主要技术指标

- 内存容量：在主内存储器中含有大量存储单元，每个存储单元可存放 8 位二进制信息。内存容量反映内存存储数据的能力。内存容量越大，能处理的数据量就越大，其运算速度一般也越快。一些操作系统和大型应用软件会对内存容量有要求。其中最大内存容量是指主板最大能够支持的内存的容量。一般来讲，最大容量数值取决于主板芯片组和内存扩展槽等因素。

- 内存主频：内存主频表示内存的速度，它代表着该内存所能达到的最高工作频率。内存主频是以 MHz 为单位来计量的。内存主频越高，在一定程度上代表着内存所能达到的速度越快。

- 读 / 写时间：从存储器读一个字或向存储器写入一个字所需的时间称为读 / 写时间。两次独立的读 / 写操作之间所需的最短时间称为存储周期。内存的读 / 写时间反映了存储器的存取速度。

（2）内存的分类

- ROM：ROM 中的数据理论上是永久的，即使在关机后，保存在 ROM 中的数据也不会丢失。因此，ROM 常用于存储微型机的重要信息，如主板上的 BIOS 等。PROM（Programmable ROM，可编程 ROM）可以用专用的编程器进行一次写入，成本比 ROM 高，写入速度低于量产的 ROM，所以仅适用于少量需求或 ROM 量产前的验证。EPROM（Erasable Programmable ROM，可擦写可编程 ROM）可以通过 EPROM 擦除器利用紫外线照射擦除数据，并通过编程器写入数据。EEPROM（Electrically Erasable Programmable ROM，电可擦写可编程 ROM）可直接用编程电压进行信息的擦除和写入。Flash Memory（闪存存储器）或 Flash ROM 属于 EEPROM 类型，可以直接使用工作电压擦除和写入。它既有 ROM 的特点，又有很高的存取速度，功耗很小。目前 Flash Memory 被广泛用在 PC 机的主板上，用来保存 BIOS 程序，便于进行程序的升级。Flash Memory 也用于硬盘中，使硬盘具有抗震、速度快、无噪声、耗电低的优点。

- RAM：RAM 主要用来存放系统中正在运行的程序、数据和中间结果，以及用于与外围设备的信息交换。它的存储单元可以读出，也可以写入。一旦关闭电源或发生断电，RAM 中的数据就会丢失。随机是指数据不是线性依次存取，而是自由指定地址进行数据存 / 取。

根据存储原理，RAM 又分为 SRAM（Static Random Access Memory，静态随机存取存储器）和 DRAM（Dynamic Random Access Memory，动态随机存取存储器）。

SRAM 是一种具有静止存取功能的内存，不需要刷新电路即能保存它内部存储的数据，因此 SRAM 具有较高的性能。但是，SRAM 的集成度较低，不适合做容量大的内存，一般是用在处理器的缓存中。DRAM 每隔一段时间要刷新充电一次，否则内部的数据即会消失，SDRAM（Synchronous Dynamic Random Access Memory，同步动态随机存储器）就是其中的一种。SDRAM 工作时需要同步时钟，内部命令的发送与数据的传输都以它为基准。SDRAM 从发展到现在已经经历了 SDR SDRAM、DDR SDRAM、DDR2 SDRAM、DDR3 SDRAM 和 DDR4 SDRAM。由于 DRAM 存储单元的结构能做得非常简单，所用元件少、功耗低，已成为大容量 RAM 的主流产品。

DDR SDRAM（Dual Data Rate SDRAM，双倍速率 SDRAM）简称 DDR。DDR 在时钟信号上升沿与下降沿各传输一次数据，这使得 DDR 的数据传输速率为传统 SDRAM 的两倍。

DDR2 内存拥有两倍于 DDR 的预读取能力，即在每个时钟周期处理多达 4 bit 的数据。DDR2 在封装方式上进行改进，而且 DDR2 耗电量更低，散热性能更优良。

DDR3 是针对 Intel 新型芯片的新一代内存技术，主要是满足计算机硬件系统中 CPU 对内存带宽的要求，一般内存主频在 1333 MHz 以上。同 DDR2 相比，DDR3 的主要优势如下：工作频率更高，每个时钟周期可预处理 8 bit 的数据；发热量较小；内存电压小（标准电压1.5V），降低了系统平台的整体功耗；通用性好。

DDR4 采用 16 bit 预取机制，同样内存频率下，其理论速度是 DDR3 的两倍，最高可达3200MHz。DDR4 内存的标准工作电压为 1.2V，具有超高速、低耗电、高可靠性等特点。

（3）内存与 CPU 通信

Intel CPU 最初通过前端总线（Front Side Bus，FSB）连接到北桥芯片，进而通过北桥芯片和内存、显卡交换数据。CPU 与内存的数据传输遵循 "CPU—前端总线—北桥—内存控制器"模式。所以，前端总线是 CPU 和外界交换数据的最主要通道。虽然前端总线频率可以达到 1600MHz（4 倍于外频工作），但与不断提升的内存频率（特别是高频率的 DDR3、DDR4）、高性能显卡（特别是多显卡系统）相比，前端总线成为 CPU 与芯片组和内存、显卡等设备传输数据的瓶颈。为了解决这一问题，Intel 将内存控制器集成到 CPU 中，CPU无须通过北桥芯片就能与内存通信。用于 CPU 和系统组件之间通信的 QPI（Quick Path Interconnect，快速通道互联）技术也取代了前端总线。

QPI 是一种实现点到点连接的技术，它支持多个处理器的服务器平台，QPI 可以用于多处理器之间的互联。Intel 采用了 4+1 QPI 互联方式（4 个处理器，1 个 I/O），这样多处理器的每个处理器都能直接与物理内存相连，每个处理器之间也能彼此互联来充分利用不同的内存，可以让多处理器的访问延迟下降、等待时间变短，只用一个内存插槽就能实现与四路处理器通信。由于在很多 Intel CPI 架构中，北桥芯片都被集成到了 CPU 中，所以 QPI 总线也被集成到 CPU 内部，CPU 内部的北桥芯片通过直接媒体接口（Direct Media Interface，DMI）总线与南桥芯片通信。

与 FSB 相比，QPI 使处理器和系统组件之间的通信更加方便。处理器之间的峰值带宽可达 96GB/s，满足 CPU 之间、CPU 与芯片组之间的数据传输要求。QPI 互联架构具备可靠性、实用性和扩展性等性能。

而 AMD 推出的 HT（Hyper Transport）技术，本质上是一种为主板上的集成电路互连而设计的端到端总线技术，目的是加快芯片间的数据传输速度，即为 AMD CPU 到主板芯片之间的连接总线（如果主板芯片组是南北桥架构，则指 CPU 到北桥）加速。

高速缓冲存储器（Cache）是介于 CPU 和主存储器之间的规模较小但速度很高的存储器，它可以用高速的静态存储器芯片实现，或者集成到 CPU 芯片内部，用于存储 CPU 最经常访问的指令或者操作数据。当 CPU 向内存中写入或读出数据时，这个数据也被存储进高速缓冲存储器中。当 CPU 再次需要这些数据时，CPU 就从高速缓冲存储器读取数据，而不是访问较慢的内存。若 Cache 中没有需要的数据，CPU 会再去读取内存中的数据。

目前，CPU 一般设有一级缓存（L1 Cache）、二级缓存（L2 Cache）和三级缓存（L3 Cache）。

L1 Cache 是 CPU 内核的一部分，主要负责 CPU 内部的寄存器和外部 Cache 之间的缓冲。内置的 L1 Cache 的容量和结构对 CPU 的性能影响较大。不过在 CPU 管芯面积不能太大的情况下，L1 Cache 的容量不可能做得太大。一般服务器 CPU 的 L1 Cache 的容量是 32 ～ 56 KB。

L2 Cache 用于存储 CPU 处理数据时需要用到，但 L1 Cache 无法存储的数据，以前 PC 机 L2 Cache 容量最大为 512KB，现在笔记本式计算机中也可以达到 2MB，而服务器和工作站上所用 CPU 的 L2 Cache 更高，可以达到 8MB 以上。

L3 Cache 是为读取二级缓存后未命中的数据设计的一种缓存。在拥有 L3 Cache 的 CPU 中，只有约 5% 的数据需要从内存中调用，这进一步提高了 CPU 的效率。

CPU 内缓存的运行频率极高，一般是和处理器同频运作。缓存的结构和容量大小对 CPU 速度的影响非常大。目前，主流的 CPU 往往具备多级缓存，如 Intel 公司的 CPU 酷睿 i9 9900K 配备了 2MB 的 L2 Cache 和 16MB 的 L3 Cache。

（4）内存插槽

内存正反两面都带有金手指，通过金手指与主板上的内存插槽相连。SIMM（Single Inline Memory Module，单列直插内存模块）是较早的内存插槽类型，后来被 DIMM（Dual Inline Memory Module，双列直插内存模块）技术取代。DDR DIMM 则采用 184 Pin DIMM 结构，金手指每面有 92 Pin，金手指上只有一个卡口。DDR2 和 DDR3 为 240 Pin DIMM 结构，DDR4 是 288 Pin DIMM 结构。图 3-9 所示为 DDR4 内存和对应的 288 Pin DIMM 插槽。

a）DDR4 内存　　　　　　　　　　　　　b）288 Pin DIMM 插槽

图 3-9　DIMM 插槽

为了满足笔记本电脑对内存尺寸的要求，出现了 SO-DIMM（Small Outline DIMM Module，小外形双列内存模组）插槽。SO-DIMM 根据 SDRAM 和 DDR 内存规格不同而不同。目前，笔记本式计算机中常用的内存条接口有 DDR3 的 204 Pin SO-DIMM 接口和 DDR4 的 260 Pin SO-DIMM 接口。

主要的内存厂家有 Kingston（金士顿）、Samung（三星）和 Crucial（英睿达）等。

2. 外存储器

外存储器又称辅助存储器，简称外存。移动硬盘、光盘、闪存盘等存储器都是 CPU 不能直接访问的外存储器，需要经过内存以及 I/O 设备来交换其中的信息。外存储器存储容量大，存取速度相对内存要慢得多，但存储的信息稳定，可以长时间保存信息。外存储器主要用于存放等待运行或处理的程序或文件。

（1）闪存卡与读卡器

● 闪存卡（flash card）是利用闪存技术实现存储电子信息的存储器，是一种非易失性存储器，即使断电数据也不会丢失。闪存卡体积小，常用在数码照相机、掌上计算机、MP3 播放器和手机等小型数码产品中作为存储介质。

闪存技术分为 NOR 型和 NAND 型闪存。NOR 型闪存价格比较贵，容量较小，适用于需要频繁读/写的场合，如智能手机的存储卡。NAND 型闪存成本低，且容量大。市面上的闪存卡产品一般都使用 NAND 型闪存，如 Smart Media（SM 卡）、Compact Flash（CF 卡）、Multi Media Card（MMC 卡）、Secure Digital（SD 卡）、Memory Stick（记忆棒）、XD-Picture Card（XD 卡）、Microdrive（微硬盘）。U 盘是闪存的一种，其最大的特点是小巧便于携带、存储容量大、价格便宜。

- 读卡器是一个接口转换器，可以将闪存卡插入读卡器的插槽，通过读卡器的端口连接计算机。读卡器多采用 USB 接口连接计算机。根据卡片类型的不同，可以将其分为接触式和非接触式 IC 卡读卡器。

按存储卡的种类分为 CF 卡读卡器、SM 卡读卡器、PCMICA 卡读卡器以及记忆棒读写器等，还有双槽读卡器可以同时使用两种或两种以上的卡；按端口类型分可分为串行口读卡器、并行口读卡器、USB 读卡器。内存卡大量应用于智能手机和照相机中。

（2）硬盘存储器

硬盘（hard disk）是计算机主要的存储媒介之一，硬盘有机械硬盘（Hard Disk Drive，HDD）、固态硬盘（Solid State Disk，SSD）、固态混合硬盘（Solid State Hybrid Drive，SSHD）。

- 机械硬盘。机械硬盘是一种磁介质的外部存储设备，数据存储在密封的硬盘驱动器内的多片磁盘片上。这些盘片一般是在以铝或玻璃为主要成分的片基表面涂上磁性介质所形成的。

按照磁盘面的顺序，依次称为 0 面、1 面、2 面等，对应于每个面都要有一个读/写磁头，称为 0 磁头（head）、1 磁头、2 磁头等。磁盘片的每一面上，以转动轴为轴心、以一定的磁密度为间隔的若干个同心圆，被划分成磁道（track）。为了有效地管理硬盘数据，将每个磁道划分成若干段，每段称为一个扇区（sector），并规定一个扇区存放 512 B 的数据。所有盘片中相同半径磁道组成的空心圆柱体称为柱面（cylinder）。另外，硬盘还有一个着陆区（landing zone），它是指硬盘不工作时磁头停放的区域，通常指定一个靠近主轴的内层柱面作为着陆区。着陆区不用来存储数据，因此可以避免硬盘受到振动时，以及在开、关电源瞬间磁头紧急脱落所造成的数据丢失。目前，一般的硬盘在电源关闭时会自动将磁头停在着陆区内。硬盘盘面和硬盘结构示意图如图 3-10 和图 3-11 所示。

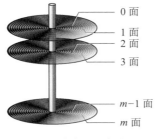

a）硬盘盘面示意图

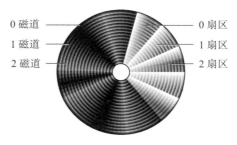

b）硬盘磁道扇区示意图

图 3-10　硬盘盘面示意图

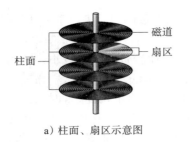

a）柱面、扇区示意图

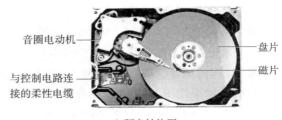

b）硬盘结构图

图 3-11　硬盘结构示意图

从整体角度，硬盘接口分为 IDE、SATA、SCSI 和光纤通道 4 种。

- IDE（Integrated Drive Electronics，电子集成驱动器）：也称之为 ATA（Advanced Technology Attachment，高级技术附加装置），它是曾经普遍使用的外部接口，主要接硬盘和光驱。IDE 接口采用 16 位数据并行传送方式，一个 IDE 接口只能接两个外部设备。由于 IDE 接口数据传输速度慢、线缆长度过短、连接设备少，现已被淘汰。

- SCSI（Small Computer System Interface，小型计算机系统接口）：是一种用于计算机和智能设备之间（硬盘、光驱、打印机、扫描仪等）系统级接口的独立处理器标准，是智能的通用接口标准。SCSI 接口主要应用于中、高端服务器和高档工作站中，具有应用范围广、多任务、带宽大、CPU 占用率低以及支持热插拔等优点。

- SATA（Serial ATA，串行 ATA）：是一种计算机总线，主要功能是用作主板和大容量存储设备（如硬盘及光盘驱动器）之间的数据传输。SATA 分别有 SATA1、SATA2 和 SATA3 三种规格。目前的主流是 SATA3，传输速率达到 6 Gbit/s。

- 光纤通道（fiber channel）：最初是专门为网络系统设计的，随着存储系统对速度的需求增大，才逐渐应用到硬盘系统中。光纤通道硬盘是为提高多硬盘存储系统的速度和灵活性开发的，它的出现大大提高了多硬盘系统的通信速度。光纤通道的主要特性有：热插拔性、高速带宽、远程连接、连接设备数量大等。光纤通道主要用在高端服务器上。

衡量硬盘性能的主要技术指标有硬盘容量、平均寻道时间、平均等待时间、平均访问时间、转速、数据传输速率和数据缓存。

- 硬盘容量：作为计算机系统的数据存储器，容量是硬盘最主要的参数，常见的单位是 GB 或 TB 硬盘容量的计算公式为：硬盘的容量 = 柱面数 × 磁头数 × 扇区数 × 512 B。

- 平均寻道时间、平均等待时间和平均访问时间：硬盘的平均寻道时间（average seek time）是指硬盘磁头在接收到系统指令后，从初始位置移到目标磁道所需的时间。它在一定程度上体现了硬盘读取数据的能力，是影响硬盘内部数据传输速率的重要参数。目前，硬盘的平均寻道时间通常在 10 ms 之内。

  硬盘的平均等待时间又称潜伏期（latency），是指磁头已处于要访问的磁道，等待所要访问的扇区旋转至磁头下方的时间。平均等待时间为盘片旋转一周所需时间的一半，一般应在 4 ms 以下。

  平均访问时间（average access time）是指磁头从起始位置到达目标磁道位置，并且从目标磁道上找到要读 / 写的数据扇区所需的时间。平均访问时间体现了硬

盘的读 / 写速度,它包括硬盘的寻道时间和等待时间,即平均访问时间 = 平均寻道时间 + 平均等待时间。

- 转速:硬盘的转速是指硬盘内驱动电动机主轴的转动速度,单位为 r/min。转速越大,内部传输速率就越快,访问时间就越短,硬盘的整体性能也就越好。目前,硬盘的主轴转速一般为 5400 ~ 7200 r/min。
- 数据传输速率:硬盘的数据传输速率是指硬盘读 / 写数据的速度,单位为兆字节每秒(MB/s)。硬盘数据传输速率又包括内部数据传输速率和外部数据传输速率。

   内部传输速率(internal transfer rate)也称为持续传输速率(sustained transfer rate),它是指磁头到硬盘缓存之间的传输速度。内部传输速率主要依赖于硬盘的旋转速度。

   外部传输速率(external transfer rate)也称为突发数据传输速率(burst data transfer rate)或接口传输速率,它标称的是系统总线与硬盘缓存之间的数据传输速率。外部数据传输速率与硬盘接口类型及硬盘缓存的大小有关;硬盘的外部数据传输速率远远高于其内部传输速率。

- 缓存芯片:缓存芯片是指硬盘内部的高速缓冲存储器,用于缓解硬盘数据传输速率和内存传输速率的瓶颈。目前硬盘的高速缓冲存储器一般为 64 MB。
- 固态硬盘:固态硬盘是用固态电子存储芯片阵列制成的存储设备,由控制单元和存储单元组成,如图 3-12 所示。

a)固态硬盘外观　　　　　　　　　　　　　b)内部示意图

图 3-12　固态硬盘

固态硬盘的存储介质分为两种:一种是闪存芯片(NAND 型),另一种是 DRAM。基于闪存的固态硬盘数据保护不受电源限制,可移植性强,适用于各种环境。常见的有笔记本硬盘、微硬盘、存储卡和 U 盘。通常所说的固态硬盘指基于闪存的固态硬盘。基于 DRAM 的固态硬盘是一种高性能的存储器,使用寿命长,但是需要独立电源来保证数据安全,应用范围较小。

固态硬盘的性能指标主要有标称读 / 写速度、随机读 / 写速度(4KB/s)以及平均无故障时间。其中随机读 / 写速度是测试固态硬盘读 / 写小文件时的速度。NTFS 分区格式里 4KB 被定义为一个簇。因为系统启动、大型软件载入都会加载许多 1 KB 左右的配置文件和其他很多小文件,这时随机读 / 写速度就发挥作用了。衡量单位是 IOPS(Input/Output Operations Per Second),即每秒进行读 / 写(I/O)操作的次数。现在主流的读 / 写速度都在 10 000 IOPS 以上,即每秒最高能读或写 10 000 个 4 KB 的文件。

固态硬盘的接口规范和定义、功能及使用方法与普通硬盘完全相同,在产品外形和尺寸上也与普通硬盘一致，包括 3.5"、2.5"、1.8" 等多种类型。由于固态硬盘没有普通硬盘的旋转介质，因而抗振性极佳，同时工作温度范围很宽，扩展温度的电子硬盘可工作在 −45 ～ +85℃。广泛应用于军事、车载、工控、视频监控、网络监控、网络终端、电力、医疗、航空、导航设备等领域。

- 固态混合硬盘：固态混合硬盘是把传统磁性硬盘和闪存集成到一起的一种硬盘。闪存部分可以存储用户经常访问的数据，可以达到如固态硬盘效果的读取性能。

目前的混合硬盘不仅能提供更佳的性能，还可减少硬盘的读 / 写次数，从而使硬盘耗电量降低，特别是使笔记本式计算机的电池续航能力提高，同时混合硬盘亦采用传统磁性硬盘的设计，因此没有固态硬盘容量小的缺点。

（3）光盘存储器

光盘存储器（optical disc）是利用光存储技术进行读 / 写信息的存储设备，主要由光盘、光盘驱动器和光盘控制器组成。光盘存储器最早用于激光唱机和影碟机，后来由于多媒体计算机的迅速发展，光盘存储器便在微型计算机系统中获得广泛应用。普通光盘、光驱的外观和磁光盘表面如图 3-13 所示。

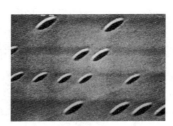

a）光盘、光驱外观   b）磁光盘表面

图 3-13   光盘、光驱外观和磁光盘表面

按技术和容量划分，可将光盘分为 CD（Compact Disc）、DVD（Digital Video Disc）和 Blu-ray Disc（蓝光光盘）。通常 CD 可提供 650 ～ 700 MB 的存储空间，一张 DVD 的单面单层盘片容量达 4.7 GB，Blu-ray Disc 容量可达到 25 GB 或 27GB。

按照用途划分，光盘又分为不可擦写光盘和可擦写光盘。不可擦写光盘有 CD-ROM 和 DVD-ROM 等，光盘上的数据由生产厂商烧录，用户只可读取光盘上的数据。可擦写光盘有 CD-R（CD Recordable）、CD-RW（CD Rewritable）、DVD-RW（DVD Rewritable）等，其中 CD-R 为可记录式光盘，只能用光盘刻录机一次性将数据写入光盘，用于以后读取。因为是通过激光灼烧方式改变记录层的凹凸来完成数据写入，所以是不可擦除的。重复擦写式光盘 CD-RW 和 DVD-RW 通过激光可在光盘上反复多次写入。盘面的记录层材质呈现结晶和非结晶两种状态，这两种状态就可以表示数字 1 和 0。激光束的照射可以使材质在结晶和非结晶两种状态之间相互转换，从而实现信息的写入和擦除。由于状态的转换是可逆的，所以这种光盘可以重复擦写。

数据传输速率是光驱的基本参数，它指的是光驱在 1 s 内所能读出的最大数据量。最早的 CD-ROM 数据传输速率为 150 KB/s，这种速率的光盘驱动器称为 1 倍速驱动器，即 1X=150 KB/s，传输速率为 300 KB/s 的光驱称为 2 倍速光驱，记为 2X，依次类推。DVD 的速度是 CD 无法比拟的，DVD 的 1 倍速参数比 CD 大得多，为 1.35 MB/s，而且目前所有 DVD 驱动器都可以读取 CD 光盘。

3.3.5　输入/输出设备

1. 输入设备

把外部数据传输到计算机中所用的设备称为输入设备。常用的输入设备有键盘、鼠标和扫描仪等。

（1）键盘

键盘是计算机中最基本、最常用的标准输入设备。键盘主要由按键开关和一个键盘控制器组成，每按下一个键盘按键时，就产生与该键对应的二进制代码，并通过接口送入计算机。键盘按接口可分为 PS/2 接口、USB 接口和无线键盘等。

（2）鼠标

鼠标是一种应用普遍的输入设备，广泛用于图形用户界面使用环境。其工作原理是当移动鼠标时，把移动距离及方向的信息变成脉冲信号送入计算机，计算机再将脉冲信号转变为光标的坐标数据，从而达到指示位置的目的。

鼠标按照工作原理分为机械鼠标、光电鼠标和激光鼠标。机械鼠标又名滚轮鼠标，在底部的凹槽中有一个起定位作用从而使光标移动的滚轮。机械鼠标按照工作原理又可分为第一代的纯机械式和第二代的光电机械式（简称光机式）。机械鼠标的使用受环境限制、精度较低，目前市面上的机械鼠标已经较少。光电鼠标是通过红外线或激光检测鼠标的位移，将位移信号转换为电脉冲信号，再通过程序的处理和转换来控制屏幕上的光标定位和移动。除普通光电鼠标外，还出现了蓝光、针光和无孔式光电鼠标。使用激光做定位照明光源的鼠标称为激光鼠标。使用发光二极管和蓝光技术的鼠标称为蓝影鼠标。

常见的鼠标接口类型有串行接口、PS/2 接口和 USB 接口。

按照与计算机连接方式的不同，鼠标可分为有线鼠标、无线鼠标，以及支持有线和无线连接的双模式鼠标。

无线鼠标没有线缆连接，使用距离长，可以离主机远达 7 ～ 15 m。缺点是由于使用内置电池，连续使用时间受电池容量限制。目前一般用 2.4 GHz 无线和 2.4 GHz 蓝牙技术实现与主机的无线通信。无线连接中还有多连方式，指几个具有多连接功能的同品牌产品通过一个接收器进行操作。

（3）扫描仪

扫描仪是一种光、机、电一体化的设备，以扫描方式将图形或图像信息转换为数字信号。扫描仪作为一种计算机输入设备，具有键盘和鼠标所不具备的功能，从最原始的图片、照片、胶片到各类文稿资料，甚至纺织品、标牌面板、印制板样品等三维对象都可用扫描仪输入到计算机中，进而实现对这些图像形式的信息的处理、管理、使用、存储、输出等。配合光学字符识别（Optic Character Recognize，OCR）技术，扫描仪还能将扫描的文稿转换成计算机的文本形式。

扫描仪的主要类型有：滚筒式扫描仪、平面扫描仪、笔式扫描仪、便携式扫描仪、馈纸式扫描仪、胶片扫描仪、底片扫描仪和名片扫描仪。

2. 输出设备

（1）显示器

显示器是计算机系统中最基本的输出设备。目前，显示器的主要种类有 CRT 显示器、LCD 显示器和 LED 显示器等。

CRT 显示器是一种使用阴极射线管的显示器，优点是可视角度大、无坏点、色彩还原度高、响应时间短。但是因为其辐射较大、闪烁，且能耗高、体积大，所以除专业领域外，很少采用。

LCD 显示器是一种采用液晶为材料的显示器。液晶是介于固态和液态间的有机化合物，将其加热会变成透明液态，冷却后会变成结晶的混浊固态。在电场作用下，液晶分子会发生排列上的变化，从而影响所通过的光线的变化，这种光线的变化通过偏光片的作用可以表现为明暗的变化，通过对电场的控制最终控制了光线的明暗变化，从而达到显示图像的目的。其特点是体积小、重量轻、耗能少、工作电压低，目前被广泛采用。

LED 显示器通过控制半导体发光二极管来显示图像，集微电子技术、计算机技术、信息处理于一体，以其色彩鲜艳、动态范围广、亮度高、清晰度高、工作电压低、功耗小、寿命长、耐冲击、色彩艳丽和工作稳定可靠等优点，成为最具优势的新一代显示媒体之一。LED 显示器已广泛应用于大型广场、体育场馆、新闻发布现场、证券交易大厅等场所，可以满足不同环境的需要。

显示器的主要技术参数有 3 种：

- 屏幕尺寸：屏幕尺寸是指矩形屏幕的对角线长度，以 in（英寸[⊖]）为单位，表示显示屏幕的大小，目前台式机显示器的屏幕尺寸主要以 20 in 以上为主。
- 屏幕比例：指显示器横向宽度和纵向高度的尺寸比例。普通屏幕的比例是 4:3。为了满足家庭娱乐或其他方面的需求，出现了宽屏显示器，屏幕比例通常是 16:9、16:10 或 21:9。
- 分辨率：分辨率指屏幕所能显示像素的数目，通常写成（水平点数）×（垂直点数）的形式。同样尺寸的显示器，分辨率越高，画面显示越精细。常用的有 1600×1200 像素、1024×768 像素、1920×1080 像素和 2560×1080 像素等，高分辨率显示器多用于进行图像分析。

另外，衡量显示器性能的指标还有亮度、对比度、响应时间、可视角度、刷新频率等。曲面显示器的基本参数还有屏幕曲率。

显示适配器又称显卡，是连接主机和显示器之间的文字和图形传输系统的设备。显卡分为集成显卡、独立显卡及混合式显卡。

集成显卡是指主板芯片组集成了显示芯片（一般将显卡、网卡、声卡做成一个很小的芯片集合在了主板里），使用这种芯片组的主板可以不需要独立显卡实现普通的显示功能，以满足一般的家庭娱乐和商业应用。集成的显卡不带有显存，使用系统的一部分内存作为显存，具体的数量一般是系统根据需要自动动态调整的。显然，如果使用集成显卡运行需要大量占用显存的程序，对整个系统的影响会比较明显。此外，其系统内存的频率通常比独立显卡的显存低很多，因此集成显卡的性能比独立显卡差很多。

独立显卡分为内置独立显卡和外置独立显卡。通常独立显卡都是内置独立显卡，它需要插在主板的相应接口，譬如 PCI-E 插槽上。独立显卡具备单独的显存，不占用系统内存，而且独立显卡自带 GPU，所以独立显卡能够提供更好的显示效果和运行性能。独立显卡系统功耗大，发热量也较大，通常配有散热器。

混合式集成显卡指既有主板上的独立显存又有从内存中划分的显存，可同时使用。

⊖ 1 英寸≈2.54 厘米。——编辑注

显示器和投影仪设备必须通过接口连接到计算机的显卡上才能将计算机的输出信息显示或投影到屏幕上。显卡的接口类型通常有 VGA、HDMI、DVI 和 DP，如图 3-14 所示。

VGA 接口也称为 D-Sub 接口，只接收模拟信号输入，从而降低了显示的分辨率，接口数据传输速率较低，无法达到高清的要求。

HDMI（High Definition Multimedia Interface，高清晰度多媒体接口）是一种不压缩、全数字的视频 / 音频接口，可在同一线缆上传送音频和视频信号，传输质量较高，且具有即插即用的特点。

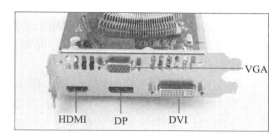

图 3-14　显卡接口示意图

DVI（Digital Visual Interface，数字视频接口）主要分为 DVI-D 和 DVI-I 接口，DVI-D 和 HDMI 一样只能接收数字信号，不兼容模拟信号。DVI-I 接口可同时兼容模拟和数字信号。兼容模拟信号并不意味着模拟信号的接口 D-Sub 可以连接在 DVI-I 接口上，而是必须通过一个转换接头才能使用，一般采用这种接口的显卡都会带有相关的转换接头。

DP（Display Port）接口也是一种高清数字显示接口标准，可以连接计算机和显示器，也可以连接计算机和家庭影院。DP 是面向液晶显示器开发的接口，具有较高的带宽，能最大限度地整合外围设备，具有高度的可扩展特性。

目前的显示器通常提供多种视频接口。

（2）打印机

传统打印机是将输出结果打印在纸张上的一种输出设备，按打印颜色分为单色打印机和彩色打印机；按工作方式分为击打式打印机和非击打式打印机，击打式打印机包括点阵打印机，也叫针式打印机，非击打式打印机包括喷墨打印机和激光打印机。

传统打印机的主要技术指标有以下几种：

- 打印速度，通常用 PPM（Page Per Minute，每分钟打印的纸张数量）表示，另外也可用 CPS（Character Per Second，每分钟打印的字符数量）来度量。
- 打印分辨率，用 DPI（Dot Per Inch，每英寸点数）表示，DPI 值越高，打印效果越精细，所需的打印时间越长。
- 最大打印尺寸，一般为 A4 和 A3 两种规格。

一般来说，点阵式打印机打印速度慢、噪声大，主要耗材为色带，价格便宜。喷墨打印机噪声小，打印速度次于激光打印机，主要耗材为墨盒。激光打印机打印速度快、噪声小，主要耗材为硒鼓，价格贵但耐用。图 3-15 所示为常见的针式打印机和激光打印机的外观。

a）针式打印机

b）激光打印机

图 3-15　打印机

3D 打印技术是以数字模型文件为基础，运用特殊蜡材、粉末状金属或塑料等可黏合材料，通过逐层打印的方法来制造三维物体的技术。3D 打印的过程是：先通过计算机建模软件构建三维数字模型，再将建成的三维模型"分区"成逐层的截面，即切片，然后打印机根据切片逐层打印。

图 3-16 所示为一种 3D 打印机。图 3-17a 所示为使用 3D 打印机打印的工艺品；图 3-17b 所示为 2015 年 7 月美国 DM 公司使用 3D 打印技术制造的超级跑车"刀锋（Blade）"。它采取 3D 打印机打印组件，然后采用人工拼接的方式进行制造。

图 3-16　一种 3D 打印机

a）3D 打印工艺品　　　　　　　　　　　b）3D 打印超级跑车

图 3-17　3D 打印机打印成品

3D 打印无须机械加工或使用模具，就能直接从计算机图形数据中生成任何形状的物体，从而极大地缩短了产品的生产周期，提高了生产效率。

衡量 3D 打印机性能的主要指标有打印速度、打印成本、打印机细节分辨率、打印精度和打印材料性能等。

3.3.6　其他设备

1. 声卡

声卡的主要功能就是实现音频数字信号和音频模拟信号之间的相互转换。声卡将音频数字信号转换成音频模拟信号的过程称为数模转换，简称 D/A 转换；将音频模拟信号转换成音频数字信号的过程称为模数转换，简称 A/D 转换。

在声卡进行 A/D 和 D/A 转换的过程中，有两个重要的指标：采样频率和采样位数。

采样频率是指录音设备在模数转换过程中 1 s 内对声音模拟信号的采样次数。采样率越高，记录下的声音信号与原始信号之间的差异就越小，声音的还原就越真实。目前，主流声卡的采样频率一般分为 22.05 kHz、44.1 kHz 和 48 kHz 3 个等级，分别对应调频（FM）广播级、CD 音乐级和工业标准级音质。采样位数就是在模拟声音信号转换为数字声音信号的过程中，对满幅度声音信号规定的量化数值的二进制位数。主流声卡支持的采样精度通常有 16 位、18 位、20 位和 24 位。采样位数越大，量化精度越高，声卡的分辨率也就越高。

声卡所支持的声道数也是衡量声卡档次的重要指标之一。常见的有双声道、5.1 声道和 7.1 声道。双声道指左、右两个声道。5.1 声道包含左主声道、右主声道、中置声道、左环绕声道、右环绕声道以及低音声道。与 5.1 声道相比，7.1 多了两个环绕声道，其环绕声道为左前环绕、右前环绕、左后环绕和右后环绕。

目前声卡的安装方式有外置和内置两种，对应的总线接口分别是 USB 和 PCI-E（或 PCI）。其中外置声卡不受电路体积的限制，可以设计更为复杂的模拟电路并采用更好的屏蔽设计，从而大幅度地提升音质。外置声卡的主要问题是 USB 接口的优先级低于 PCI 接口，当系统繁忙时 USB 接口会因争抢不到足够的 CPU 时间而断续，基于 USB 共享总线的原因，当外置 USB 声卡与其他大数据量传输的 USB 设备（USB 硬盘、USB 光驱等）同时使用时会出现爆音现象。

图 3-18 所示分别是内置声卡和外置声卡。

a）内置声卡

b）外置声卡

图 3-18　声卡

2. 网卡

网卡的主要作用有两个：一是将计算机的数据封装为帧，并通过网线（对无线网络来说就是电磁波）将数据发送到网络上去；二是接收网络上传过来的帧，并将帧重新组合成数据，发送到所在的计算机中。网卡充当了计算机和网络之间的物理接口。

现在使用的网卡基本上都是以太网网卡。衡量网卡性能的主要参数是网卡速率，即指网卡每秒钟接收或发送数据的能力，单位是 Mbps（Million bits per second）或 Mbit/s，即每秒传输的比特数。目前主流的网卡主要有 10/100 Mbit/s 和 10/100/1000 Mbit/s 的自适应以太网卡、1000 Mbit/s 和 10 000 Mbit/s 的以太网卡。网卡接口类型主要有 PCI、PCI-X、PCI-E 和 USB 等。

3.4　计算机软件系统分类

软件是计算机系统的重要组成部分，是各种程序、数据及其文档的总称，它可以扩展计算机的功能、提高计算机的效率。计算机软件系统常见的分类有以下几种。

3.4.1　系统软件和应用软件

软件是各种程序及其文档的总称，微型计算机系统的软件包括系统软件和应用软件。

系统软件的主要作用是协调各个硬件部件，对整个计算机系统资源进行管理、调度、监视和服务。系统软件一般包括操作系统、语言编译程序、数据库管理系统、联网及通信软件和系统诊断等辅助程序，如 Windows 10、C 语言编译程序、Oracle 数据库管理程序、杀毒软件。

应用软件是指各个不同领域的计算机用户为某一特定的需要而开发的各种应用程序，例如文字处理软件、表格处理软件、绘图软件、网页设计软件、平面设计软件、财务软件和过程控制软件等。

3.4.2　本地软件和在线软件

本地软件是指将软件下载并安装在用户本地的计算机上，软件的全部或大部分功能在用户本地计算机系统上运行。目前，大多数软件都是这种类型。本地软件由软件开发商发布其软件安装程序，使用该软件的每个用户都必须获取软件的安装程序，才能将软件安装在自己的计算机系统上。

在线软件是指软件供应商将应用软件统一部署在自己的服务器上，用户通过互联网即可访问部署了应用软件的服务器，使用软件功能，而不必在自己的计算机系统上安装、运行该软件。软件供应商通过 Internet 以在线软件的方式为用户提供软件服务功能，不仅可以避免盗版软件的出现，还简化了软件的维护工作。用户不必再购买软件，无须对软件进行维护，降低了购买和维护成本。

3.4.3　商业软件、免费软件、自由软件和开源软件

商业软件是指被作为商品进行交易的计算机软件。用户必须向软件供应商支付费用以购买软件使用许可证，才能使用商业软件。

免费软件是指可以自由、免费使用并传播的软件。但是，免费软件的源代码不一定会公开，也不能用于商业用途，并且在传播时必须保证软件的完整性。免费软件往往成为软件供应商推广其商业软件的方法。软件供应商发布其商业软件的免费版本，往往功能受限，或者在其中植入广告，只有用户支付费用后，才能获得软件的完整功能或移除广告。常见的免费软件有 QQ、360 安全卫士等。

自由软件是一种可以不受限制地自由使用、复制、研究、修改和分发的，尊重用户自由的软件。自由软件通常是让软件以"自由软件授权协议"的方式发布（或是放置在公有领域），其发布以源代码为主。自由软件的主要协议有 GPL（GUN General Public License，GUN 通用公共许可证）和 BSD（Berkeley Software Distribution，伯克利软件发行版）。GPL 是指软件使用者必须接受软件的授权，才能使用该软件。由于使用者免费取得了自由软件的源代码，如果使用者修改了源代码，基于公平互惠的原则，使用者也必须公开其修改的成果。BSD 开源协议更为宽松，鼓励代码共享，但需要尊重代码作者的著作权。BSD 由于允许使用者修改和重新发布代码，也允许使用或在 BSD 代码上开发商业软件发布和销售，因此是对商业集成很友好的协议。著名的自由软件有 Linux 操作系统、MySQL 数据库管理系统、Firefox 浏览器等。

开源软件（Open Source Software，OSS）是一种源代码可以任意被获取的计算机软件，这种软件的版权持有人在软件协议的规定之下保留一部分权利并允许用户学习、修改、提高这款软件的质量。开源协议通常符合开放源代码定义的要求。一些开源软件被发布到公有领域。开源软件常被公开和合作地开发，同时也是一种软件散布模式。一般的软件仅可获取已经过编译的二进制可执行文件，通常只有软件的作者或著作权所有者等拥有程序的源代码。

有些软件的作者只将源代码公开，却不符合"开放源代码"的定义及条件，因为作者可能设置公开源代码的条件限制，诸如限制可阅读源代码的对象、限制派生产品等，此称为公开源代码的免费软件（Freeware，例如知名的模拟器软件 MAME），因此公开源代码的软件并不一定可称为开放源代码软件。

开源软件与自由软件是两个不同的概念，只要符合开源软件定义的软件就能被称为开源

软件。而自由软件有比开源软件更严格的概念，所有自由软件都是开放源代码的，但不是所有的开源软件都能被称为自由软件。但一般来说，绝大多数开源软件也都符合自由软件的定义。

开放源代码的规定较宽松，而自由软件的规定较严苛。很多的开放源代码所认可的授权并不被自由软件所认可。

3.4.4　软件许可证

软件许可证是一种具有法律性质的合同或指导，目的在于规范受著作权保护的软件的使用或散布行为。通常的授权方式会允许用户使用单一或多份该软件的复制品，因为若无授权而使用该软件，将违反著作权法给予该软件开发者的专属保护。从效用上来说，软件授权是软件开发者与其用户之间的一份合约，用来保证在符合授权范围的情况下，用户将不会受到控告。上述的 GPL 和 BSD 就是常见的软件的许可证。

根据许可证使用时间来分，软件许可证可大致分为终身许可证和年度许可证。

- 终身许可证：顾名思义，指的是一旦与软件开发商达成协议，签订合同后可终身无限制地使用该软件。此类许可证多见于个人用户领域。
- 年度许可证：指的是客户与软件开发商签订协议，按年付费来使用该软件。此类软件许可证多见于商业软件领域。

相比终身许可证，年度许可证不太像是购买软件使用，而更像是租赁软件使用，不过却更为灵活。

另外，软件使用许可证还可以分为商业软件许可证和自由软件许可证。

商业软件许可证会明确许可方的版权归属、法定权利，比较完整地保证软件开发者的权益。针对不同的环境和被许可人（例如，个人用户、商业用户和团体用户）可提供不同的商业软件许可证文本。商业软件许可证中包含了如软件安装、使用培训、运行支持、排错性维护和版本升级等技术服务内容，并明确约定如何收取费用。

自由软件许可证一般从知识产权角度进行定义，即约定许可人获得什么程度的使用自由。常见的自由软件许可证有 GPL 和 BSD。

3.5　操作系统的功能和分类

操作系统（Operating System，OS）的出现是计算机软件发展史上的一个重大转折，为计算机的普及和发展做出了重要贡献。目前，根据不同的硬件配置和不同的应用需要出现了多种计算机操作系统。本节主要介绍操作系统的功能和分类。

3.5.1　操作系统的概念

操作系统是管理和控制计算机硬件与软件资源的计算机程序，其功能是使计算机系统所有资源最大限度地发挥作用，为用户提供方便、有效、友善的服务界面。操作系统是最基本、最重要的系统软件，任何其他软件都必须在操作系统的支持下才能运行。

如果没有操作系统，用户要直接使用计算机，不仅要熟悉计算机硬件系统，而且要了解各种外围设备的物理特性。对普通的计算机用户来说，这几乎是不可能的。操作系统就是为了填补人与机器之间的鸿沟而配置在计算机硬件之上的一种软件。计算机启动后，总是先把操作系统调入内存，然后才能运行其他软件。开机后用户看到的是已经加载了操作系统的计算机。操作系统使计算机用户界面得到了极大改善，用户不必了解硬件的结构和特性就可以利用软件方便地执行各种操作，从而大大提高了工作效率。

3.5.2 操作系统的分类

随着计算机技术的迅速发展和计算机的广泛应用，用户对操作系统的功能、应用环境、使用方式不断提出了新的要求，因而逐步形成了不同类型的操作系统。根据操作系统的功能和使用环境的不同，操作系统一般可分为实时操作系统、分时操作系统、批处理操作系统、单用户操作系统、网络操作系统、分布式操作系统等。

1. 实时操作系统

实时操作系统（real-time operating system）是指使计算机能及时响应外部事件的请求，在规定的严格时间内完成对该事件的处理，并控制所有实时设备和实时任务协调一致工作的操作系统。实时操作系统追求的目标是对外部请求在严格时间范围内做出反应，有较高的可靠性和完整性。实时操作系统根据其实时性的刚性需求程度不同，分为软实时和硬实时操作系统。软实时操作系统是从统计的角度，任何一个任务都可以有一个预期的处理时间，但是任务一旦超过截止期限，也不会带来什么致命的漏洞。例如，RTLinux 操作操作系统就是一种软实时操作系统。硬实时操作系统是指系统要在最坏（负载最重）的情况下下确保服务时间，即对于事件响应时间的截止期限是必须能满足的。例如，用于好奇号火星探测车的 VxWorks 系统就是硬实时操作系统。

2. 分时操作系统

分时操作系统（rime sharing operating system）是指一台主机连接了若干个终端。分时操作系统将 CPU 的时间划分成若干个片段，称为时间片。操作系统以时间片为单位，轮流为每个终端用户服务。由于计算机高速的运算，每个用户轮流使用时间片而每个用户并不会感到有别的用户存在。分时操作系统侧重于及时性和交互性，使用用户的请求尽量能在较短的时间内得到响应。分时操作系统典型的例子就是 UNIX 和 Linux 操作系统。

3. 批处理操作系统

批处理操作系统（batch processing operating system）的工作方式是：用户将作业交给系统操作员，系统操作员将许多用户的作业组成一批作业，然后输入计算机中，在系统中形成一个自动转接的连续的作业流；然后启动操作系统，系统自动、依次执行每个作业；最后由操作员将作业结果交给用户。批处理操作系统的特点是：作业的运行完全由系统自动控制，系统的吞吐量大，资源的利用率高。

4. 单用户操作系统

单用户操作系统（single user operating system）按同时管理的作业数可分为单用户单任务操作系统和单用户多任务操作系统。单用户单任务操作系统只能同时管理一个作业运行，CPU 运行效率低，如 DOS。单用户多任务操作系统允许多个程序或多个作业同时存在和运行。现在大多数个人计算机操作系统是单用户多任务操作系统，允许多个程序或多个作业同时存在和运行。

5. 网络操作系统

网络操作系统（network operating system）是基于计算机网络，在各种计算机操作系统的基础上按网络体系结构协议标准开发的系统软件，包括网络管理、通信、安全、资源共享和各种网络应用，其目标是实现相互通信及资源共享。网络操作系统通常用在计算机网络系统中的服务器上。流行的网络操作系统有 Linux、UNIX、BSD、Windows Server、Mac OS X Server、Novell NetWare 等。

6. 分布式操作系统

分布式操作系统（distributed operating system）是由多台计算机通过网络连接在一起而组成的系统，系统中任意两台计算机可以通过远程过程调用交换信息，系统中的计算机无主次之分，系统中的资源被提供给所有用户共享，一个程序可分布在几台计算机上并行地运行，互相协调完成一个共同的任务。分布式操作系统的引入主要是为了增加系统的处理能力、节省投资、提高系统的可靠性。常见的分布式操作系统有 MDS、CDCS 等。

3.5.3　操作系统的引导

启动计算机就是把操作系统的核心部分调入内存，这个过程又称为引导系统。在关机状态下，打开电源开关启动计算机称为冷启动；通过按主机上的 Reset 按钮重启计算机称为复位启动；在电源打开的情况下，通过开始菜单、任务管理器或者快捷键（一般 PC 中是【Ctrl+Alt+Del】键）重新启动计算机，称为热启动。冷启动和复位启动都要重新上电，检测硬件，电流对硬件有冲击。热启动不重新上电，不检测硬件，直接加载数据。

一台装有 Windows 操作系统的计算机冷启动过程如下：

1）计算机加电时，电源给主板及其他设备发出电信号。

2）电脉冲使处理器芯片复位，并查找含有 BIOS 的 ROM 芯片。

3）BIOS 执行加电自检，即检测各种系统部件，如总线、系统时钟、扩展卡、RAM 芯片、键盘及驱动器等，以确保硬件连接合理及操作正确。自检的同时显示器会显示检测到的系统信息。

4）系统自动将自检结果与主板上 CMOS 芯片中的数据进行比较。CMOS 芯片是一种特殊的只读存储器，其中存储了计算机的配置信息，包括内存容量、键盘及显示器的类型、软盘和硬盘的容量及类型，以及当前日期和时间等，自检时还要检测所有连接到计算机的新设备。如果发现了问题，计算机可能会发出长短不一的提示声音，显示器会显示出错信息，如果问题严重，计算机还可能停止操作。

5）如果加电自检成功，BIOS 就会到外存中去查找一些专门的系统文件（也称为引导程序），一旦找到，这些系统文件就被调入内存并执行。接下来，由这些系统文件把操作系统的核心部分导入内存，然后操作系统就接管、控制了计算机，并把操作系统的其他部分调入计算机。

6）操作系统把系统配置信息从注册表调入内存。在 Windows 中，注册表由几个包含系统配置信息的文件组成。在操作过程中，计算机需要经常访问注册表以存取信息。

当上述步骤完成后，显示器屏幕上就会出现 Windows 的桌面和图标，接着操作系统自动执行"开始"|"所有程序"|"启动"子菜单中的程序。至此，计算机启动完毕，用户可以开始用计算机来完成特定的任务。

3.5.4　操作系统的功能

操作系统是一个庞大的管理控制程序，它大致包括如下 4 个管理功能：处理器管理、存储器管理、设备管理、文件管理。

1. 处理器管理

（1）单道程序和多道程序

在计算机处理任务时，任一时刻只允许一个程序在系统中，正在执行的程序控制了整个系统的资源，一个程序执行结束后才能执行下一个程序，这称为单道程序系统。此时计算机的资源利用率低，大量资源在许多时间处于闲置状态。

多道程序是指允许多道相互独立的程序在系统中同时运行。从宏观角度看，多道程序处于并行状态；从微观角度看，各道程序轮流占有 CPU，交替执行。多道程序系统也称为多任务系统。

（2）进程的概念

在多任务环境中，处理器的分配、调度都是以进程（process）为基本单位的，因此，对处理器的管理可归结为对进程的管理。

进程就是一个程序在一个数据集上的一次执行。进程与程序不同，进程是动态的、暂时的，存在于内存中，进程在运行前被创建，在运行后被撤销。而程序是计算机指令的集合，是静态的、永久的，存储于硬盘、光盘等存储设备。一个程序可以由多个进程加以执行。如果将程序比作乐谱，进程就是根据乐谱演奏出的音乐；如果将程序比作剧本，进程就是一次次的演出。

进程具有以下特性：

- 动态性：动态性是进程最基本的特征。进程具有一定的生命期——进程由创建而产生，由调度而执行，因得不到资源而暂停执行，因撤销而消亡。
- 并发性：多个进程同时存在于内存中，在一段时间内同时运行。并发性是进程重要的特征之一，引入进程就是为了描述操作系统的并发性，提高计算机系统资源的利用率。
- 独立性：进程是一个能够独立运行的基本单位，也是 CPU 进行资源分配和调度的基本独立单位。
- 异步性：进程按各自独立的、不可预知的速度向前推进，导致程序不可再现性。所以，在操作系统中必须采取某种措施来保证各程序之间能协调运行。
- 结构特征：由程序段、数据段和进程控制块组成。

进程管理主要实现以下 4 个功能：

- 进程控制：负责进程的创建、撤销及状态转换。进程的执行是间歇的、不确定的。进程在它的整个生命周期中有 3 个基本状态——就绪、运行和等待。基本状态的转换如图 3-19 所示。

图 3-19　进程的状态和转换

- 进程同步：多个进程之间相互合作来完成某一任务，把这种关系称为进程的同步。为保证进程安全、可靠地执行，要对并发执行的进程进行协调。
- 进程通信：进程之间可以通过互相发送消息进行合作，进程通信通过消息缓冲完成进程间的信息交换。
- 进程调度：其主要功能是根据一定的算法将 CPU 分派给就绪队列中的一个进程。由进程调度程序实现 CPU 在进程间的切换。进程调度的运行频率很高，在分时系统中往往几十毫秒就要运行一次。进程调度是操作系统中最基本的一种调度，其策略的优劣直接影响整个系统的性能。常见的进程调度算法有先来先服务法、最高优先权优先调度法、时间片轮转法等。

在 Windows 10 环境下，打开任务管理器（按【Ctrl+Alt+Del】组合键）后，在"文件"菜单下的"进程"选项卡中，第一部分的"应用"显示当前正在执行的程序，第二部分的"后台进程"显示了计算机中正在运行的一批系统进程，如图 3-20 所示。选择"进程"选项卡，得到图 3-21 所示的进程详细列表，在其中可以查看进程的 ID 号、进程状态、进程占用 CPU 和内存信息等。

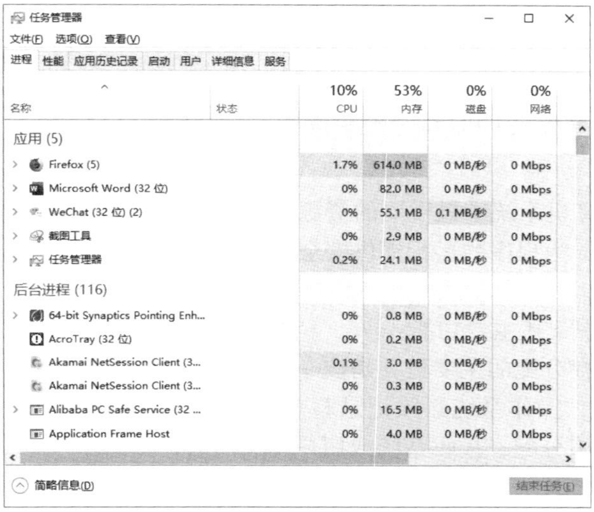

图 3-20　应用程序和进程列表

图 3-21　进程详细信息

（3）线程

由于进程是资源的拥有者，因此在创建、撤销和进程切换过程中，系统必须付出较大的时空开销，从而限制了并发程度的进一步提高。

随着硬件和软件技术的发展，为了更好地实现并发处理和共享资源，提高 CPU 的利用率，目前许多操作系统把进程再细分成线程（thread）。线程又被称为轻量级进程（Light Weight Process，LWP），描述进程内的执行，是操作系统分配 CPU 时间的基本单位。一个进程可以有多个线程，线程之间共享地址空间和资源。CPU 所支持的线程数也是衡量 CPU 性能的主要指标之一。通常 CPU 支持的线程数与 CPU 核心相等，或是 CPU 核心的两倍。

线程具有以下属性：

- 不拥有资源。
- 是进程内一个相对独立的、可调度的执行单元。
- 可并发执行。
- 共享进程资源。

在 Windows 中，线程是 CPU 的分配单位。目前，大部分应用程序都是多线程的结构。

2. 存储器管理

存储器资源是计算机系统中最重要的资源之一。存储器管理的主要目的是合理、高效地管理和使用存储空间，为程序的运行提供安全可靠的运行环境，使内存的有限空间能满足各种作业的需求。

存储器管理应实现下述主要功能：

- 内存分配：内存分配的主要任务是按一定的策略为每道正在处理的程序和数据分配内存空间。为此，操作系统必须记录整个内存的使用情况，处理用户提出的申请，按照某种策略实施分配，接收系统或用户释放的内存空间。
- 内存保护：不同用户的程序都放在内存中，因此必须保证它们在各自的内存空间活动，不能相互干扰，不能侵占操作系统的空间。内存保护的一般方法是设置两个界限寄存器，分别存放正在执行的程序在内存中的上界地址值和下界地址值。当程序运行时，要对所产生的访问内存的地址进行合法性检查。也就是说，该地址必须大于或等于下界寄存器的值，并且小于上界寄存器的值，否则属于地址越界，访问将被拒绝，引起程序中断并进行相应处理。
- 内存扩充：内存扩充指借助虚拟存储技术实现增加内存的效果。由于系统内存容量有限，而用户程序对内存的需求越来越大，这样就出现各用户对内存"求大于供"的局面。如果在物理上扩充内存受到某些限制，就可以采用逻辑上扩充内存的方法，也就是"虚拟存储技术"，即把内存和外存联合起来统一使用。虚拟存储技术的原理是：作业在运行时，没有必要将全部程序和数据同时放进内存，只把当前需要运行的那部分程序和数据放入内存，且当其不再使用时，就被换出到外存。程序中暂时不用的其余部分存放在作为虚拟存储器的硬盘上，运行时由操作系统根据需要把保存在外存上的部分调入内存。虚拟存储技术使外存空间成为内存空间的延伸，增加了运行程序可用的存储容量，使计算机系统似乎有一个比实际内存储器容量大得多的内存空间。

下面以 Windows 10 为例，说明查看和设置计算机虚拟内存的方法。首先右击桌面上的"这台电脑"图标，在弹出的快捷菜单中选择"属性"命令，在打开的窗口左侧面板中单击"高级系统设置"，在打开的"系统属性"对话框中选择"高级"选项卡，单击"性能"选项组中的"设置"按钮，在打开的"性能选项"对话框中选择"高级"选项卡，在"虚拟内存"选项组中单击"更改"按钮，打开如图 3-22 所示的"虚拟内存"对话框。用户可以更改虚拟内存的物理盘符和虚拟内存的大小。也可以在虚拟内存设置界面勾选"自动管理所有驱动器的分页文件大小"复选框，即可让操作系统自动分配虚拟内存。虚拟内存不仅仅有扩大 RAM 的功能，还可以对系统稳定性起到一定帮助。

- 地址映射：当用户使用高级语言编制程序时，没有必要也无法知道程序将存放在内存中的什么位置，因此，一般用符号来代表地址。当编译程序将源程序编译成目标程序时，将把符号地址转换为逻辑地址（也称为相对地址），而逻辑地址不是真正的内存地址。当程序进入内存时，由操作系统把程序中的逻辑地址转换为真正的内存地址，这就是物理地址。这种把逻辑地址转换为物理地址的过程称为"地址映射"，也称为"重定位"。

图 3-22　虚拟内存设置

3. 设备管理

计算机系统中大都配置许多外围设备，如显示器、键盘、鼠标、硬盘、CD-ROM、网卡、打印机、扫描仪等。设备管理的主要任务是对计算机系统内的所有设备实施有效的管理，使用户方便、灵活地使用设备。设备管理应实现下述功能：

- 设备分配：有时多道作业对设备的需求量会超过系统的实际设备拥有量。因此，进行设备管理时需要根据用户的 I/O 请求和一定的设备分配原则为用户分配外围设备。设备管理不仅要提高外设的利用率，而且要有利于提高整个计算机系统的工作效率。
- 设备传输控制：实现物理的输入 / 输出操作，即启动设备、中断处理、结束处理等。
- 设备独立性：又称设备无关性，即用户编写的程序与实际使用的物理设备无关，由操作系统把用户程序中使用的逻辑设备映射到物理设备。
- 缓冲区管理：缓冲区管理的目的是解决 CPU 与 I/O 设备之间速度不匹配的矛盾。在计算机系统中，CPU 的速度最快，而外围设备的处理速度相对较慢，因此降低了 CPU 的使用效率。使用缓冲区可以提高外设与 CPU 之间的并行性，从而提高整个系统的性能。
- 设备驱动：实现 CPU 与通道和外设之间的通信。操作系统依据设备驱动程序来实现 CPU 与其他设备的通信。设备驱动程序直接与硬件设备打交道，告诉系统如何与设备进行通信，完成具体的输入 / 输出任务。对操作系统中并未配备其驱动程序的硬件设备，必须手动安装由硬件厂家随同硬件设备一起提供的或从网络中查找下载的设备驱动程序。

4. 文件管理

（1）文件系统

文件是按一定格式建立在存储设备上的一批信息的有序集合。在计算机系统中，所有的程序和数据都是以文件的形式存放在计算机的外存储器上。例如，一个 C 语言源程序、一个 Word 文档、各种可执行程序等都是文件。

文件名是指文件的主名和扩展名，但在很多情况下要指明文件在磁盘中的位置，必须采用完整的文件名，即文件所在的盘符、路径及文件名。例如：C:\Program Files (x86)\Microsoft Office\root\Office16 指明了文字处理软件 Word 在硬盘上的存放位置。

文件系统是对文件存储设备的空间进行组织和分配，负责文件存储并对存入的文件进行保护和检索的系统。在文件系统的管理下，用户可以按照文件名访问文件，而不必考虑各种外存储器的差异，不必了解文件在外存储器上的具体物理位置等存放细节。文件系统为用户提供了一个简单、统一的访问文件的方法。

Windows 操作系统使用的文件系统有 FAT32、NTFS、ExFAT。

- FAT（File Allocation Table，文件分配表）分区文件系统：如 FAT16、FAT32，无法存放大于 4 GB 的单个文件，而且容易产生磁盘碎片，目前应用较少。
- NTFS（New Technology File System，新技术文件系统）：是一种日志式的文件系统，即将各种文件操作信息写入存储设备，所以在发生文件损坏和故障时可以通过日志很容易地恢复到之前的情形，这使得 NTFS 在操作系统的运行方面有着 FAT32 不可比拟的优势。最大单个文件可到 2 TB，能够提供 FAT 文件系统所不具备的性能、安全性、可靠性与先进特性。
- ExFAT（Extended File Allocation Table File System，扩展 FAT）：是为了解决 FAT32 不支持 4 GB 及更大的文件而推出的一种适合于闪存的文件系统。

（2）文件管理的功能

文件管理负责管理系统的软件资源，并为用户提供对文件的存取、共享和保护等手段。文件管理应实现下述功能：

- 树形目录管理：将目录和文件按树形的层次结构进行组织并管理。目录管理包括目录文件的组织、目录的快速查询等。
- 文件存储空间的管理：文件是存储在外存储器上的，为了有效地利用外存储器上的存储空间，文件系统要合理地分配和管理存储空间。它必须标记哪些存储空间已经被占用，哪些存储空间是空闲的。文件只能保存在空闲的存储空间中，否则会破坏已保存的信息。
- 文件操作的一般管理：实现文件的操作，负责完成数据的读 / 写，一般管理包括文件的创建、删除、打开、关闭等。
- 文件的共享和保护。在多道程序设计的系统中，有些文件是可供多个用户公用的，是可共享的。但这种共享不应该是无条件的，而应该受到控制，以保证共享文件的安全性。文件系统应该具有安全机制，即提供一套存取控制机制，以防止未授权用户对文件的存取以及防止授权用户越权对文件进行操作。

习题

一、简答题

1. 微型计算机由哪几部分组成？各部分的功能是什么？
2. 简述计算机的基本工作原理。
3. 什么是指令？什么是程序？
4. 北桥芯片和南桥芯片各有什么作用？
5. 内存储器和外存储器的用途是什么，二者有什么区别？

6. RAM 和 ROM 的区别是什么？

7. 机械硬盘与固态硬盘的区别是什么？

8. 什么是总线？简要说明 AB、DB、CB 的含义及其功能。

9. 显示器的主要参数是什么？

10. 简述 3D 打印机的工作原理。

11. 什么是操作系统？它有哪些功能？

12. 进程的基本特性是什么？简述进程 3 种状态的转换。

13. 存储器管理的主要功能是什么？

14. 设备管理的主要任务是什么？

15. 文件管理的主要任务是什么？

二、填空题

1. 冯·诺依曼计算机由 5 个基本部分组成，即_____、_____、_____、输入设备和输出设备。

2. 通常所说的 CPU 芯片包括_____。

3. 计算机执行指令一般分为_____和_____两个阶段。

4. 计算机的运算速度主要取决于_____。

5. 目前，微型计算机主板的主流结构为_____结构。

6. 主板的芯片组通常由_____和_____组成。

7. 目前的 CPU 制造工艺为_____级别（填入长度单位）。

8. 存储器分为_____和_____两种。

9. 内存是一个广义的概念，它包括_____和_____。

10. DDR 的数据传输速率为传统 SDRAM 的_____倍。

11. 存储 BIOS 的芯片类型是_____。

12. 配置高速缓冲存储器是为了解决_____。

13. 微机工作时如果突然断电将会使_____中的数据丢失。

14. 主板上的 SATA 接口表示的是_____接口。

15. 计算机的外设很多，主要分成两大类：一类是输入设备；另一类是输出设备。其中，显示器、音箱属于_____设备，键盘、鼠标、扫描仪属于_____设备。

16. 计算机指令由操作码和_____构成。

17. 声卡的主要功能就是实现音频数字信号和音频_____之间的相互转换。

18. 与独立显卡相比，_____运行需要大量占用显存的程序，对整个系统的影响会比较明显。

19. 自由软件是一种可以不受限制地自由使用、复制、研究、修改和分发的，尊重用户自由的软件。自由软件的主要协议是_____。

20. 进程最基本的特征是_____。

第4章

计算机网络基础

学习目标
- 了解计算机网络的作用、分类及体系结构。
- 掌握计算机网络的基本组成，理解 MAC 地址、IP 地址、域名的概念。
- 了解因特网的作用及基本服务。
- 了解局域网的基本组成和工作方式。
- 了解无线网络的基本组成和工作方式。
- 了解网络安全面临的威胁并掌握防护的办法。

当今社会已经进入信息时代，作为信息化基础设施的计算机网络已经渗透到社会的各个领域，改变了人们的生活和工作方式。计算机网络实现了世界范围内人与人之间的信息交流、情感交流和文化交流。一个国家的信息基础设施和网络化程度已经成为衡量其现代化水平的重要标志。本章着重介绍计算机网络组成及其应用的相关知识。

4.1 计算机网络概述

4.1.1 计算机网络的定义和功能

计算机网络是指将计算机、网络及相关设备通过通信线路连接起来，在网络软件及网络通信协议的管理和协调下，实现资源共享和信息传递的系统，图 4-1 为计算机网络的示意图。计算机网络具有以下主要功能。

1. 资源共享

资源共享是计算机网络的主要目的。

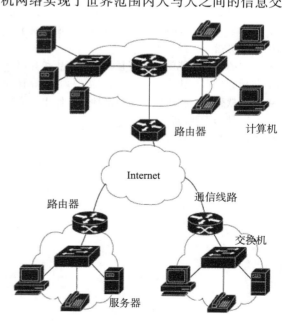

图 4-1　计算机网络示意图

共享的资源可以是硬件资源、软件资源和数据资源，如计算处理能力、大容量磁盘、高速打印机、数据库、文件等。

2. 信息交换

信息交换是计算机网络最基本的功能，主要完成网络中各个结点之间的通信。计算机网络为人们提供了能够方便快捷地与他人进行信息交换的方式。人们可以在网上收发电子邮件，发布和浏览新闻，进行电话会议、电子商务、网上购物、娱乐聊天等活动。

3. 分布式处理

分布式处理是通过算法把一项复杂的任务划分成许多子任务，将各子任务分散到网络中比较空闲的计算机上处理，然后再将处理结果进行整合。分布式处理可以充分利用网络资源，均衡各计算机的负载，从而提高系统的处理能力。

4. 数据备份

通过将数据备份到网络中的其他位置，可以实现当某台计算机出现故障时，及时由另一台计算机来代替其所完成的任务，以保证系统运行的不间断、安全、可靠。

4.1.2 计算机网络的形成和发展

计算机网络的产生和演变过程经历了从简单到复杂、从低级到高级、从单台计算机与终端之间的远程通信到全球计算机互联的发展过程。

1. 第一代计算机网络（计算机 – 终端联机网络）

20 世纪 50 年代，出现了一种远程终端联机系统，它以一台计算机（称为主机）为中心，通过通信线路将许多分散在不同地理位置的终端连接到该主机上，所有终端用户的事务在主机中进行处理，终端仅是计算机的外围设备，只包括显示器和键盘，没有 CPU，也没有内存。因为这种远程终端联机系统是一种主从式结构的网络，所以其又被称为面向终端的计算机网络。图 4-2 是这种系统的一个简图。

2. 第二代计算机网络（计算机 – 计算机互联网络）

真正成为计算机网络里程碑的是 1969 年建成的 ARPANET（Advanced Research Project Agency NETwork），即美国国防部高级研究计划署网络。在初期，该网络只连接了 4 台主机，1973 年发展到 40 台，1983 年已有 100 多台不同型号的计算机接入 ARPANET。图 4-3 中所示的便是这种网络的示意图。ARPANET 采用"存储转发 – 分组交换"原理来实现数据通信，它以通信子网为中心，通过通信线路把若干个计算机终端网络系统连接起来。

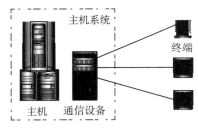

图 4-2　面向终端的计算机网络

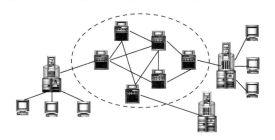

图 4-3　计算机 – 计算机网络

这一代计算机网络中的多台计算机都具有自主处理能力，但此类计算机网络大都是由研究单位、大学和计算机公司各自研制的，没有统一的网络体系结构，不能适应信息社会日益发展的需求。

3. 第三代计算机网络（开放式标准化网络）

ARPANET 兴起后，各大计算机公司相继推出自己的网络体系结构及实现这些结构的软硬件产品。由于各个公司的网络结构彼此互不相同，所采用的通信协议也不一样，所以很难实现网络的互连互通。

为了实现网络互连，国际标准化组织（ISO）于 1984 年正式颁布了"开放系统互连参考模型"（Open System Interconnection Reference Model，OSI/RM），简称 OSI 模型。OSI 模型是计算机网络体系结构的基础，在网络结构的标准化方面起到了很重要的作用。所以，第三代计算机网络是开放式标准化网络，遵循国际标准化协议，可以使不同的计算机网络互连起来。从此，计算机网络进入了飞速发展的阶段。

4. 第四代计算机网络（高速互联网络）

第四代计算机网络开始于 20 世纪 90 年代，称为高速互联网络（或称互联网），其主要特征是综合化、高速化、智能化和全球化。1993 年美国政府发布了名为"国家信息基础设施行动计划"的文件，其核心是构建国家信息高速公路。

这一时期，计算机网络在网络传输速率、服务质量、可靠性等方面得到了极大发展，随着高速以太网、无线网络、P2P 网络技术的不断涌现，计算机网络的发展与应用渗入了人们生活的各个方面，进入一个多层次的发展阶段。

4.1.3 计算机网络的组成

各种计算机网络在网络规模、网络结构、通信协议、通信系统、计算机软硬件配置等方面存在较大差异。从软硬件角度来描述，计算机网络由计算机系统、通信线路及通信设备、网络协议和网络软件等四部分组成；从逻辑功能角度来描述，计算机网络可分为通信子网与资源子网两大部分。

1. 计算机系统

计算机系统是网络的基本组件，主要作用是收集、处理、存储和传播数据，以及提供资源共享。连接到网络的计算机可以是巨型机、大型机、小型机、工作站、微机以及其他数据终端设备（如手机等）。

2. 通信线路及通信设备

通信线路及通信设备是连接网络计算机系统的桥梁，它提供各种连接技术和信息交换技术，包括传输介质（如光缆、同轴电缆、双绞线等）和通信设备（如交换机、路由器等）。

3. 网络协议

为了在网络内实现正常的数据通信，通信双方必须要有一套彼此能相互理解和共同遵守的规则和协定，即网络协议。常用的网络通信协议有 TCP/IP、IPX/SPX、NetBEUI 协议等。

现代网络都是层次结构，如 ISO/OSI 模型的 7 层协议、TCP/IP 的 4 层协议等。网络协议规定了分层原则、层间关系、信息传递的方向、分解与重组等约定。在网络上，通信双方必须遵守相同的协议，才能正确交流信息。

4. 网络软件

网络软件是指在计算机网络环境中，用于支持数据通信和各种网络活动的软件。网络上的每个用户都可以共享网络中其他系统的资源，或者把本机系统的功能和资源提供给网络中的其他用户使用。为了避免系统混乱、信息数据的破坏和丢失，必须使用软件工具对网络资源和网络活动进行全面的管理、调度和分配。网络软件可分为网络系统软件和网络应用软件两大类。

网络系统软件用于控制和管理网络运行，提供网络通信、网络资源分配与共享功能，并为用户提供访问网络和操作网络的人机界面。网络系统软件主要包括各种网络通信软件、网络操作系统（Network Operating System，NOS）等。NOS 是一组对网络内资源进行统一管理和调度的系统软件，如 Windows Server、UNIX、Linux 等。

网络应用软件是为网络用户提供服务并解决实际问题的软件。它用于提供或获取网络上的共享资源，如浏览软件、传输软件、远程登录软件等。

5. 通信子网

通信子网由通信线路和通信设备组成，用于完成信息的传递工作。通信子网主要提供信息传送服务，是支持资源子网上用户之间相互通信的基本环境。图 4-1 中的路由器、交换机、通信线路等构成了通信子网。

6. 资源子网

资源子网又称用户子网，包含通信子网所连接的全部计算机及外部设备。这些计算机与通信子网中的通信结点相连，又称主机。它们向网络提供各种类型的资源和应用。主机一般装有网络操作系统，用于实现不同主机系统之间的用户通信，以及硬件和软件资源的共享。外部设备包括网络存储设备、打印机等。

4.1.4 计算机网络的分类

计算机网络的分类方法很多，下面介绍常见的几种分类方法。

1. 按网络的地理范围分类

按照网络覆盖的地理范围，可以将网络分为局域网、城域网和广域网。

（1）局域网

局域网（Local Area Network，LAN）覆盖的地理范围较小，通常为 0.1 ～ 20 km。局域网具有传输速率高、误码率低、结构简单、容易实现等特点。局域网是计算机网络的最小组织单位，适用于一个办公室、一栋楼、一个校园或一个企业等有限范围内的各种计算机、终端与外围设备的互连。一个简单的局域网如图 4-4 所示。整个互联网就是由若干局域网互连而成的。

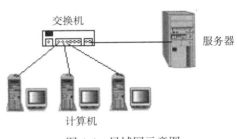

图 4-4 局域网示意图

（2）城域网

城域网（Metropolitan Area Network，MAN）是将在同一城市但不在同一地理区域范围内的计算机进行互连。城域网的连接距离一般为 10 ～ 100 km。城域网通常连接着多个局域网，可以说是局域网的延伸，与局域网相比，城域网扩展的距离更长，连接的计算机数量更多。一般局域网服务于某个部门，而城域网服务于整个城市。

（3）广域网

广域网（Wide Area Network，WAN）所覆盖的地理范围一般在数百千米以上。广域网将不同地区的局域网或者城域网互连起来，覆盖一个地区、国家，或横跨几个洲，形成规模更大的国际性远程网络，如因特网（Internet）就是一个跨越全球的广域网。

2. 按网络的拓扑结构分类

网络拓扑结构是指将网络中的计算机等网络设备抽象为点，将通信介质抽象为线，继而形成的由点和线组成的几何图形。计算机网络常用的拓扑结构有总线型结构、星形结构、环形结构、树形结构、网状结构、混合型结构等。

（1）总线型拓扑结构

总线型拓扑结构（bus topology）是将所有的结点（网络设备）都通过相应接口连接到一条传输线路上，这条线路称为总线。在一条总线上装置多个 T 形插头，每个 T 形插头连接一个结点，在总线两端设置端接器，以防止信号的反射。结点之间按照广播的方式进行通信，一个结点发送的信号，其他结点均可以接收，所有结点共享总线带宽，如图 4-5 所示。

总线型拓扑结构的优点是结构简单、灵活，成本低，易于扩展和维护，且没有关键结点。缺点是同一时刻只能有两个网络结点相互通信，网络延伸距离有限，网络容纳结点数有限，总线介质的故障会引起网络瘫痪。最具代表性的总线型网络是以太网（Ethernet）。

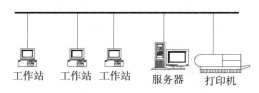

图 4-5　总线型拓扑结构

（2）星形拓扑结构

星形拓扑结构（star topology）是使用最广泛的网络拓扑结构。该结构以一台设备为中央结点，其他外围结点都单独连接在中央结点上，其结构如图 4-6 所示。各外围结点之间不能直接通信，而必须通过中央结点进行通信。中央结点是专门的网络设备，负责接收和转发信息。

星形拓扑结构的优点是结构简单、可扩充性强，每个结点独占一条传输线路，一台外围结点的故障不会影响到整个网络，容易隔离和检测故障，易于管理和维护。缺点是网络可靠性依赖于中央结点，中央结点一旦出现故障将导致全网瘫痪。目前，星形网的中央结点多采用交换机、集线器等。

（3）环形拓扑结构

环形拓扑结构（ring topology）也是局域网的主要拓扑结构之一。各个结点通过通信介质连成一个封闭的环形，即构成环形拓扑结构，如图 4-7 所示。在环形拓扑结构中，每个结点只能和相邻的一个或两个结点直接通信。环形结构有单环和双环两种。单环结构网络中的数据只能沿着环向一个方向发送。双环结构的数据则可以在两个方向上传输，如果一个方向的环出现故障，数据还可以在相反方向的环中传输。令牌环（token ring）是单环结构的典型代表，而光纤分布式数据接口（FFDI）是双环结构的典型代表。

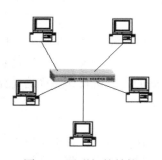

图 4-6　星形拓扑结构

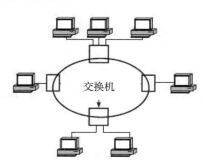

图 4-7　环形拓扑结构

环形拓扑结构的优点是传输延迟固定、实时性较好、传输速率高。缺点是：可靠性较差，任何结点的故障都会导致全网瘫痪；虽然两个结点之间仅有唯一的路径，简化了路径选择，但是可扩充性较差；在负载较轻时，信道利用率较低；同时网络的管理也比较复杂，投资费用比较高。

（4）树形拓扑结构

树形拓扑结构（tree topology）由星形拓扑结构演变而来，它将原来用单独链路直接连接的结点通过网络设备（交换机等）进行分级连接，形成一种分层的倒挂树的结构，如图4-8所示。与星形结构相比，树形结构降低了通信线路的成本，但增加了网络的复杂性，网络中除最低层结点及其连线外，任一结点或连线的故障均会影响其所在支路网络的正常工作。

（5）网状拓扑结构

网状拓扑结构（mesh topology）是指每个结点至少与其他两个结点相连，形成不规则的互连结构，如图4-9所示。网状拓扑结构由于结点间路径多，局部的故障不会影响到整个网络的正常工作，所以网络的容错能力强。缺点是网络协议复杂、网络控制机制复杂、组网成本高。

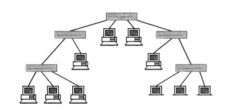

图4-8　树形拓扑结构

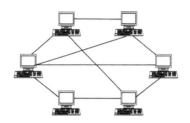

图4-9　网状拓扑结构

网状拓扑结构的最大特点是其强大的容错能力，因此主要用在强调可靠性的网络中，如异步传输模式（ATM）网。

（6）混合型拓扑结构

在实际应用中，也存在由几种基本拓扑结构组成的混合型拓扑结构（mixer topology），如图4-10所示。网络拓扑结构会因为网络设备、技术和成本的改变而有所变化，如在组建局域网时常采用星形、环形、总线型和树形结构，而树形和网状结构在广域网中比较常见。

混合型拓扑结构的优点是故障诊断和隔离方便、易于扩展、安全性较强、安装方便。缺点是需要智能的网络设备，造价较高。

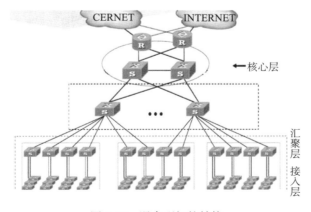

图4-10　混合型拓扑结构

3. 按计算机地位分类

根据计算机在网络中地位的不同，可以将网络分为以下三类。

（1）点对点网络

点对点（Peer-to-Peer，P2P）网络，又称对等网络，是一种在对等者之间分配任务和工作负载的分布式应用网络。点对点网络没有中心服务器，网络中的每一台计算机都既能充当网络服务的请求者，又能对其他计算机的请求做出响应，并提供资源、服务和内容。通常这些资源和服务包括信息的共享和交换、计算资源（如 CPU 计算能力共享）、存储共享（如缓存和磁盘空间的使用）、打印机共享等。

传统的点对点网络（如图 4-11 所示），是将数量有限且支持相同网络协议的相邻计算机连接起来，实现相互之间的资源共享（如打印机）。点对点网络适合小型办公室、家庭等环境。

随着计算机技术的发展，计算机的计算和存储能力以及网络带宽等性能普遍提升，P2P网络也有了新的内涵。采用 P2P 架构的网络可以有效地利用互联网中散布的大量普通计算机，将计算任务或存储资料分布到所有计算机结点上，以实现更广泛意义的对等服务。基于P2P 技术的典型应用包括：文件内容共享和下载（如 BT），计算能力和存储共享（如 SETI@ home），通信与信息共享（如 Skype），网络电视和网络游戏（如沸点、PPLive），比特币，等等。

（2）客户端/服务器网络

客户端/服务器网络简称 C/S（Client/Server）网络，在该网络中，将一台或多台计算机指定为网络服务器，负责提供服务、控制网络流量和管理资源。按照软件的功能，可以将服务器分为文件服务器、数据库服务器、打印服务器、电子邮件服务器、Web 服务器等。服务器可以是大型机、小型机、工作站，PC 也可以充当服务器，但是处理能力有限。衡量服务器性能的指标有响应速度和作业吞吐量、可扩展性、可用性、可管理性和可靠性等。客户机是指使用网络功能的各种主机和终端设备，通常是网络上大量存在的 PC。客户机需要安装专用的客户软件。通过计算机网络，客户机可以使用服务器提供的各种网络服务，实现数据的传输和信息的交流。网络上的许多计算机在向他人提供服务的同时也享受他人提供的服务，所以既是服务器也是客户机。如图 4-12 所示的是一个 C/S 网络结构图。

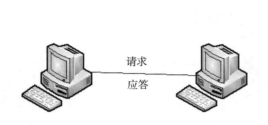

图 4-11　传统的点对点网络

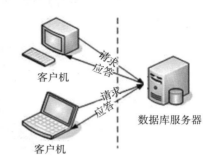

图 4-12　C/S 网络示例

（3）浏览器/服务器网络

浏览器/服务器网络简称 B/S（Browser/Server）网络。在 B/S 体系结构中，用户通过浏览器向网络上的应用服务器发出请求，服务器对浏览器的请求进行处理，再将用户所需信息返回到浏览器。在这种结构下，用户工作界面通过浏览器来实现，客户端无须安装专用的软件。系统功能实现的核心部分集中到服务器上，这样就大大降低了客户端计算机载荷，减轻了系统维护与升级的成本和工作量。B/S 网络一般采用三层结构，如图 4-13 所示。用户通过浏览器向应用服务器（如 Web 服务器）发出申请，应用服务器在需要时再向数据库服务器发出请求，形成了三层结构。B/S 结构的主要特点是分布性强、维护方便、开发简单且共享性强、总体拥有成本低，但数据安全性需要保障、对服务器要求较高、数据传输速度慢、软件的个性化特点明显降低。

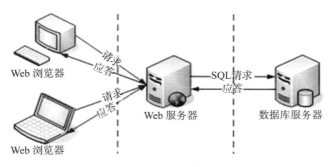

图 4-13　B/S 网络示例

4. 按传输介质分类

传输介质是指网络中连接发送装置和传输装置的物理介质，根据其物理形态的不同，可以将网络划分为有线网络和无线网络两种。

（1）有线网络

有线网络是指采用双绞线、同轴电缆、光缆等物理介质传输数据的网络。

（2）无线网络

无线网络是指采用无线电（如微波）、红外线等无线介质传输数据的网络。

5. 按网络的传输速率分类

根据网络的传输速率大小，可将网络划分为 10Mbit/s、100Mbit/s、1000Mbit/s 和 10Gbit/s 等网络类型。

网络传输速率一般以 bit/s（bps）为单位，其含义是每秒钟传输的二进制数的位数，也称比特率。不同的网络一般传输速率不同，相同的网络采用不同的传输介质也可以达到不同的网速。

6. 按信息的处理方式分类

根据信息处理方式的不同，可以将网络划分为以太网、ATM 交换网络、FDDI 网络等。

（1）以太网

以太网（Ethernet）最早是由 Xerox（施乐）公司创建的，在 1980 年由 DEC、Intel 和 Xerox 三家公司联合开发为一个标准。以太网使用 CSMA/CD（带有冲突检测的载波侦听多路访问）的访问控制方法，是应用最为广泛的局域网，包括标准以太网（10Mbit/s）、快速以太网（100Mbit/s）、千兆以太网（1000Mbit/s）和 10Gbit/s 以太网，它们都符合 IEEE802.3 系列标准规范。

（2）ATM 交换网络

ATM（Asynchronous Transfer Mode，异步传输模式）采用信元交换技术。与以太网、令牌环网、FDDI 网络等采用可变长度包技术不同，ATM 使用 53 字节固定长度的单元进行交换，它没有共享介质或包传递带来的延时，非常适合音频和视频数据的传输。

（3）FDDI 网络

FDDI 网络是采用光纤分布式数据接口（Fiber Distributed Data Interface，FDDI）协议的网络。FDDI 协议是美国国家标准学会制定的在光缆网络上发送数字和音频信号的一组协议。FDDI 协议基于令牌环协议，不但支持长距离传输，而且还支持多用户。FDDI 一般用于环形网，以光纤作为传输介质，数据传输速率可达到 100Mbit/s。

7. 按传输带宽分类

（1）基带传输

基带信号是指发送端发出的没有经过调制的原始电信号。在数字通信信道上，直接传送基带信号的方法称为基带传输。基带传输直接传送数字信号，传输速率高，距离短。

（2）宽带传输

宽带传输是将信道分成多个子信道，分别传送音频、视频和数字信号。宽带传输系统多是模拟信号传输系统。宽带传输信道的容量大，传输距离远。

4.2　计算机网络的体系结构

计算机网络是一个采用综合技术的复杂系统。为了允许不同网络的计算机和设备进行数据通信，以及各种应用程序进行互操作，网络系统在通信时必须遵从相互均能接受的规则。这些规则是一套关于信息传输顺序、信息格式和信息内容等的约定，它们的集合称为网络协议。由于网络协议包含的内容较多，因此，为减少设计上的复杂性，设计者将网络按功能划分成功能明确的多个层次，规定了同一层次和层间通信的协议，以及相邻层之间的接口服务。这些同层和层间通信的协议及相邻层接口构成了网络体系结构。当前常见的网络体系结构有 OSI/RM（开放系统互连参考模型）和 TCP/IP（传输控制协议 / 网际协议）。计算机网络体系结构为不同计算机之间的互连和互操作提供了相应的规范和标准。

4.2.1　OSI 参考模型

国际标准化组织（ISO）于 1984 年提出了开放系统互连（OSI）参考模型。OSI 模型采用的是分层体系结构，整个模型分为 7 层，每一层都是建立在前一层的基础之上，每一层的目的都是为高层提供服务。这 7 层从低到高依次是物理层、数据链路层、网络层、传输层、会话层、表示层和应用层，如图 4-14 所示。

1. 物理层

物理层（physical layer）是 OSI 的最低层，定义了用于在物理网络中发送和接收比特（bit）数据流的标准，为数据端设备提供传送数据的物理通路和传输数据。物理层规定了电缆和接头的类型、针脚的用途、传送信号的电压等一些网络的电气特性。

2. 数据链路层

数据链路层（data link layer）定义了用于控制数据通过物理网络进行传输的标准和协议。其主要功能包括通过仲裁机制确定何时可以使用物理介质，通过编址确保合适的接收方接收并处理数据，通过帧的差错控制保证传输数据的正确性，标识被封装的数据。数据链路是一种逻辑线路。数据链路层处理的数据单位是帧（frame）。

3. 网络层

对于一个计算机网络来说，从发送方到接收方可能存在多条通信线路，网络层（network layer）要解决数据分组转发、路由选择、路由及逻辑寻址和阻塞控制等问题。网络层传输的数据单元称为包或分组（packet）。

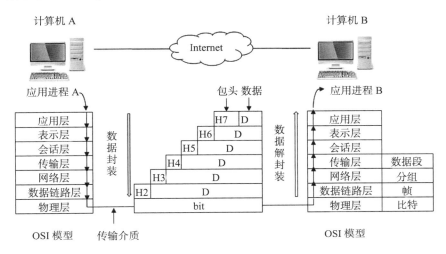

图 4-14　OSI 七层模型和数据的表示

4. 传输层

传输层（transport layer）的主要功能是在端到端的用户之间提供透明的数据传输。传输层在给定的链路上通过流量控制、分段 / 重组来完成数据传输，通过选择差错恢复协议或无差错恢复协议来实现差错控制。传输层的数据单元称为数据段（segment）或报文（message）。

5. 会话层

会话层（session layer）主要组织两个会话进程之间的通信，并管理数据的交换。会话层在数据中插入检验点，当出现网络故障时，只需传送检验点之后的数据而不必从头开始，即采用断点续传的方式。

6. 表示层

表示层（presentation layer）主要用于处理两个通信系统中交换信息的表示方式。在网络中，主机拥有不同类型的操作系统，传递的数据类型千差万别，而且有些主机或网络的数据编码方式不同，表示层为在这些主机之间传送数据提供了格式化的数据表示和转换服务，以保持传输数据的内容一致性。

7. 应用层

应用层（application layer）提供网络与用户应用软件之间的接口服务，实现多个系统应用进程相互通信的同时，完成一系列业务处理所需的服务。如信息浏览、传输文件、收发电子邮件等，这些功能都是由应用层来实现的。

图 4-14 通过一个示例说明了如何按照 OSI 参考模型进行数据通信。计算机 A 要发送一个数据给计算机 B，那么计算机 A 的应用层最先处理数据，然后将数据传递给表示层，表示层交给会话层，再逐层向下传递到物理层。数据传递前，每层都要给接收到的数据加上包

头以完成数据的封装，然后才进行数据的传递。通过物理介质和中间系统将比特流发送到接收端计算机 B 的物理层，物理层再把数据逐层向上传递到计算机 B 的应用层，其间要逐层进行数据解封装操作（去掉包头），进而完成计算机 A 和计算机 B 的数据通信。

4.2.2　TCP/IP 参考模型

OSI 网络体系结构仅提供了一个概念和功能上的框架，几乎没有网络系统实现了它的全部功能。TCP/IP 模型参考了 OSI 模型的设计思想，对 OSI 模型进行了简化，是目前互联网遵循的基本框架结构，已成为事实上的工业标准。

TCP/IP 模型因其采用的 TCP/IP 协议而得名。TCP/IP 协议其实是一个协议集，它的主要作用是对互联网中主机的寻址方式、主机的命名规则、信息的传输机制及各种服务功能进行详细约定。TCP(Transfer Control Protocol，传输控制协议）和 IP(Internet Protocol，网际协议）是 TCP/IP 协议中的两个重要协议。TCP/IP 模型将网络按功能划分为 4 层（如图 4-15 所示），分别是网络接口层、网际层、传输层和应用层。

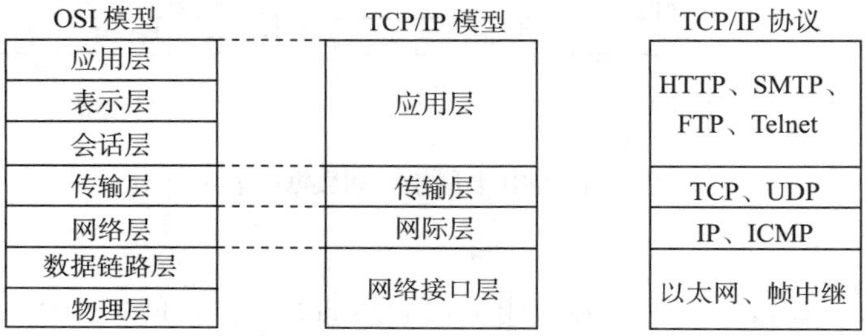

OSI 模型	TCP/IP 模型	TCP/IP 协议
应用层		HTTP、SMTP、
表示层	应用层	FTP、Telnet
会话层		
传输层	传输层	TCP、UDP
网络层	网际层	IP、ICMP
数据链路层	网络接口层	以太网、帧中继
物理层		

图 4-15　OSI 模型与 TCP/IP 参考模型

1. 网络接口层

网络接口层（network interface layer）定义了通过物理网络传送数据所需的协议和硬件的电气特性，用于实现数据的传送。网络接口层与 OSI 参考模型中的物理层和数据链路层相对应。

2. 网际层

网际层（Internet layer），也叫网络互联层，主要作用是提供基本的数据分组转发、路由选择、路由及逻辑寻址，并控制网络阻塞。网际层协议包括 IP（网际协议）、ICMP（Internet 控制报文协议）等。网际层与 OSI 参考模型中的网络层对应。

3. 传输层

传输层提供了端到端的通信，可解决不同应用程序的识别问题，提供可靠的数据传输。传输层包括传输控制协议（TCP）、用户数据报协议（UDP）等。传输层与 OSI 参考模型中的传输层对应。

4. 应用层

应用层向用户提供各种常用的应用服务，应用层没有对应用程序本身进行定义，而是定义了应用程序所需的服务，包括简单电子邮件传输（Simple Mail Transfer Protocol，SMTP）、文件传输协议（FTP）、网络远程访问协议（Telnet）、超文本传输协议（HTTP）等。应用层与 OSI 参考模型中的会话层、表示层和应用层对应。

4.3 网络基础知识

除网络体系结构、网络服务器和客户端外，构成计算机网络还需要网络互连设备、网络传输介质，以及对网络设备进行的必要联网配置。

4.3.1 网络互连设备

除在网络中充当服务器和客户端的计算机外，网络中还包括如下网络设备。

1. 网卡

网卡又称网络接口卡（Network Interface Card，NIC）或网络适配器，是工作在数据链路层的网络部件，是网络中连接网络设备（如计算机）和传输介质的接口。网卡不仅能实现与传输介质之间的物理连接和信号匹配，还涉及帧的发送与接收、帧的封装与拆封、介质访问控制、数据的编码与解码以及数据的缓存等。如图 4-16 所示的是适合计算机使用的有线以太网卡。

图 4-16 有线网卡

根据网卡所支持的接口、传输速率以及网卡与传输介质的连接方式不同，可将网卡分为不同的类型。

（1）按接口分类

网卡要与网络进行连接，就必须具备一个接口，使网线通过它与其他网络设备连接起来。不同的网卡接口适用于不同的网络类型，分为电接口和光接口。以太网的 RJ-45 接口就是一种典型的电接口。常见的光接口有 FDDI 接口和 ATM 接口等。

（2）按支持的计算机种类分类

根据支持的计算机种类的不同，网卡主要分为标准以太网卡和 PCMCIA 网卡。标准以太网卡用于台式计算机联网，而 PCMCIA 网卡则用于笔记本电脑。

（3）按传输速率分类

根据网卡支持的传输速率的不同，主要分为 10Mbit/s 网卡、100Mbit/s 网卡、100/1000Mbit/s 自适应网卡、1000Mbit/s 网卡、10000Mbit/s 网卡等。

（4）按传输介质分类

根据与网卡连接的传输介质的不同，分为有线网卡和无线网卡。有线网卡通过双绞线、光纤等与其他网络设备进行连接。无线网卡通过无线电波（如微波）、红外线等与其他网络设备连接。

常见的无线网卡采用无线电射频技术，与提供无线接入服务的设备如 AP（Access Point，无线接入点，也称热点）进行无线连接，以完成数据交换。无线网卡一般集成在移动终端设备（如笔记本电脑、手机）中，支持 WiFi、GPRS、CDMA、4G 等多种无线数据传输模式。无线网卡采用 IEEE 802.11 协议，支持不同的传输速率，如 IEEE 802.11ac 的传输速率最高为 1000Mbit/s。无线网卡的接口类型主要包括 PCI、PCI-E、PCI-X 和 USB 接口无线网卡。如图 4-17 所示的是 PCI 和 USB 接口的无线网卡。

2. 调制解调器

调制解调器（modem）是计算机通过电话线连接网络的接入设备。由于电话线上传输的是模拟信号，而计算机内部使用的是数字信号，因此需要通过调制解调器来进行模拟信号和数字信号的转换。将计算机内的数字信号转换成模拟信号的过程称为调制，反之称为解调。

a）PCI 无线网卡

b）USB 无线网卡

图 4-17   无线网卡

外置调制解调器如图 4-18a 所示，可直接与计算机串口连接；内置调制解调器如图 4-18b 所示，可直接插在计算机扩展槽中。

a）外置调制解调器

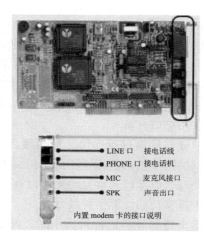

b）内置调制解调器

图 4-18   调制解调器

3. 中继器

中继器（repeater）工作在物理层，用于对传输信号的放大和再生。由于信号在网络的传输介质中会经历衰减和噪声，而这会导致数据的传输错误，因此，为了保证数据的完整性，要用中继器对接收到的信号进行放大和再生，以保证信号的完整性，实现网络的延伸。

4. 集线器

集线器（hub）实际上就是一个多端口的中继器，工作在物理层，所有端口共享带宽资源。由于连接在集线器上的所有设备均争用同一条总线，所以连接的设备数量越多，就越容易引起信号碰撞，进而造成阻塞。同时，发往集线器任一端口的数据将被发送至与集线器相连的所有端口上，端口数过多将降低设备有效利用率，而且信号也可能被窃听，因此大部分集线器已被交换机取代。集线器如图 4-19 所示。

5. 网桥

网桥（bridge）是一种存储 / 转发设备，它能将一个大的局域网分割为多个网段，或者说能在数据链路层将多个网段连接起来，以形成一个较大的局域网。每个网段构成一个冲突域，网桥隔离了各个网段间的冲突信号，分离了流量，减少了冲突，提高了网络的可靠性、可用性和安全性。如图 4-20 所示的是用网桥连接两个网段的局域网。

图 4-19　集线器

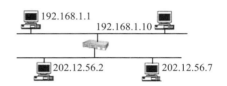

图 4-20　网桥工作示意图

6. 交换机

交换机（switch）就是一种在网络系统中完成信息交换功能的设备，传统交换机应用在 OSI 模型的第二层（即数据链路层），如图 4-21 所示。交换机有多个端口，每个端口都用来连接一个独立的网段，连接在其上的网络设备独自享有

图 4-21　交换机

端口全部的带宽，无须同其他设备竞争使用。因为具有桥接功能，所以有时交换机又被称为多端口网桥。交换机的交换速度比网桥要快很多，这是因为交换机的交换功能是通过 ASIC（Application Specific Integrated Circuit，即一种为专门目的而设计的集成电路）实现的，而网桥则一般是由软件实现。

随着计算机及其互联技术的迅速发展，以太网成了迄今为止普及率最高的计算机网络，而以太网的核心部件之一就是以太网交换机。除了二层交换机外，在以太网中还经常使用带路由功能的三层交换机。

常见的以太网交换机有思科 Catalyst 系列交换机和华为 S 系列交换机。

7. 路由器

路由器（router）工作在 OSI 模型的第三层（即网络层），是用于连接多个逻辑上分开的网络的设备，如图 4-22 所示。逻辑网络代表一个单独的网络或者一个子网。大部分路由器

图 4-22　路由器

可以支持多种协议，所以路由器可以连接多种不同类型的网络。当数据从一个子网传输到另一个子网时，路由器要为每个数据分组寻找一条最佳传输路径，并将该数据有效地传送到目的站点。因此，选择最佳路径的策略（即路由算法）是路由器的核心问题。

常见的路由器有思科和华为生产的路由器。

8. 网关

广义上来说，网关（gateway）是一个概念，不具体指一类产品，只要是连接两个不同网络的设备都可以叫网关。所以网关可以是路由器，也可以是三层交换机。在以太网中所说的网关实际就是三层以太网交换机中的 IP 地址，当数据分组从一个子网发送到另一个子网时，需要由网关进行数据转发。除了路由器等传统意义上的网关外，还有工作在应用层的应用网关，如邮件网关、计费网关等。

4.3.2　传输介质

网络传输介质用于连接网络中的各种设备，是数据传输的通路。网络中数据传输的特性和质量取决于传输介质的性质。网络中常用的传输介质分为有线传输介质和无线传输介质。有线传输介质包括双绞线、同轴电缆和光缆等；无线传输介质包括无线电波（如微波）、红外线、激光等。

1. 有线传输介质

（1）双绞线

双绞线（twisted pair）是综合布线工程中使用非常广泛的一种
传输介质，它由8根绝缘的铜线两两互绞在一起，如图4-23所示。
两根线绞接在一起是为了减少信号传输过程中的相互干扰。双绞线
主要用于星形网络拓扑结构，如计算机用一根双绞线与集线器或
网络交换机端口连接。双绞线价格便宜、易于安装，但在传输距离（最大网线长度一般为
100m）、信道宽度和数据传输速率方面受到了一定的限制。

图4-23　双绞线

根据有无屏蔽层，双绞线分为屏蔽双绞线（Shielded Twisted Pair，STP）与非屏蔽双绞
线（Unshielded Twisted Pair，UTP）。

常见的双绞线有三类线、五类线、超五类线、六类线、超六类线和七类线。三类线主要
用于10Mbit/s网络的连接，而100Mbit/s和1Gbit/s网络则需要五类和超五类线，或者六类
线。用双绞线制作的网络连接线（跳线），按线序排列方式不同可分为直连线和交叉线，如
表4-1所示。

表4-1　制作网络线标准线序

线序	1	2	3	4	5	6	7	8
EIA/TIA 568B	橙白	橙	绿白	蓝	蓝白	绿	棕白	棕
EIA/TIA 568A	绿白	绿	橙白	蓝	蓝白	橙	棕白	棕

1）直连线接法：将线缆的一端按一定顺序（如表4-1中的EIA/TIA 568B）排序后接入
RJ-45接头，另一端也按相同的顺序排序，而后接入RJ-45接头。直连线接法通常用于不同
类型的设备的相互连接，如计算机连接交换机。

2）交叉线接法：线缆的一端按一种线序排列，如表4-1中的EIA/TIA 568B标准线序，
而另一端则按不同的线序，如表4-1中的EIA/TIA 568A标准线序。交叉线接法用于连接同
种设备，如两台计算机直接通过网线连接时，必须用交叉线接法来制作网线。

（2）同轴电缆

同轴电缆（coaxial cable）以单根铜导线为内芯，外裹一层绝缘材料，再外层覆盖密集
网状导体，最外面则是一层保护性塑料，如图4-24所示。同轴电缆在生活中使用得很普遍，
有线电视和音响器材中都会用到它。同轴电缆可分为两种基本类型：基带同轴电缆（特征阻
抗为50Ω）和宽带同轴电缆（特征阻抗为75Ω）。局域网中最常用的是基带同轴电缆，它适
合于数字信号传输，带宽为10Mbit/s。同轴电缆比双绞线具有更高
的带宽和高抗干扰性，在传输速率和传输距离上也优于双绞线，常
用于总线形拓扑结构。

图4-24　同轴电缆

（3）光缆

光缆（optical fiber cable）是由一组光导纤维（简称光纤）组成
的，外覆塑料保护套管及塑料外皮，另外根据需要还有防水层、缓
冲层、绝缘金属导线等构件，如图4-25所示。光缆应用光学原理，
在一端由光发送机产生光束，将电信号变为光信号，再把光信号导
入光缆；在另一端由光接收机接收光缆上传来的光信号，并把它变
为电信号，经解码后再处理。与其他传输介质相比，光缆具有传输
容量很大、误码率低、不受电磁干扰和静电干扰的影响、体积小、

图4-25　光缆

重量轻、损耗小等特点。光缆主要用于传输距离较长、布线条件特殊的主干网连接。

光纤按光的传输模式分为单模光纤和多模光纤。与单模光纤相比，多模光纤的传输性能较差。

2.无线传输介质

无线传输介质采用无线电（如微波通信、卫星通信）、红外线、激光等进行数据传输。无线传输不受固定位置限制，可以实现全方位三维立体通信和移动通信。

微波通信是利用 2 ～ 40GHz 范围的高频微波（电磁波）进行通信，是无线局域网中的主要传输模式。微波通信成本较低，但保密性较差。卫星通信是一种特殊的无线电通信，它使用地球同步卫星作为中继站来转发无线电信号。卫星通信容量大、传输距离远、可靠性高，但是通信延时长、误码率低，且易受气候的影响。激光通信是一种利用激光传输信息的通信方式。激光是一种新型光源，具有亮度高、方向性强、单色性好、相干性强等特征。但是，激光通信距离受限于视距，且瞄准困难，一般用于短距离通信或对信息容量要求较高的多路通信。红外线通信一般仅限于短距离的设备间的通信。

4.3.3　网络地址和域名

在日常生活中，如果要给亲人或朋友写信，就要知道他们的地址，邮局通过地址才能把信件正确送到他们手中。同样，在 TCP/IP 架构的网络中，设备间的通信也需要地址，即网络地址。网络地址包括物理地址（MAC 地址）和 IP 地址。

1.物理地址

物理地址也叫 MAC（Media Access Control，介质访问控制）地址，固化在网卡的 EPROM 中，长度是 48 位。前 24 位叫作组织唯一标志符，是由 IEEE 的注册管理机构为不同厂商分配的代码，用来区分不同的厂商。而后 24 位则由厂商自己分配，称为扩展标识符。MAC 地址通常用十六进制表示，如 5C-26-0A-84-6F-FB。

MAC 地址对应于 OSI 参考模型的第二层（数据链路层），交换机维护着与之相连设备的 MAC 地址和自身端口 MAC 地址的地址表，并根据收到的数据帧中的目的 MAC 地址来进行数据帧的转发。

2.IP 地址

（1）IP 地址的定义

网络中的设备要使用 TCP/IP 进行通信，就必须要有一个网络地址，这个地址由 IP 协议负责定义与转换，故称为 IP 地址。目前使用的 IP 协议的版本为 4.0，简称 IPv4，它的下一个版本是 IPv6。设备有 IP 地址并安装了合适的软件和硬件后，便能够发送和接收 IP 分组。任何能够发送和接收 IP 分组的设备都被称为 IP 主机。

IPv4 规定 IP 地址由 32 位的二进制数（占 4 个字节）组成，分别表示该主机所在的网络地址和主机地址，如图 4-26 所示。IP 地址通常用 4 个 0 ～ 255 间的十进制数表示，十进制数之间用 "."分开，例如 202.179.240.5，它表示的 32 位二进制数为 11001010 10110011 11110000 00000101。

IPv6（Internet Protocol version 6）即互联网协议第 6 版，是国际互联网工程任务组（IETF）设计的用于替代 IPv4 的下一代 IP 协议。IPv6 的地址长度为 128 位，是 IPv4 地址长度的 4 倍，形成了一个巨大的地址空间。IPv6 启用以后可以彻底改变当前 IPv4 地址不足的局面。

（2）IP地址的分类

IP地址按网络规模和用途的不同可分为A、B、C、D、E这5类，其中A、B、C类IP地址是基本地址，主要用在应用领域，如图4-27所示。D、E类IP地址主要用于网络测试。

图4-26 IPv4地址结构   图4-27 IP地址的分类

三类IP地址的具体参数比较如表4-2所示。

表4-2   不同类型IP地址参数比较表

IP地址类型	网络数	主机数	表示范围
A类	$2^7-2=126$	$2^{24}-2=16777214$	1.0.0.1 ~ 126.255.255.254
B类	$2^{14}-2=16382$	$2^{16}-2=65534$	128.0.0.1 ~ 191.255.255.254
C类	$2^{21}-2=2097150$	$2^8-2=254$	192.0.0.1 ~ 223.255.255.254

各类地址的主要区别在于网络号和主机号所占的位数不同。例如，A类地址可供分配的网络号少而主机号多，因此适用于具有大量主机的大型网络；B类地址适用于具有中等规模数量的主机的网络；C类地址适用于小型局域网。

有时候，计算机在连接网络时会被分配一个IP地址，而在断线后IP地址又会被收回，并重新分配给其他上网用户，这种分配IP地址的方法称为动态IP分配，一般是由DHCP服务器完成的。

目前，国际上授权负责分配IP地址的网络信息中心（NIC）主要有：RIPE-NIC（负责欧洲地区）、APNIC（负责亚太地区）和Inter-NIC（负责美国及其他地区）。我国的互联网信息中心（CNNIC）负责中国的域名和IP地址的分配。组网者根据网络规模和用户数目，向IP地址授权中心申请IP地址，IP地址授权中心根据申请来分配IP地址。局域网内网的主机一般使用内部IP，它们由组网者自行分配。

（3）子网掩码

在实际应用中，经常需要将一个较大的网络分成几个子网，这样不仅解决了IP地址的浪费问题，而且给网络的管理带来了许多方便。解决方案就是对IP地址中表示主机的部分再次进行划分。再次划分后的IP地址以网络号＋子网号＋主机号来表示。为了区分网络号、子网号和主机号，引入了子网掩码（subnet mask）。TCP/IP规定子网掩码由32个二进制位表示，格式与IP地址相同，但"1"和"0"必须连续（"1"在高位）。子网掩码不能单独存在，它必须结合IP地址一起使用。子网掩码与IP地址进行按位"与"运算便可取得网络号，即IP地址与子网掩码的"1"对应的部分为网络号＋子网号，与"0"对应的部分为主机号。当没有子网时，使用默认子网掩码。不同类型的IP地址所对应的默认子网掩码如下：

1）A类网络，其子网掩码是255.0.0.0。

2）B类网络，其子网掩码是255.255.0.0。

3）C类网络，其子网掩码是255.255.255.0。

互联网中的每台主机都必须设置 IP 地址和子网掩码，路由器以此来推算 IP 地址所属的网络，网管人员也可借助子网掩码将一个较大的网络划分为多个子网。

3. 域名系统

为了进行网络通信，网络上的每台主机都应该拥有一个 IP 地址。用户访问某台主机也必须知道主机 IP 地址。但是对用户来说，数字形式的 IP 地址难以记忆和理解，为此，互联网引入了域名（domain name）。域名采用层次结构，每个层级都有一个名称，各级域名中间用点号分隔开。域名从右到左分别称为顶级域名、二级域名、三级域名等，例如清华大学的域名 tsinghua.edu.cn，其中 cn 为顶级域名，edu 为二级域名，tsinghua 为三级域名。

顶级域名分为两类，一类是按行业划分的通用顶级域名，如表 4-3 所示；另一类则是按国家和地区划分的区域顶级域名，如表 4-4 所示。其他级别的域名参照顶级域名的命名方式进行命名和管理。

表 4-3　常见的通用顶级域名

域名	含义	域名	含义
com	商业组织	net	主要网络支持中心
edu	教育部门	org	非营利组织
gov	政府部门	int	国际组织
mil	军事部门	ac	科研机构

表 4-4　常用的国家和地区顶级域名

顶级域名	国家 / 地区	顶级域名	国家 / 地区
cn	中国	de	德国
us	美国	fr	法国
uk	英国	jp	日本
ca	加拿大		

域名与 IP 地址之间的映射（即翻译）是由域名系统（Domain Name System，DNS）来实现的，这个工作叫作域名解析。实现域名解析的计算机称为域名解析服务器（DNS 服务器）。DNS 服务器以分布式的方式工作，每个域都可以设置自己的 DNS 服务器，以完成本地域名解析工作。网络内的 DNS 服务器通过特殊的方式进行通信，这样就保证了用户可以通过本地域名服务器找到互联网上的所有域名信息。

所有域名服务器都是在根域名服务器的协调下工作的。根域名服务器是最高级别的域名服务器，全球共有 13 台，分别放置在美国（10 台）、英国、瑞典和日本。全球还设有众多镜像域名服务器。

4.4　因特网概述

用户进行网上冲浪、使用全球网络中各种资源的前提是计算机能够连入因特网（Internet）。因特网是一个覆盖全球、由众多局域网组成的计算机互联网络。因特网拥有极为丰富的信息资源，可为遍布全球的计算机用户提供通信、共享信息以及其他方面的服务。

4.4.1　因特网简介

1. 因特网的起源

因特网起源于美国 1969 年开始实施的 ARPANET 计划，其目的是建立分布式的、存活力极强的全国性信息网络。1986 年，美国国家科学基金会（NSF）的 NSFNET 加入了因特网的主干网，推动了因特网的发展。但是，因特网的飞速发展是从 20 世纪 90 年代的商业化应用开始的。此后无数的组织、企业和个人纷纷加入因特网，成就了这个世界上规模巨大的信息和服务资源网络。

从网络通信的角度来看，因特网是一个采用 TCP/IP 架构来连接各个国家、地区、机构的计算机网络的数据通信网；从信息资源的角度来看，因特网是一个集各个企业、各个领域的信息资源为一体，供网上用户共享的信息资源网。今天的因特网已经远远超过了一个网络的含义，它是信息社会的一个缩影。如图 4-28 所示的是因特网的示意图。

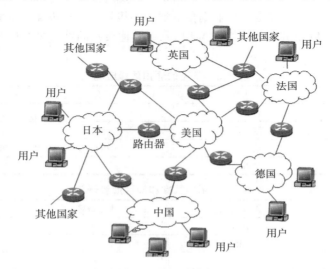

图 4-28   因特网示意图

2. 因特网在中国的发展

因特网在中国的发展可以分为以下两个阶段。

（1）电子邮件交换阶段

1987 ～ 1993 年，我国互联网络处于起步阶段。在德国卡尔斯鲁厄大学的维纳·措恩教授带领的科研小组的帮助下，王运丰教授和李澄炯博士等在北京计算机应用技术研究所（ICA）建成了一个电子邮件结点，并于 1987 年 9 月 20 日向德国成功发出了一封电子邮件，邮件内容为 "Across the Great Wall we can reach every corner in the world"（越过长城，走向世界）。此后，以中国科学院高能物理研究所为首的一批科研院所与国外机构合作开展了一些与因特网联网相关的科研课题，通过拨号方式使用因特网的电子邮件（E-mail）系统，并为国内一些重点院校和科研机构提供了因特网电子邮件服务。

1990 年，中国正式向国际因特网信息中心（InterNIC）登记注册了最高域名 cn，从而开通了使用自己域名的因特网电子邮件。

（2）全功能服务阶段

1994 年 4 月 20 日，中国国家计算与网络设施工程（NCFC）通过美国 Sprint 公司连入因特网的 64kbit/s 国际专线开通，实现了与因特网的全功能连接。从此，我国正式成为拥有因特网的国家。

目前，中国金桥信息网（CHINAGBN）、中国公用计算机互联网（CHINANET）、中国教育和科研计算机网（CERNET）和中国科技网（CSTNET）等四大网络构成了国家骨干网的基础。

1997 年 6 月 3 日，根据国务院信息化工作领导小组办公室的决定，中国科学院网络信息中心组建了中国互联网络信息中心（CNNIC）。

3. 因特网的发展趋势

伴随着网络技术的不断发展，因特网（Internet）已经全面融入经济社会生产和生活各个领域，成为 21 世纪影响和加速人类历史发展进程的重要因素。在引领社会生产新变革，创造人类生活新空间的同时，也深刻地改变着全球产业、经济、利益、安全等格局，为国家治理带来了新挑战。把握因特网发展趋势，深化因特网应用，加强因特网治理，才能让因特网更好地服务人类发展。从技术角度分析，人工智能、大数据、云计算、物联网、网络智能化、新文创、网络安全、区块链已成为 Internet 应用的热点。

4. Intranet

Intranet 称为企业内部网，或称内部网、内网，是一个使用与因特网相同的技术的计算机网络，它通常建立在一个企业或组织的内部，并为其成员提供信息的共享和交流等服务。校园网就是 Intranet 的典型案例。

4.4.2　因特网的接入方式

目前，用户接入因特网（Internet）的方式主要有 ADSL 接入、局域网接入、DDN 专线接入、ISDN 接入、光纤接入、无线接入等。用户要建立与 Internet 的连接，需要向 Internet 服务提供商（Internet Service Provider，ISP）提出申请，以获取 ISP 授权的用户账号。ISP 是能够为广大用户提供 Internet 接入服务的商业机构，ISP 投资架设（或租用）某一地区到 Internet 主干线的数据专线，把位于本地区的接入设备与 Internet 主干线相连。这样，本地区的用户就可以通过 ISP 的设备接入 Internet 中。在我国，ISP 往往由具有雄厚实力和技术力量的电信运营商充当，如中国移动、中国电信、中国联通等。

1. ADSL 宽带接入

ADSL（Asymmetric Digital Subscriber Line）即非对称数字用户线路接入技术，是一种宽带接入技术，如图 4-29 所示。ADSL 接入技术的最大特点是不需要改造信号传输线路，它利用普通铜质电话线作为传输介质，配上专用的接入设备即可实现数据高速传输。ADSL 为用户提供上、下行非对称的传输速率，上行速率可达到 1 Mbit/s，下行速率可达 8 Mbit/s，其有效的传输距离在 3 ～ 5 km 范围内。在用户上网的同时不影响通话，具有很高的性价比。

2. LAN 接入方式

LAN 接入也称局域网接入方式，很多组织、企业、政府、学校、住宅小区等在建立局域网后，允许用户接入局域网，通过局域网再接入 Internet。用户一般使用双绞线与局域网进行连接。LAN 接入稳定性更好，上网速率更高。但由于带宽共享，一旦区域内上网人数过多（上网高峰时期），那么网速就会变慢。如图 4-30 所示的是一种 LAN 接入方式示意图。

LAN 接入方式又分为 LAN 虚拟拨号接入和 LAN 专线接入。LAN 虚拟拨号接入适合用户集中的新建小区，需要首先向 ISP 服务商申请上网账号，使用网线连接计算机网卡和入户网络接口，然后进行网络设置。LAN 专线接入需要通过网络管理员获得 IP 地址、子网掩码、网关地址和 DNS 信息，以进行网络设置。LAN 接入方式对硬件的要求很简单，只需用一根双绞线将用户计算机的网卡和入户网络接口（一般连接到局域网的交换机端口）连接，即可实现连入 Internet 的目的。

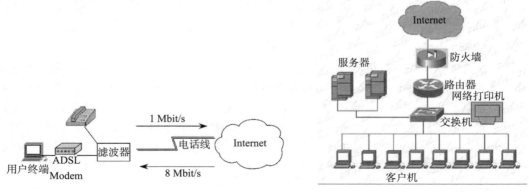

图 4-29　ADSL 接入方式示意图　　　　　图 4-30　LAN 接入方式示意图

3. DDN 专线接入

DDN（Digital Data Network）即数字数据网，它是利用数字信道传输数据信号的数据传输网。DDN 专线接入是一种复杂且成本昂贵的方式，需要用户及 ISP 两端分别加装支持 TCP/IP 的路由器，并向电信运营商申请一条 DNN 专线，由用户独自使用。DDN 专线接入方式如图 4-31 所示。DDN 传输质量高、保密性强、误码率低、时延小，通信速率可以根据用户的需要选择，适用于大公司、科研机构、高校等有自己局域网的用户。

专线上网除了 DDN 之外，还有帧中继、X.25 等方式。

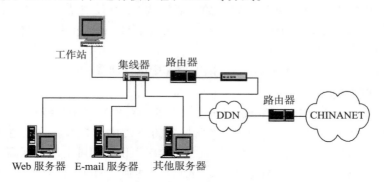

图 4-31　DDN 专线接入因特网示意图

4. ISDN 接入

ISDN（Integrated Services Digital Network）即综合业务数字网，是一个数字电话网络国际标准，是一种典型的电路交换网络系统。ISDN 能够支持一系列的语音和非语音业务，可以用于计算机网络互联和用户网络接入。普通用户通过电话线实现 ISDN 接入。由于 ISDN 的网络速度相对于 ADSL 和 LAN 等接入方式来说不够快，因此现在已很少使用。

5. 光纤接入

光纤接入是指终端用户（如学校）通过光纤连接到局端（如中国联通）设备的接入方式。光纤接入网需要远端设备（光网络单元）和局端设备（光线路终端），它们通过光纤相连。光纤接入是宽带网络内多种传输介质中最理想的一种，它的特点是传输容量大、传输质量好、损耗小、传输距离长等。目前，很多企业级用户都使用光纤接入方式来接入因特网。

6.无线接入方式

用户借助移动终端（如笔记本式计算机、PDA、手机等）可以通过以下两种无线方式接入因特网。

（1）无线局域网

无线局域网（Wireless Local Area Networks，WLAN）利用射频（RF）的技术，使用电磁波来实现移动终端和无线接入设备（AP）的通信。无线局域网基于 IEEE 802.11 标准，工作频段为 2.4GHz 或 5GHz，最大传输速率为 1000Mbit/s。使用 WLAN 的移动终端都要配备无线网卡。无线局域网接入比较适合家庭、机场、办公场所等区域较小的环境。

WiFi(Wireless Fidelity，无线保真)是一种可以将个人计算机、手持设备（如 Pad、手机）等终端以无线方式互相连接的技术。WiFi 是 Wi-Fi 联盟推出的一个商标品牌。WiFi 网络工作在 2.4G 或 5G 的频段，是一个高频无线电信号。信号接近直线传播，作用距离受限，但有利于频率复用。

（2）移动通信网络

采用第四代移动通信技术（4G）的移动通信网络是目前可以提供无线接入上网的另一种方式。4G 能够以 100Mbit/s 以上的速度下载数据，能够满足几乎所有用户对无线服务的要求。4G 网络接入适合几乎所有移动信号覆盖的区域。手机是使用 4G 网络的最主要的移动设备。使用 4G 时，需要向电信运营商购买 SIM 卡并为流量支付费用。

采用第五代移动通信技术（5G）的网络是目前最新且最先进的移动通信网络。5G 网络的主要特点是：1）高速率：5G 网络的理论传输速率超过 10Gbit/s（相当于下载速度 1.25GB/s），其峰值速率将是 4G 的数十倍甚至数百倍；2）广连接：5G 每平方公里最多可支持 100 万台设备，而 4G 每平方公里最多可支持 10 万台设备；3）低时延：5G 网络理想情况下端到端时延为 1ms，典型端到端时延为 5 ～ 10ms。目前使用的 4G 网络，端到端理想时延是 10ms 左右。

正因为有了强大的通信和带宽能力，5G 网络一旦应用，将对车联网、物联网、智慧城市、无人机网络等产生极大的促进作用。此外，5G 还将进一步应用到工业、医疗、安全等领域，能够极大地促进这些领域的生产效率，并创新出新的生产方式。

2019 年 6 月 6 日工信部正式向中国电信、中国移动、中国联通、中国广电发放 5G 商用牌照。我国正式进入 5G 商用元年。华为、中兴、高通、三星、爱立信、诺基亚等是销售 5G 硬件和系统的主要运营商。

4.4.3　因特网的基本服务功能

因特网（Internet）是一个覆盖全球的信息中心，具有开放性、广泛性和自发性的特点。用户可以通过它浏览、查阅和发布信息，与远程用户通信。下面介绍 Internet 提供的主要服务。

1.WWW 服务

WWW（World Wide Web）简称 3W，有时也叫 Web，中文译名为万维网，是无数个网络站点和网页的集合。WWW 是以超文本标记语言（HTML）与超文本传输协议（HTTP 协议）为基础，采用超文本和超媒体的信息组织方式，提供面向 Internet 服务的信息浏览系统。用户可以通过浏览器方便地访问、浏览 WWW 上的资源。

（1）WWW 服务器

WWW 服务器又称 Web 服务器（Web server），其基本任务是对浏览器发来的客户端请求进行处理并做出响应，以完成对网站信息的浏览。网站是各种组织发布信息的窗口，以网页的形式组织和描述信息，信息内容由 ICP（Internet 内容提供商、组织）进行发布和管理。Web 服务器可以建立并管理多个网站（Web site）。常见的 Web 服务器有 Apache、Tomcat，以及微软的 IIS 等。

（2）浏览器

浏览器是安装在客户端的能够显示网页的应用程序，如 Internet Explorer（简称 IE）、Microsoft Edge、Safari、Mozilla Firefox 和 Google Chrome 等。

（3）主页与网页

网页是一个包含 HTML 标签的文件，是超文本标记语言格式（标准通用标记语言）的一个应用，文件扩展名常为 .html 或 .htm 等。网页通常包含大量多媒体信息，需要通过网页浏览器来阅读。一个 WWW 服务器有许多页面，其中用户访问 WWW 服务器所见到的第一个网页称为主页（home page）。

（4）HTTP 协议

HTTP 协议即超文本传输协议，它是 WWW 的标准传输协议，用于传送用户请求以及服务器对用户的应答信息。HTTP 协议规定了客户端和服务端数据传输的格式和数据交互行为，并不负责数据传输的细节。底层是基于 TCP 实现的。

（5）HTML

HTML（HyperText Markup Language）即超文本标记语言，用来描述如何格式化网页中的文本信息。通过将标准的文本格式化标记写入 HTML 文件中，任何 WWW 浏览器都能够阅读网页信息。

（6）URL

URL（Uniform Resource Locator）即统一资源定位器，是对可从 Internet 上得到的资源的位置和访问方法的一种简洁表示，是 Internet 上资源的地址。Internet 上的每个文件都有一个唯一的 URL。URL 由三部分组成，分别是协议部分、WWW 服务器的域名部分以及网页文件名部分。如图 4-32 所示的是三者之间的关系。

协议部分　　域名部分　　网页文件名

http://sports.sina.com/nba.ht

图 4-32　URL 组成

2. 电子邮件

（1）电子邮件地址及邮件服务器

电子邮件（E-mail）是由 Internet 提供的使用最普遍的服务之一，它是 Internet 用户间进行联络的一种快速、简便、高效、廉价且现代化的通信手段。

与普通信件一样，电子邮件也需要地址。电子邮件地址是 Internet 电子邮件服务提供商为用户开设的，格式为：邮件账号 @ 邮件服务器的域名，例如 cat@sina.com.cn，其中 cat 为邮件账号（也称用户名），sina.com.cn 表示邮件服务器的域名。

邮件服务器是电子邮件系统的核心构件，其功能是发送和接收邮件，同时还要向发信人报告邮件传送的情况。所以，E-mail 是 C/S 的服务模式，如图 4-33 所示。邮件服务器常用的协议有两种：简单邮件传输协议（SMTP，用于发送邮件）和邮局协议 POP3（Post Office

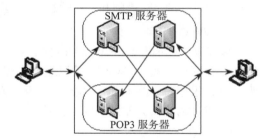

图 4-33　电子邮件收发示意图

Protocol3，用于接收邮件）。IMAP（Internet Message Access Protocol，Internet 邮件访问协议）是对 POP3 协议的一种扩展，它与 POP3 协议的主要区别是用户可以不用把所有的邮件全部下载，可以通过客户端直接对服务器上的邮件进行操作。

（2）电子邮件使用方式

1）Web 方式：目前很多网站都提供 Web 页面式的收发 E-mail 界面，用户无须安装 E-mail 客户端软件，通过浏览器打开页面就可以方便地收发电子邮件，如网易、新浪、搜狐网站都提供了 Web 方式的电子邮件服务。

2）邮件代理软件：一种客户端软件，可以帮助用户编辑、收发和管理邮件。使用邮件代理软件不需要打开 Web 页面就可以收发邮件。初次使用邮件代理软件需要设定参数，常用的邮件代理软件有 Outlook、Foxmail 等。

3. 文件传输

文件传输是指在计算机网络的主机之间传送文件，它是在网络通信协议 FTP 的支持下进行的。在 Internet 中，许多网站都具有文件服务器。文件服务器提供的网络资源有软件、图像、MP3、视频等，这些资源都以文件的形式存在于服务器中。Internet 用户可以访问这些文件服务器，查看或者下载其中的文件资料，也可以在权限许可的情况下将文件上传到文件服务器，供网络中的其他用户使用。登录 FTP 服务器有两种方式：身份验证和匿名（anonymous）。使用身份验证的方式时，用户必须输入用户名和口令，待验证通过后，用户才能登录服务器。大部分 FTP 服务器提供匿名方式，用户不需要进行身份验证就可以登录服务器访问各种资源。这类服务器的目的是向公众提供文件下载服务。

用户可以使用专用的 FTP 客户端软件来连接 FTP 服务器。常用的 FTP 客户端软件有 CuteFTP、Serv-U、8UFTP 和 FileZilla 等。另外，Windows 自带 FTP 服务。

4. 远程登录

Telnet 是进行远程登录的标准协议和主要方式。远程登录就是让用户的计算机充当远程主机的一个终端，通过网络登录到远程主机上，并访问远程主机中的软件和硬件资源，它为用户提供了在本地计算机上完成远程主机工作的能力。进行远程登录时需要向远程主机提供合法的用户名和密码。目前，许多机构也提供了开放式的远程登录服务，用户可以通过公共账户（如 guest）登录远程主机。

Windows 系统提供了一条远程登录命令 telnet，该命令运行于 DOS 命令环境，比如要登录到清华大学的水木清华 BBS，可在 DOS 命令提示符下输入 telnet bbs.tsinghua.edu.cn。

传统的 Telnet 服务使用明文传送数据，即用户名、密码和传送的资料非常容易被人窃听，因此有许多服务器会将 Telnet 服务关闭，改用更为安全的、加密数据的 SSH 来代替传统的 Telnet。

5. 社交平台

网络社交平台就是人们通过网络来进行社交，发布和浏览感兴趣的信息，结识更多有相同兴趣爱好的人的平台。通过网络社交平台相互联系，是新生代较为流行的社交方式。网络社交平台的种类很多，下面介绍一些常见的网络社交平台。

（1）电子公告栏

电子公告栏（Bulletin Board System，BBS）是建立在 Internet 的基础上的，用户可以通过 Telnet 登录到某个 BBS 站点，也可以通过浏览器访问 BBS。

BBS 是一个名副其实的"网上社会",在这里可以讨论问题、进行网上聊天、传递文件、发表自己的言论,以及阅读其他用户的留言,还可以获取许多共享软件、免费软件等。

（2）博客

博客,又名网络日志,是一种通常由个人管理的不定期发表新文章的网站。可以将个人的工作过程、生活故事、思想历程、闪现的灵感等及时记录和发布,同时还可以与别人进行深度交流和沟通。许多博客专注特定的课题,发表评论、提供相关新闻或用作个人的日记。博客能够让读者以互动的方式留下意见。

（3）微博

微博,即微博客（MicroBlog）的简称,即一句话博客,是一个基于用户关系的信息分享、传播和获取平台,用户可以通过 PC、手机等多种移动终端接入平台,发布或更新文字信息,并实现即时分享。微博的关注机制分为可单向、可双向两种。作为一种分享和交流平台,微博更注重时效性和随意性,更能表达出每时每刻的思想和最新动态,而博客则更偏重于梳理自己在一段时间内的所见、所闻、所感。最早的微博是美国的 Twitter,在中国有新浪微博、腾讯微博、网易微博和搜狐微博等。

（4）微信

微信（WeChat）是腾讯公司推出的一个为智能终端提供即时通信服务的免费应用程序,主要针对智能手机,也推出了针对 PC 的网页版。微信能够通过网络跨通信运营商、跨操作系统平台快速发送语音短信、视频、图片和文字,能够进行实时语音通话和视频通话,能够进行在线支付。微信还提供了公众平台、朋友圈、消息推送、小程序等功能,用户可以通过"摇一摇""搜索号码"等方式来添加好友和关注公众平台。

与微博相比,微信是窄传播、深社交、紧关系,只有在同一个朋友圈的用户才可以直接评论或转发用户发布的信息;微博是广传播、浅社交、松关系,人与人之间不需要特定的关系维系,任何人都可以发表消息,或旁听别人的信息。

在国外流行的社交平台还有 Instragram、Facebook、WhatsApp 等。

6. 即时通信

随着 Internet 的普及,网上即时交流也成为 Internet 应用的重要功能之一,要实现即时交流,除了操作系统支持外,还需要借助专门的工具软件,这些工具软件被称为即时通信软件。

（1）Skype

Skype 是目前使用较广泛的即时通信和视频交流软件之一,可以进行多人语音会议、多人聊天、文件传送、文字聊天等。如果 A 用户想与 B 和 C 用户建立群聊,那么 A 需要先启动 Skype,建立与 B 的连接,再将 C 用户添加到与 B 的会话中。

（2）IP 电话

IP 电话又称为 VoIP（Voice over Internet Protocol,宽带电话或网络电话）,是通过 Internet 进行实时的语音传输服务。这种应用主要包括 PC to PC、PC to Phone（电话机）和 Phone to Phone。使用网络电话的计算机要求是具有语音处理设备（如话筒、声卡）的多媒体计算机。网络电话的最大优点是通信费用的低廉。

7. 信息检索

信息检索是 WWW 信息服务的一种。随着网络信息越来越多,在浩如烟海的信息中快速准确定位信息变得越来越重要,下面主要介绍搜索引擎和网络数据库的使用。

（1）搜索引擎

搜索引擎是用来在网络上快速定位资源的工具，常用的中文搜索引擎有谷歌（http://www. google.com.hk）、百度（http://www.baidu.com）等。

从百度的主页上可以看到，搜索的内容可以是来自 Internet 的网页、新闻、图片、音乐、视频、地图等。为了提高搜索效率，可以单击页面右上侧的"设置"按钮，打开如图4-34 所示的下拉菜单。可以根据需要设置"搜索设置""高级设置""关闭预测"或查看"搜索历史"。譬如，选择"高级搜索"命令，进入百度的高级搜索页面，如图4-35 所示。在该页面提供的各个项目中，填入相应的内容，就可以比较准确地搜索到需要查找的结果。

图 4-34 "设置"菜单　　　　　　　　　　图 4-35 百度的高级搜索

（2）网络数据库检索

网络数据库是根据特定专题而组织并通过网络进行发布的信息集合。网络数据库提供商一般和多个出版社或出版集团建立合作关系，在出版纸质图书的同时，也在网上发布电子图书。为了保护知识产权，阅读或下载这些电子版图书需要支付一定的费用。目前，国内外比较著名的网络数据库有 EI（工程索引数据库）、SCI（科学引文索引数据库）、PQDD（美国数字化硕博论文摘要、引文数据库）、INSPEC（科学文摘数据库）、IEEE/IEE（美国电气电子工程师学会出版物数据库）、ASTP（应用科学技术摘要、全文数据库）、万方数据库、CNKI（中国知网）、中国专利数据库等。

4.5 计算机局域网

局域网是目前最常见且应用最广泛的一种网络，通常由一个单位自行建立，由其内部控制管理和使用。局域网可以实现文件管理、应用软件共享、打印机共享、电子邮件等功能。如图4-36 所示的是某一局域网的示意图。

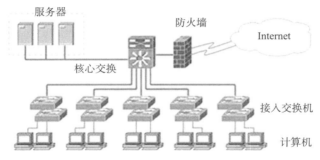

图 4-36 局域网示意图

4.5.1 局域网的组成

计算机局域网包括一系列的硬件和软件。硬件主要包括计算机主机、交换机、路由器、防火墙及共享打印机等外围设备；软件主要包括计算机操作系统、网络管理软件、各种其他应用软件及网络协议等。

4.5.2 局域网的组建步骤

局域网可以由办公室内的两台计算机组成，也可以由一个企业内的数千台计算机组成。组建不同规模的局域网，采用的方法步骤会有很大区别。本节将从建设常规局域网的角度来介绍通常应采取的方法和步骤。

1. 网络规划

网络规划要明确需求，确定局域网的拓扑结构、规模和性能，根据规划选用适宜的网络设备。拓扑结构可以选择星形结构、树形结构以及混合型结构等。根据使用网络的人数、设备数量来确定网络端口数，进而确定交换机的使用数量。根据业务需求，确定网络骨干带宽和到桌面的带宽。一般采用万兆或千兆骨干、百兆到桌面的方案。根据局域网的拓扑结构、规模和性能来进行 IP 的划分。规划需要考虑网络的可靠性、稳定性、安全性、可扩展性等多方面的因素及经费问题。

2. 布线

根据建筑物的特点决定如何进行网络布线。如果局域网内有多栋建筑，那么一般在楼宇间、楼层间使用光纤连接，同层到房间使用双绞线布线。

3. 网络设备安装调试

主要进行路由器、交换机、防火墙等设备的安装、连接、设置。

4. 计算机及外围设备安装设置

上网的计算机要安装网卡及驱动程序，设置网卡的 TCP/IP 协议。

5. 网络的连通性测试

使用专用工具或软件进行网络的连通性测试。

6. 资源共享

设置共享资源，如共享打印机、共享文件夹等。

4.5.3 局域网的组建实例

在有限范围内（例如一间实验室、一层办公楼或者整个校园）将各种计算机、终端与外部设备互联成局域网是常见的组网方式。这样的局域网的主要用途是共享软硬件资源，同时还有借助内部网（企业网或校园网）连接 Internet 的需求。下面介绍组建如图 4-37 所示的局域网的一般步骤。

1. 硬件连接

1）购买交换机，根据使用网络的人数和设备数量，确定交换机的端口数量。交换机端口数有 8、12、16、24、48 等几种，最好是千兆交换机。

2）制作或购买双绞线连接线，双绞线的类型为交叉连接的非屏蔽双绞线，长度可根据实际情况自定。

3）计算机安装网卡。

4）用双绞线连接交换机端口和计算机网卡端口。

2. 计算机设置

1）在每台计算机上安装网卡驱动程序。

2）对计算机的 IP 地址进行设置（以 Windows 10 为例），如从网络中心申请的 IP 地址为 192.168.1.2 ～ 6。

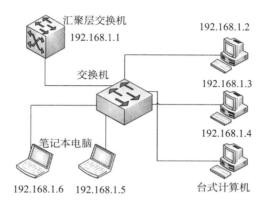

图 4-37　使用交换机多机互连方式

在"控制面板"中单击"网络和共享中心"，在打开的窗口中单击"本地连接"，然后单击"属性"，打开如图 4-38 所示的对话框。

双击"Internet 协议版本 4（TCP/IPv4）"选项，然后单击"属性"按钮，打开如图 4-39 所示的对话框。选择"使用下面的 IP 地址"单选按钮，在 IP 地址栏中填入 192.168.1.X（X 为 1 ～ 254 中的整数），如有 5 台计算机，则可以将 IP 地址 192.168.1.2 ～ 6 分配给这 5 台计算机。子网掩码均设为 255.255.255.0，单击"确定"完成设置。

图 4-38　"本地连接属性"对话框

图 4-39　配置 IP 地址对话框

3. 网络的连通性测试

（1）ipconfig 命令

ipconfig 实用程序用于显示各种网卡的当前 TCP/IP 配置的设置值，如 IP 地址、子网掩码、默认网关和 MAC 地址等信息。

单击"开始"，在状态栏的搜索框中输入"cmd"并回车，打开"命令提示符"对话框，输入 ipconfig/all，得到如图 4-40 所示的信息。找到相应的网卡，查看 IP 地址、子网掩码等，确认这些信息与人工配置的 TCP/IP 设置是否匹配。

图 4-40　ipconfig 命令结果

（2）ping 命令

使用 ping 命令可以检查网络是否连通。

单击"开始"，在状态栏的搜索框中输入"cmd"并回车，打开"命令提示符"对话框，输入 ping 命令，测试与目的主机是否连通以及连接速度多大。例如，要测试与 IP 地址为 192.168.1.3 的主机的连通性，可在命令提示符下输入如下命令：

ping 192.168.1.3

如果网络连通，则返回的信息如图 4-41a 所示；如果网络不连通，则返回的信息如图 4-41b 所示。

也可以输入主机域名以测试与指定计算机的连通情况，如输入 ping www.tsinghua.edu.cn，可以测试与域名为 www.tsinghua.edu.cn 的计算机的连通情况。

a）网络连通状态显示的信息　　　　　　b）网络不连通状态显示的信息

图 4-41　网络连通性测试

4. 共享文件夹设置

下面以共享文件夹"test"为例,简单介绍共享文件夹的设置步骤。

1)右击"test"文件夹,选择"属性"命令,在打开的属性对话框中选择"共享"选项卡,如图 4-42 所示。单击"共享"按钮,打开"文件共享"对话框,如图 4-43 所示。输入"guest"再单击"添加"按钮,然后,在权限级别中选择"读取 / 写入"权限。单击"共享"按钮,完成文件夹的共享。

2)在如图 4-42 所示的对话框中单击"密码保护"栏最下方的"网络和共享中心",打开"高级共享设置"对话框,如图 4-44 所示。在"网络发现"窗格,选中"启动网络发现"和"启用文件和打印机共享"。然后,打开"所有网络",在"密码保护的共享"窗格,选中"关闭密码保护共享",单击"保存更改"完成设置。

双击桌面上的"此电脑"图标,打开"资源管理器"窗口,在其左侧窗格最下方双击"网络"图标,就可以看到同一网络中的所有计算机。双击某一计算机名,即可访问此计算机上的共享文件。

图 4-42　属性对话框"共享"选项卡

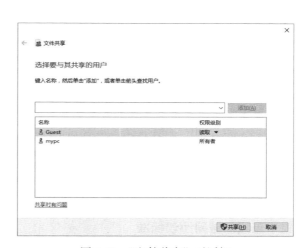

图 4-43　"文件共享"对话框

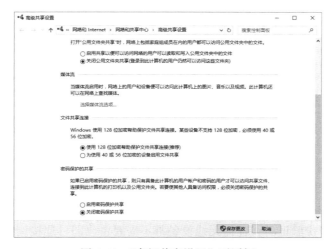

图 4-44　"高级共享设置"对话框

4.6   无线局域网

无线局域网（Wireless Local Area Network，WLAN）是指应用无线通信技术将计算机互连起来，可以互相通信并实现资源共享的网络系统。采用的主要技术有蓝牙、红外和符合 IEEE 802.11 系列标准的无线射频（Radio Frequency，RF）技术等。

4.6.1   无线局域网的特点

1. 优点

1）可移动性。无线局域网在无线信号覆盖区域的任何一个位置上都可以接入网络，连接到无线局域网的用户可以移动，且能实现与网络的"漫游"连接。

2）灵活性和可扩展性。无线局域网不受物理空间的影响，安装便捷、快速，组网方式灵活多样，易于扩展，并且采用相关技术可以很快从只有几个用户的小型局域网扩展到上千用户的大型无线网络。

3）低成本。无线局域网不需要大量的布线工程，同时节省了线路的维护费用。

2. 缺点

无线局域网在给网络用户带来便捷和实用的同时，也存在着一些不足和缺点。

1）性能。无线局域网是依靠无线电波进行传输的。这些无线电波通过无线发射装置进行发射，而建筑物、车辆、树木和其他障碍物都可能阻碍电磁波的传输，所以会影响网络的性能。

2）速率。无线信道的传输速率与有线信道相比要低得多。目前，无线局域网的最大传输速率为 1000Mbit/s，只适合个人终端和小规模网络应用。

虽然无线局域网还存在一些不足，但其可移动性和灵活性优势无可替代，因此，无线局域网近年来发展迅速。在宾馆、酒店、学校、医疗、仓储管理、餐饮及零售业等场合，无线局域网得到了广泛应用。

4.6.2   无线局域网协议标准

无线局域网大多采用的是 IEEE 802.11 系列协议，包括 IEEE 802.11a、IEEE 802.11b、IEEE 802.11g、IEEE 802.11n、IEEE 802.11ac 等，这些协议向下兼容，它们一般工作在 2.4GHz 或 5GHz 频段，并且支持的传输速率不同，如 IEEE 802.11g 支持 54Mbit/s 的传输速率，而 IEEE 802.11ac 支持的最高传输速率为 1000Mbit/s。另外，部分微波通信的无线网络还采用了 IEEE 802.16 系列协议，如 WiMAX（全球互通微波访问）。

4.6.3   身份验证方式

由于无线局域网采用电磁波作为载体，因此在无线接入点（AP）所服务的区域内，任何一个无线客户端都可以接收到此 AP 电磁波信号，这样也为恶意用户攻击网络埋下了安全隐患。因此使用无线网络需要进行身份的验证。初期的 IEEE 802.11 标准引入了两种身份验证方式，即公共系统身份验证和公共密钥身份验证。

1. 公共系统身份验证

使用公共系统身份验证时，任何无线设备都不需要密码即可连接到无线网络，用户的信息安全得不到保障。这种身份验证只适用于不需要安全的公共场所。

2．公共密钥身份验证

公共密钥身份验证是采用公钥密码技术为用户提供安全信息交换的身份验证方式。用户使用无线网络时需要提供密码，且无线设备和 AP 间传输的是加密数据，这样就能保证网络和用户信息的安全。目前常用的公共密钥身份验证技术有 3 种，即有线等效保密、Wi-Fi 保护访问和 IEEE 802.11i/WPA2。

（1）有线等效保密

有线等效保密（WEP）利用一个对称的方案，在数据的加密和解密过程中使用相同的密钥和算法。由于在交换数据包时加密密钥永远不变，所以容易受到恶意攻击。

（2）Wi-Fi 保护访问

Wi-Fi 保护访问（Wi-Fi Protected Access，WPA）基于有线等效保密标准。由于有线等效保密标准在使用中被发现存在许多严重弱点，因此 WPA 对 WEP 进行了改进，采用更为强大的临时密钥完整性协议（TKIP）对数据进行加密，使网络被攻击的可能性大大降低。

（3）IEEE 802.11i/WPA2

WPA2 升级了加密算法，使用业界公认最强的加密算法 AES 来取代 TKIP。加密字长也从 40b 升级到 128b，安全性大大增加。IEEE 802.11i 是 WLAN 的行业标准，Wi-Fi 联盟称其为 WPA2。

WPA-PSK/WPA2-PSK 是 WPA/WPA2 的一种简化版。

自 2006 年以来，任何带有 Wi-Fi 认证徽标的设备都是经过 WPA2 认证的，因此 IEEE 802.11i/WPA2 是当前 WLAN 采用的实际标准。

4.6.4　无线网络设备

与有线网络一样，一个无线局域网的规模和复杂程度根据用户的需求而有所不同。通常，无线局域网由无线网卡、无线接入点（AP）、无线控制器（AC）、计算机以及相关设备和软件组成。

1．无线网卡

无线网卡（见图 4-17）是一个信号收发设备，用来实现移动设备和 AP 的无线连接。根据接口不同，无线网卡主要包括 PCMCIA 无线网卡、PCI 无线网卡、USB 无线网卡等。手机和便携式计算机都在主板上集成了无线网卡。

2．无线接入点

无线接入点（Access Point，AP）的作用相当于局域网集线器，如图 4-45 所示。它在无线终端设备（手机、便携式计算机）和有线网络之间接收、缓冲存储和传输数据。接入点通常是通过双绞线与有线网络连接，并通过天线与无线设备进行通信。AP 可以分为单纯型 AP（Fit AP，瘦 AP）和扩展型 AP（Fat AP，胖 AP）。单纯型 AP 的功能比较简单，没有路由功能，只相当于无线集线器；而扩

图 4-45　无线接入点

展型 AP 的功能则比较全面，大多数扩展型 AP 还具有路由交换、网络防火墙等功能。现在市场上的无线 AP 大多属于扩展型 AP，也称为无线路由器。大多数无线接入点还带有接入点客户端（AP client）模式，可以和其他接入点进行无线连接，扩展网络的覆盖范围。

3. 无线控制器

无线控制器（Wireless Access Point Controller，简称 AC 控制器）是一种网络设备，用来集中化控制无线 AP，是企业级无线网络的核心，负责管理无线网络中的所有无线 AP，执行 AP 设备的配置管理、无线用户的认证、管理以及宽带访问、安全等控制功能，如图 4-46 所示。

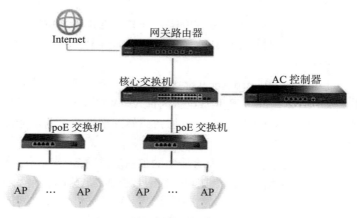

图 4-46　AC 控制器管理的无线网络

在传统的无线网络里面，没有集中管理的控制器设备，所有的 FAT AP 都通过交换机连接起来，每个 AP 分别单独负担无线射频通信、身份验证、加密等工作，因此需要对每一个 AP 进行独立配置，难以实现全局的统一管理和安全策略设置。而在基于无线控制器的新型解决方案中，无线控制器能够出色地解决这些问题，在该方案中，每个 AP 只单独负责无线射频通信的工作，相当于一个简单的、基于硬件的无线射频底层传感设备，所有 FIT AP 接收到的无线射频信号，经过 802.11 的编码之后，通过加密隧道协议穿过以太网络并传送到无线控制器，进而由无线控制器集中对编码流进行加密、验证、安全控制等更高层次的工作。因此，基于 FIT AP 和无线控制器的无线网络解决方案具有统一管理的特性，并且能够出色地完成自动规划、接入和安全控制策略等工作。

4.6.5　无线局域网的组建模式

1. 点对点模式

点对点模式（又称 Ad hoc 模式、无中心模式）是一种对等式网络。采用 Ad hoc 模式的无线网络没有严格的控制中心，所有设备地位平等。结点（设备）可以随时加入和离开网络。网络的布设或展开无须依赖于任何预设的网络设施。结点通过分层协议和分布式算法协调各自的行为，开机后就可以快速自动地组成一个独立的网络。因此，Ad hoc 网络是一个动态的网络。当结点要与其覆盖范围之外的结点进行通信时，需要中间结点的多跳转发。与固定网络的多跳不同，Ad hoc 网络中的多跳路由是由普通的网络结点完成的，而不是由专用的路由设备（如路由器）完成的。

在最简单的 Ad hoc 网络中，计算机通过无线网卡即可实现无线互联，如图 4-47 所示。采用 Ad hoc 模式的更大

图 4-47　无中心拓扑结构的网络

规模的无线网络可以通过 Mesh 技术组建。

无线 Mesh 网络（无线网状网络）也称为"多跳"（multi-hop）网络，是一种与传统无线网络完全不同的新型无线网络技术。

在传统的无线局域网中，每个移动终端均通过一条与 AP 相连的无线链路来访问网络。用户如果要进行相互通信的话，必须首先访问 AP，这种网络结构被称为单跳网络。

而在无线 Mesh 网络中，任何无线设备结点都可以同时作为 AP 和路由器，网络中的每个结点都可以发送和接收信号，每个结点都可以与一个或者多个对等结点进行直接通信。

这种结构的最大好处在于，如果最近的 AP 由于流量过大而导致拥塞，那么数据可以自动重新路由到一个通信流量较小的邻近结点来进行传输。依此类推，数据包还可以根据网络的情况，继续路由到与之最近的下一个结点进行传输，直到到达最终目的地为止。这样的访问方式就是多跳访问。

与传统的交换式网络相比，无线 Mesh 网络去掉了结点之间的布线需求，但仍具有分布式网络所提供的冗余机制和重新路由功能。

在无线 Mesh 网络中，如果要添加新的设备，那么只需要简单地接上电源，它可以自动进行自我配置，并确定最佳的多跳传输路径。添加或移动设备时，网络能够自动发现拓扑变化，并自动调整通信路由，以获取最有效的传输路径。

对于那些需要快速部署或临时需要网络的地方，如战场、展览会、灾难救援地等，Mesh网络无疑是最经济有效的组网方法。

2. 基础结构模式

基础结构模式（Infrastructure 模式）属于有中心拓扑结构，如图 4-48 所示。该模式是目前最常见的一种架构，包含一个接入点和多个无线终端，接入点通过电缆连线与有线网络连接，通过无线电波与无线终端连接，可以实现无线终端之间的通信，以及无线终端与有线网络之间的通信。通过对这种模式进行复制，可以实现多个接入点相互连接的更大的无线网络。

图 4-48　有中心拓扑结构的网络

4.6.6　无线局域网的组建实例

结合本章讲述的知识，简单介绍一种家庭无线网络的组建方法和步骤。本例以宽带（ASDL）方式接入 Internet，通过无线路由器（带简单路由功能的 AP）为手机、笔记本电脑提供无线接入服务。

1. 宽带申请

使用 ADSL 宽带，首先要向住家所在地的电信服务商（如中国联通、中国移动等）进行申请。ASDL 提供 1 兆、2 兆、4 兆、8 兆等的多种带宽，如果是光纤入户，则还可申请 100兆的带宽。付费后，用户会得到上网的账号（用户名）、密码和 ADSL 调制解调器（ADSL Modem，俗称 ADSL 猫），如图 4-49 所示。

图 4-49　ADSL 调制解调器

2. 设备设置

在没有特殊要求的情况下，不用设置 ADSL 调制解调器，使用出厂设置就能满足大多数用户的要求。如果要设置 ADSL 调制解调器，则必须使用双绞线连接它和计算机，在计算机上打开浏览器，输入缺省的 IP（如 192.168.1.1），在登录界面输入用户名（缺省为 admin）和口令（默认为 admin）进行验证，然后就可以对 ADSL 调制解调器进行设置了。

设置无线路由器与设置 ADSL 调制解调器的初始步骤类似。使用双绞线将无线路由器的 LAN 口和计算机的网卡连接，在计算机上打开浏览器，输入缺省的 IP（如 192.168.1.1），在登录界面（如图 4-50 所示）输入用户名（缺省为 admin）和口令（缺省为 admin）进行验证。验证后进入设置界面（如图 4-51 所示）。可以选择"设置向导"快速设置无线路由器，也可以按下列步骤自定义设置无线路由器。

图 4-50　无线路由器登录界面

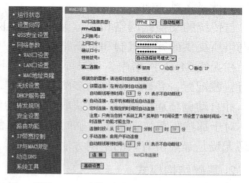

图 4-51　无线路由器基本设置界面

1）选择"网络参数 |WAN 口设置"，打开"WAN 口设置"对话框（见图 4-51），在对话框中选择"WAN 口连接类型"为"PPPoE"，输入从 ISP 处获得的上网账号和上网口令，选择"特殊拨号"为"自动选择拨号模式"，选择"自动连接，在开机和断线后自动连接"，选择"保存"按钮保存对 WAN 口的设置。

PPPoE（Point-to-Point Protocol over Ethernet，以太网上的点对点协议）是将点对点协议封装在以太网框架内的一种网络隧道协议。

由于协议中集成了点对点协议，所以实现了传统以太网不能提供的身份验证、加密以及压缩等功能，主要用于缆线调制解调器（cable modem）和数字用户线路（DSL）等以以太网协议向用户提供接入服务的协议体系。其本质上是一个允许在以太网广播域的两个以太网接口间创建点对点隧道的协议。

2）选择"网络参数 |LAN 口设置"，打开"LAN 口设置"对话框（如图 4-52 所示），在对话框中输入路由器的 IP 地址及子网掩码，保存设置。

3）选择"无线设置 | 无线基本设置"，打开"无线基本设置"对话框（如图 4-53 所示）。在对话框中输入 SSID（如 apple），选择"信道"（如自动）、"模式"（如 11bgn mixed）、"频段带宽"（如自动），勾选"开启无线功能""开启 SSID 广播"，保存设置。

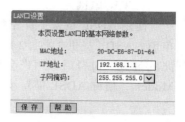

图 4-52　无线路由器 LAN 口设置界面

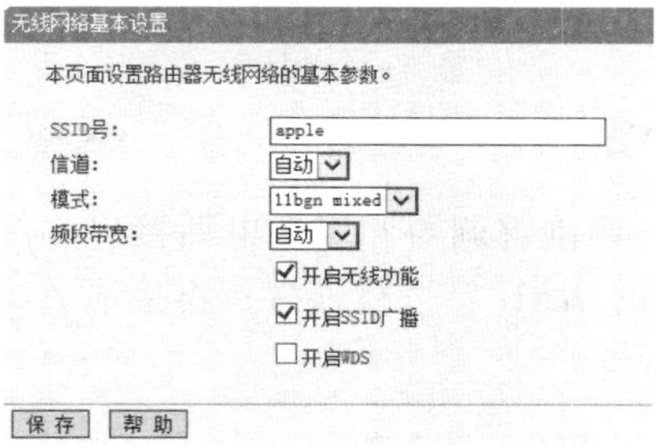

图 4-53　无线路由器无线基本设置界面

4）选择"无线设置 | 无线网络安全设置"，打开"无线网络安全设置"对话框（如图 4-54 所示）。在对话框中选择" WPA-PSK/WPA2-PSK""认证类型"（如自动）以及"加密算法"（AES），输入 PSK 密码（如 Wabjtam06），保存设置。

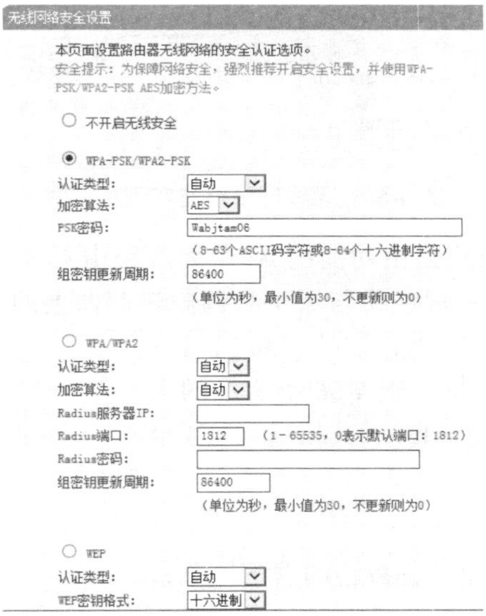

图 4-54　无线路由器无线网络安全设置界面

5）选择" DHCP 服务器 |DHCP 设置"，打开" DHCP 设置"对话框（如图 4-55 所示）。在对话框中选择"启用"DHCP 服务器，输入"地址池开始地址"（如 192.168.1.100）和"地址池结束地址"（如 192.168.1.199），保存设置。

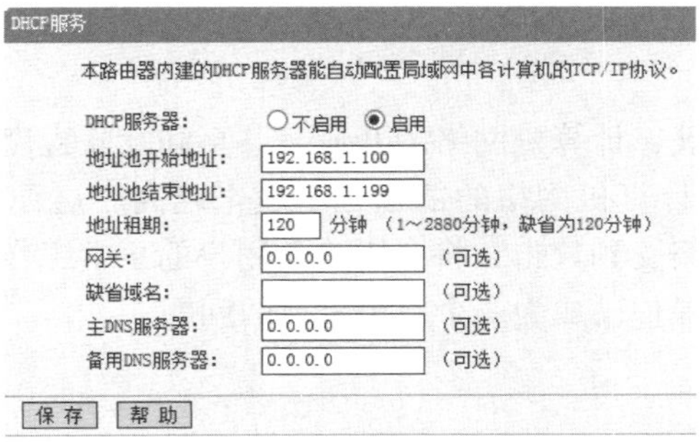

图 4-55　无线路由器 DHCP 设置界面

其他选择缺省设置，重新启动无线路由器就可正常工作了。不同品牌的无线路由器设置方法略有不同。

3. 硬件连接

首先用电话线连接 ADSL 调制解调器和墙上电话接口；然后用双绞线将 ADSL 调制解调器的 LAN 口和无线路由器的 WAN 口进行连接；再接通 ADSL 调制解调器和无线路由器电源。硬件连接如图 4-56 所示。

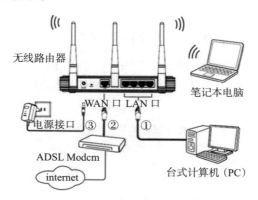

图 4-56　无线网络组建实例示意图

无线路由器是一种带简单路由功能的 AP。无线路由器具有两类网络接口，一类标注 Internet 或 WAN，该类接口一般应该与 ADSL 调制解调器上的 Ethernet（LAN）接口连接；另一类接口标注 Ethernet 或 LAN，该接口可以以有线方式连接局域网中的计算机。图 4-56 中所示的无线路由器具有 1 个 WAN 接口（Internet 接口）和 4 个 LAN 接口。

4. 连通测试

在带有无线网卡的计算机的任务栏的右下侧单击 ▦，列出当前可连接的无线热点，如图 4-57 所示，找到我们的无线路由器（如 apple（SSID）），点击连接，输入 WEP 安全加密密码（如 12345678），无线路由器会让 ADSL 调制解调器自动拨号，连接成功后显示"已连接"。现在就可以上网冲浪了。

图 4-57　计算机显示无线连接示意图

4.7　网络安全及防护

随着信息技术不断发展，计算机网络的开放、共享和互联程度日益扩大，全球已经进入信息化时代。各行各业对计算机网络的依赖程度越来越高。这种高度依赖对网络的安全性提出更高的要求，一旦网络受到攻击，将会影响到用户的正常工作，甚至会危及国家公共安全。网络和信息的安全和保护已成为一个至关重要的问题。

4.7.1　网络安全

网络安全是指通过各种技术和管理措施，确保网络系统的硬件、软件以及经过网络传输和交换的数据不会因偶然或者恶意的原因而遭到破坏、更改、泄露，系统连续、可靠、正常地运行，网络服务不中断。网络安全包括 5 个基本要素：

1）保密性：信息不泄露给非授权用户、实体或过程，即信息只供授权用户使用。

2）完整性：数据未经授权不能进行改变的特性，即信息在存储或传输过程中保持不被修改、不被破坏和丢失。

3）可用性：可被授权实体访问并按需求使用的特性，即当需要时能否存取所需的信息。

4）可控性：对信息的传播及内容具有控制能力。

5）可审查性：出现安全问题时提供依据与手段。

4.7.2　网络安全面临的威胁

给网络安全带来威胁的包括自然灾害（地震、水灾和火灾等）、电磁辐射、操作失误等物理安全缺陷，操作系统、网络协议、应用软件的安全缺陷，以及用户的使用缺陷。另外，还包括一些非法用户的恶意攻击，如计算机病毒、钓鱼软件等。下面主要介绍由恶意攻击构成的威胁。

1. 计算机病毒

（1）计算机病毒的定义与特征

计算机病毒中的"病毒"一词来源于生物学，是指编制或者在计算机程序中插入的破坏计算机功能或者毁坏数据以影响计算机使用，并能自我复制的一组计算机指令或者程序代码。

计算机病毒作为一种特殊的程序，具有以下特征：

1）隐蔽性：计算机病毒常隐藏在正常程序或磁盘引导扇区中，对其他系统进行秘密感染，一旦时机成熟就会繁殖和扩散。

2）传染性：计算机病毒一旦侵入计算机系统就开始搜索可以传染的程序或者存储介质，并通过各种渠道（移动存储设备、邮件等）从已被感染的计算机扩散到其他机器上。

3）潜伏性：一般计算机病毒在感染文件后并不是立即发作，而是在满足条件（如系统时钟的某个时间或日期、系统运行了某些程序）时才激活。病毒的潜伏性越好，它在系统中存在的时间也就越长，病毒传染的范围也越广，其危害性也越大。

4）破坏性：计算机病毒造成的最显著的后果是破坏计算机系统，轻者占用系统资源，降低系统工作效率，重者破坏数据导致系统崩溃，甚至损坏硬件。

5）变种性：病毒在发展、演化过程中产生变种，有些病毒能产生几十种变种，增大了查杀难度。

6）针对性：一般某种计算机病毒会反针对某一种计算机系统或某一类程序。

（2）计算机病毒的传播途径

由于网络的广泛互联，病毒的传播途径和速度大大加快。一般将病毒的传播途径分为：

1）通过移动存储设备（如 U 盘、光盘）传播：一般仅对使用移动设备的计算机造成影响。

2）通过网络传播：通过操作系统、浏览器、办公软件的漏洞，获得计算机的权限，从而控制对方机器，传播病毒。

3）通过网页方式传播：在被访问的网页中植入病毒或恶意代码，客户访问这种页面就会中毒。

4）通过电子邮件或 FTP 传播：在图片中植入木马等方式用得也比较多。

2. 垃圾邮件

垃圾邮件是指未经用户许可就强行发送到用户邮箱中的任何电子邮件。垃圾邮件一般具有批量发送的特征，其内容包括赚钱信息、成人广告、商业或个人网站广告、电子杂志、连环信等。垃圾邮件可以分为良性和恶性两类。良性垃圾邮件是各种宣传广告等对收件人影响不大的信息邮件；而恶性垃圾邮件则是具有破坏性的电子邮件，例如具有攻击性的广告、钓鱼网站等。

随着垃圾邮件的问题日趋严重，多家软件商也分别推出了反垃圾邮件的软件。

3. 网络钓鱼

（1）网络钓鱼的定义

网络钓鱼指任何通过网络电话、电子邮件、即时通信或传真等方式，尝试窃取用户个人身份信息的行为。

网络钓鱼大部分会以合法的目的作掩护，实际上是由不法的个人或企业所实施的网络欺骗行为。典型的网络钓鱼攻击会使用以假乱真的电子邮件和诈骗网页来诱骗受害者，使他们认同其合法性。这也导致网络钓鱼行为很难被觉察和侦测。

另外，存在类似网络钓鱼的网址嫁接行为。网址嫁接挟持合法的网站，通过 DNS 将网站重新导向看似与原始网站无异的错误 IP 地址。这些假冒的网站会通过图形界面来收集受保护的信息，用户很难发现有异样。

（2）网络钓鱼的主要方式

网络钓鱼的主要方式有以下几种：

1）发送电子邮件，以虚假信息引诱用户中圈套。邮件多以中奖、顾问、对账等内容引诱用户在邮件中登录网页并填写用户名、身份证号、金融账号和密码等信息。

2）建立假冒网上银行、网上证券网站，骗取用户密码，从而实施盗窃。

3）利用虚假电子商务进行诈骗。犯罪分子通常先建立电子商务网站或在知名、大型的电子商务网站发布虚假商品销售信息，引诱用户付款后，犯罪分子就销声匿迹。

4）利用黑客技术窃取用户信息后实施犯罪活动。黑客攻击通常包括以下几种典型的攻击方式：

- 植入木马：黑客通过发送电子邮件或在网站中隐藏木马等方式大肆传播木马程序，当感染木马的用户进行网上交易时，木马程序即以键盘记录的方式获取用户账号和密码，并发送给指定邮箱，以此盗取用户的资金。
- 密码破解：通常使用字典攻击、假登录程序、密码探测程序等，以获取系统或用户的密码。其中，字典攻击的实施步骤是，黑客先获取系统的密码文件，然后用黑客字典中的单词一个一个地进行匹配比较。假登录程序是设计一个与系统登录画面一模一样的程序并嵌入到相关网页上，以骗取他人的账号和密码。密码探测程序是一种专门用来探测 Windows 密码的程序。
- 嗅探（sniffing）与 IP 欺骗（spoofing）：嗅探是一种被动式的攻击，又称网络监听，就是通过改变网卡的操作模式来让它接受流经该计算机的所有信息包，这样就可以截获其他计算机的数据报文或密码，监听只能针对同一物理网段上的主机，而不在同一网段的数据包则会被网关过滤掉。欺骗是一种主动式的攻击，即将网络上的某台计算机伪装成另一台不同的主机，目的是欺骗网络中的其他计算机，让其误将冒名顶替者当作原始计算机，从而向其发送数据或允许它修改数据。常用的欺骗方式有 IP 欺骗、路由欺骗、DNS 欺骗、ARP（地址转换协议）欺骗以及 Web 欺骗等。

- 系统漏洞：程序在设计、实现和操作上存在的错误。由于程序或软件的功能一般都较为复杂，程序员在设计和调试过程中总有考虑欠缺的地方，因此绝大部分软件在使用过程中都需要不断地改进与完善。被黑客利用最多的系统漏洞是缓冲区溢出，因为缓冲区的大小有限，一旦往缓冲区中放入超过其大小的数据，就会产生溢出，溢出的数据可能会覆盖其他变量的值，正常情况下程序会因此出错并结束，但黑客却可以利用这样的溢出来改变程序的执行流程，转向执行事先编好的黑客程序。

- 端口扫描：由于计算机与外界通信都必须通过某个端口才能进行，因此黑客可以利用一些端口扫描软件对被攻击的目标计算机进行端口扫描，查看该计算机的哪些端口是开放的，然后通过这些开放的端口发送特洛伊木马程序到目标计算机上，利用木马来控制被攻击的目标。

4. 间谍软件

间谍软件是一种能够在用户不知情的情况下，在其计算机上安装后门、收集用户信息的软件。它非法使用用户的系统资源，或搜集、使用并散播用户的个人信息或敏感信息，比如，使用后门程序远程操纵用户计算机，组成庞大的"僵尸网络"，并对其他网络用户进行攻击等。

4.7.3 网络安全技术

网络安全技术指如何有效进行介入控制，以及如何保证数据传输的安全性的技术手段，它涉及安全策略、移动代码、指令保护、密码学、操作系统、软件工程和网络安全管理等内容。下面介绍常见的网络安全防护的工具软件和个人计算机防护的主要技术。

1. 计算机病毒的防治

（1）杀毒软件

杀毒软件也称为反病毒软件或防毒软件。杀毒软件通常集成监控识别、病毒扫描和清除以及自动升级等功能，有的杀毒软件还带有数据恢复等功能，是计算机防御系统（包含杀毒软件、防火墙、特洛伊木马和其他恶意软件的查杀程序、入侵预防系统等）的重要组成部分。网络防毒软件被划分为客户端防毒、服务器端防毒、群件防毒和 Internet 防毒 4 大类。目前常用的杀毒软件有金山毒霸、卡巴斯基、诺顿防毒软件、360 杀毒软件、趋势、McAfee 等。

现在一些反病毒公司的网站上提供了许多病毒专杀工具，用户可以免费下载这些查杀工具对某个特定病毒进行清除。另外还可以使用手动方法清除计算机病毒，这要求操作者对计算机的操作相当熟练，具有一定的计算机专业知识，能利用一些工具软件找到感染病毒的文件，并手动清除病毒代码。

杀毒软件不是万能的，在使用杀毒软件时要注意及时更新杀毒软件、升级操作系统补丁。另外，杀毒软件不可能查杀所有病毒，而且杀毒软件能查到的病毒也不一定都能彻底杀掉。

杀毒软件对被感染的文件杀毒一般有以下几种方式：

1）清除：清除被病毒感染的文件，清除后文件恢复正常。

2）删除：删除病毒文件。这类文件不是被感染的文件，而是本身就含有病毒，可以将其删除。

3）禁止访问：在发现病毒后用户如选择"不处理"，则杀毒软件可先将含病毒的文件禁止访问。

4）隔离：病毒删除后转移到隔离区。用户可以从隔离区找回删除的文件。在隔离区的文件不能直接运行。

5）不处理：如果用户暂时不确定是不是病毒，那么可以先不处理。

（2）加强防毒意识

大部分杀毒软件是滞后于计算机病毒的。所以，除了及时更新升级软件版本和定期扫描外，还要培养良好的病毒预防意识。

1）使用移动存储设备时，先对存储设备进行杀毒，若有病毒则立即清除。

2）经常对本机的硬盘进行病毒查杀。

3）选择可靠的站点下载文件，在网络上下载的软件要经过病毒检测以后再使用。

4）收到可疑邮件时不要轻易打开或点击邮件正文的链接，拒绝任何来路不明的即时通信，因为很有可能是病毒发出的。同时，设置和封锁邮件联系人黑名单，也有助于防护垃圾邮件。

5）保持所有的电子邮件和即时通信安全性修补程序维持在最新状态。

2. 防止网络钓鱼

从事网络钓鱼和网络嫁接的人都是十分狡猾的犯罪者，他们擅于利用伪装进行诈骗。针对网络钓鱼的防护可从用户和企业两个角度考虑。

（1）个人用户的防护

1）提高警惕，不登录不熟悉的网站，访问网页时要校对域名或 IP 地址。

2）绝不向陌生的个人或公司透露个人信息。

3）安装网络钓鱼防护程序和网址嫁接防护软件。

4）将敏感信息输入隐私保护文件，使用网络时打开个人防火墙。

5）保持警惕。特别是登录银行网站时，如果发现网页地址不能更改，最小化浏览器窗口后仍可看到浮在桌面上的网页地址等现象，那么要立即关闭浏览器窗口，避免账号密码被盗。

（2）企业用户

企业用户在实施个人用户防护的基础上，还需要做到以下几点：

1）加强员工安全意识，及时培训网络安全知识。

2）一旦发现有害网络，要及时在防火墙中将其屏蔽。

3）为避免被"网络钓鱼"冒名，企业应该加大制作网站的难度，具体办法包括不使用弹出式广告、不隐藏地址栏、不使用框架等。

3. 防火墙技术

防火墙（firewall）是指设置在不同网络（如内部网和外部网、专用网与公共网）或网络安全域之间的软件和硬件设备的组合。它是不同网络或网络安全域之间信息的唯一出入口，能根据不同的安全策略控制（允许、拒绝、监测）出入网络的信息流，且本身具有较强的抗攻击能力。防火墙主要由服务访问政策、验证工具、包过滤和应用网关 4 部分组成。

防火墙通过监测和限制跨越防火墙的数据流，尽可能地对外部屏蔽网络内部的结构、信息和运行情况，以防止发生不可预测的、具有潜在破坏性的入侵或攻击，这是一种行之有效的网络安全技术。防火墙示意图如图 4-58 所示。

防火墙的功能主要表现在以下几个方面：

1）允许网络管理员定义一个中心点来防止非法用户进入内部网络。

2）可以方便地监视网络的安全性并报警。

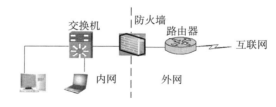

图 4-58   防火墙示意图

3）可以作为部署 NAT（Network Address Translation，网络地址变换）的地点。利用 NAT 技术，可将有限的 IP 地址动态或静态地与内部 IP 地址对应起来，以缓解地址空间短缺的问题。

4）防火墙是审计和记录 Internet 使用费用的一个最佳点，网络管理员可以在此向管理部门提供 Internet 连接的费用情况，查出潜在的带宽瓶颈位置，并能够依据本机构的核算模式提供部门级的计费。

5）防火墙可以连接到一个单独的网段上，从物理上和内部网段隔开，并在此部署 WWW 服务器和 FTP 服务器，将其作为向外部发布内部信息的地点。

4. 入侵检测

入侵检测（intrusion detection）是对入侵行为的检测。它通过收集和分析网络行为、安全日志、审计数据、其他网络上可以获得的信息，以及计算机系统中若干关键点的信息，来检查网络或系统中是否存在违反安全策略的行为和被攻击的迹象。

入侵检测作为一种积极主动的安全防护技术，提供了对内部攻击、外部攻击和误操作的实时保护，可在网络系统受到危害之前拦截和响应入侵。因此，它被认为是防火墙之后的第二道安全闸门，可以在不影响网络性能的情况下对网络进行监测。

入侵检测通过执行以下任务来实现：监视、分析用户及系统活动；审计系统构造和弱点；识别反映已知进攻的活动模式并报警；对异常行为模式进行统计分析；评估重要系统和数据文件的完整性；对操作系统进行审计跟踪管理，并识别用户违反安全策略的行为。

入侵检测是防火墙的合理补充，可帮助系统对付网络攻击，扩展了系统管理员的安全管理能力（包括安全审计、监视、进攻识别和响应），提高了信息安全基础结构的完整性。

5. 认证和数字签名技术

认证技术是用电子手段证明发送者和接收者身份及其文件完整性的技术，即确认双方的身份信息在传送或存储过程中没有被更改过。下面是几种常用的认证方法。

（1）数字签名

数字签名（digital signature）也称电子签名，能起到电子文件认证、核准和生效的作用。数字签名的作用就是让接收者能够验证信息是发送者发送的原文，且没有被伪造、修改或破坏过。

数字签名技术是将摘要信息用发送者的私钥加密，然后与原文一起传送给接收者。接收者只有用发送者的公钥才能解密被加密的摘要信息，然后用哈希（hash）函数为收到的原文产生一个摘要信息，与解密的摘要信息对比。如果相同，则说明收到的信息是完整的，在传输过程中没有被修改，否则说明信息被修改过，因此数字签名能够验证信息的完整性。

数字签名是一个加密的过程，而数字签名验证是一个解密的过程。数字签名采用了非对称加密方式，即发送方用自己的私钥来加密，接收方用发送方的公钥来解密。在实际应用中，一般把签名数据和被签名的电子文档一起发送，为了确保信息传输的安全性和保密性，通常采取加密传输的方式。

（2）数字证书

数字证书（digital certificate）相当于电子化的身份证明，由权威认证中心（Certificate Authority，CA）签发，可以用来强力验证某个用户或某个系统的身份，也可以用来加密电子邮件或其他种类的通信内容。数字证书上要有值得信赖的颁证机构的数字签名，证书的作用是对人或计算机的身份及公开密钥进行验证。数字证书可以向公共的颁证机构申请，也可以向提供证书服务的私人机构申请。

在国际电信联盟制定的标准中，数字证书内包括了申请者和颁发者的信息。其中，申请者的信息包括证书序列号（类似于身份证号）、证书主题（即证书所有人的名称）、证书的有效期限以及证书所有人的公开密钥；颁发者的信息则包括颁发者的名称、颁发者的数字签名（类似于身份证上公安机关的公章）以及签名使用的算法。

数字证书可用于发送安全电子邮件、访问安全站点、网上证券交易、网上招标采购、网上办公、网上保险、网上税务、网上签约和网上银行等安全电子事务处理和安全电子交易活动。

（3）生物测定方法

生物测定方法使用生物测定装置对人体的一处或多处特征进行测量以认证身份，常用的是指纹认证。此外，面部轮廓、眼睛的虹膜图案、笔迹、声音等都可以用作身份认证。

（4）智能卡

智能卡具有存储和处理能力，可以把应用软件及数据下载到智能卡上反复使用。用户可以用它来证明自己的身份，医生可以用它来查找某个患者的医疗病历等。从理论上讲，它可以代替身份证、驾驶执照、信用卡、出入证等证件。智能卡的使用需要智能卡阅读器支持。

另外，数据对于计算机使用者来说非常重要，可以说是一种财富。然而，硬件故障、软件损坏、病毒侵袭、黑客骚扰、错误操作以及其他意外原因都威胁着计算机，随时可能使系统崩溃而无法工作。或许在不经意间，宝贵的数据以及长时间积累的资料就会化为乌有，所以对本地和网络上的数据资源进行数据备份显得尤为重要。数据发生损坏时，如果之前做过备份，则可以对备份的数据采取复原手段以恢复数据。

习题

一、简答题

1. 什么是计算机网络？
2. 计算机网络的主要功能有哪些？
3. 按地理范围划分，计算机网络分为哪几类？试述每类的特点。
4. 按拓扑结构划分，计算机网络分为哪几类？试述每类的特点。
5. 网络中的有线传输介质有哪几种？
6. 局域网中常见的互联设备有哪几种？

7. 因特网的接入方式有几种？

8. 简述常见的社交平台以及它们的特点。

9. 简述常见的不适当的网络行为，以及用户在使用网络时应该遵循的原则。

10. 简述用户在使用计算机上网时应该如何做好网络安全防护。

二、填空题

1. 计算机网络实现的资源共享包括：_____、软件共享和硬件共享。

2. 计算机网络中，_____负责数据传输和通信处理工作。

3. 计算机网络协议是保证准确通信而制定的一组_____。

4. OSI 模型将计算机网络体系结构的通信协议规定为_____个层次。

5. IPv4 的 IP 地址可以用_____位二进制数来表示。

6. 远程终端访问需使用的协议是_____。

7. TCP 的中文含义是_____。

8. 在计算机网络中，双绞线、同轴电缆以及光缆等用于传输信息的载体被称为_____介质。

9. 网络通信协议的三要素是语法、语义和_____。

10. 计算机网络由网络_____和网络软件组成。

11. 域名采用_____结构。

12. 220.3.18.101 是一个_____类 IP 地址。

13. B 类 IP 地址默认的子网掩码为_____。

14. Windows 系统提供的一条远程登录命令是_____。

15. 提供"朋友圈""公众号"和"摇一摇"服务的社交平台是_____。

第 5 章

数据库技术基础

学习目标

- 理解数据库的基本概念。
- 掌握用 Access 创建数据库的基本方法。
- 了解 Access 数据库的基本使用。

数据库技术是数据管理技术，是计算机科学中发展最快的领域之一。随着计算机网络技术的迅猛发展，数据库技术与网络技术紧密结合，在各领域得到了广泛的应用。各种数据库应用系统，如工资管理、人事管理、企业管理系统等，离不开数据库技术的支持。Microsoft Office Access 作为桌面数据库管理系统，在小型数据库应用系统开发中得到了广泛的应用。

本章首先介绍数据库的基本概念，然后介绍 Access 2016 数据库的基本组成以及如何在 Access 2016 中创建数据库对象，包括表、查询、窗体和报表。

5.1 数据管理技术的发展

随着计算机硬件和软件技术的发展，数据管理技术的发展大致经历了人工管理阶段、文件系统阶段和数据库系统阶段。

5.1.1 人工管理阶段

在计算机发展的初级阶段，计算机硬件本身还不具备像磁盘那样的可直接存取的存储设备，因此也无法实现对大量数据的保存，也没有用来管理数据的相应软件，计算机主要用于科学计算。这个阶段的数据管理是以人工管理的方式进行的，人们还没有形成一套数据管理的完整概念。其主要特点是：

1）数据不保存。因为计算机主要用于科学计算，一般只是在需要进行某具体的计算时才将数据输入，计算结果也不保存。

2）没有文件的概念。数据由每个程序的程序员自行组织和安排。

3）一组数据对应一个程序。每个应用程序都有单独的一组数据，即使两个应用程序要使用一组相同的数据，也必须各自定义和组织数据，数据无法共享，因此可能导致大量的数据重复。

4）没有形成完整的数据管理的概念，更没有对数据进行管理的软件系统。这个时期的每个程序都要包括数据存取方法、输入/输出方法和数据组织方法，程序直接面向存储结构，因此存储结构的任何修改都将导致程序的修改。程序和数据不具有独立性。

人工管理阶段的应用程序和数据之间的关系可以用图 5-1 来描述。

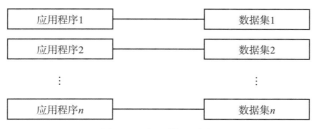

图 5-1   人工管理阶段

5.1.2   文件系统阶段

随着计算机软硬件技术的发展，如直接存储设备的产生，操作系统、高级语言及数据管理软件的出现，计算机不仅用于科学计算，也开始大量用于信息管理。数据可以以文件的形式长期独立地保存在磁盘上，且可以由多个程序反复使用。操作系统及高级语言或数据管理软件提供了对数据的存取和管理功能，这就是文件系统阶段。这个阶段的数据管理具有以下特点。

1）数据可以长期保存在磁盘上，因此可以重复使用。数据不再仅仅属于某个特定的程序，而可以由多个程序反复使用。

2）数据的物理结构和逻辑结构有了一定的区别，但较简单。程序开始通过文件名和数据打交道，不必关心数据的物理存放位置，对数据的读/写方法由文件系统提供。

3）程序和数据之间有了一定的独立性。应用程序通过文件系统对数据文件中的数据进行存取和加工，程序员不必过多地考虑数据的物理存储细节，因此可以把更多的精力集中在算法的实现上。而且，数据在存储上的改变不一定反映在程序上，这可以大大节省维护程序的工作量。

4）出现了多种文件存储形式，因而，相应有多种对文件的访问方式，但文件之间是独立的，它们之间的联系要通过程序去构造，文件的共享性还比较差。数据的存取基本上以记录为单位。

文件系统阶段的应用程序和数据之间的关系可以用图 5-2 来表示。

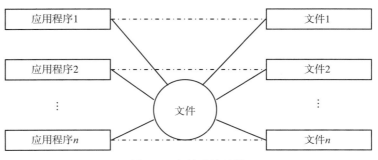

图 5-2   文件系统阶段

虽然文件系统比人工管理有了长足的进步，但文件系统所能提供的数据存取方法和操作数据的手段还是非常有限的。例如，文件结构的设计仍然是基于特定的用途，基本上是一个数据文件对应于一个或几个应用程序；程序仍然是基于特定的物理结构和存取方法编制的，因此，数据的存储结构和程序之间的依赖关系并未根本改变；文件系统的数据冗余大，同样的数据往往在不同的地方重复出现，浪费存储空间；数据的重复以及数据之间没有建立起相互联系还会造成数据的不一致性。

随着信息时代的到来，人们要处理的信息量急剧增加，对数据的处理要求也越来越复杂，文件系统的功能已经不能适应新的需求，而数据库技术也正是在这种需求的推动下逐步产生的。

5.1.3 数据库系统阶段

数据库系统阶段使用数据库技术来管理数据。数据库技术自 20 世纪 60 年代后期产生以来就受到了广大用户的欢迎，并得到了广泛的应用。数据库技术发展至今已经是一门非常成熟的技术，它克服了文件系统的不足，并增强了许多新功能。在这一阶段，数据由数据库管理系统统一控制，数据不再面向某个应用而是面向整个系统，因此数据可以被多个用户、多个应用共享，概括起来具有以下主要特征。

1）数据库能够根据不同的需要按不同的方法组织数据，最大限度地提高用户或应用程序访问数据的效率。

2）数据库不仅能够保存数据本身，还能保存数据之间的相互联系，保证了对数据修改的一致性。

3）在数据库中，相同的数据可以共享，从而降低了数据的冗余度。

4）数据具有较高的独立性，数据的组织和存储方法与应用程序相互独立、互不依赖，从而大大降低了应用程序的开发代价和维护代价。

5）提供了一整套的安全机制来保证数据的安全、可靠。

6）可以给数据库中的数据定义一些约束条件来保证数据的正确性（也称为完整性）。

数据库系统阶段的应用程序和数据库之间的关系可以用图 5-3 来表示。

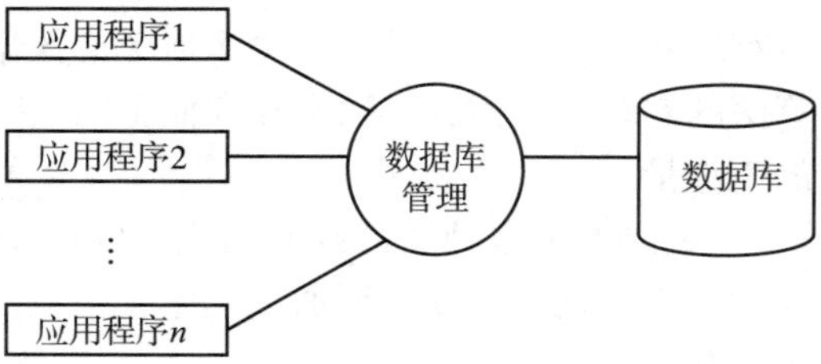

图 5-3 数据库系统阶段

5.2 数据库系统的基本概念

在各种不同的应用领域，人们开发出各种信息系统来处理相关数据。信息系统是指借助数据库技术、利用计算机处理数据的应用系统。例如：图书管理系统、学籍管理系统、火车票（飞机票）订票系统、学生选课系统、高考成绩查询系统、超市管理系统等。信息系统的核心是数据库。数据库技术是数据管理最为重要的技术之一，主要研究如何科学地组织和存储数据，如何高效地获取和处理数据。

5.2.1 数据库的基本概念

1. 数据库

数据库（Database，DB）是指长期存储在计算机外存上的、有结构的、可共享的数据集合。数据库不仅包含描述事物的数据本身，还包含事物之间的相互联系。数据库应满足数据独立性、数据安全性、数据冗余度小、数据共享等特性。

2. 数据库管理系统

数据库管理系统（Database Management System，DBMS）是用来管理和维护数据库的系统软件。数据库管理系统是位于操作系统之上的一层系统软件，其主要的功能如下：

1）数据定义功能。DBMS 提供数据定义语言，用户通过它可以方便地对数据库中的相关内容进行定义，如对数据库、基本表、视图和索引等进行定义。

2）数据操作功能：DBMS 向用户提供数据操纵语言，实现对数据库的基本操作，如对数据库中数据的查询、插入、删除和修改等。

3）数据库的运行管理功能。DBMS 的核心功能，包括并发控制、存取控制、安全性检查、完整性约束条件的检查和执行，以及数据库的内部维护（如索引、数据字典的自动维护）等。

4）数据通信功能。包括与操作系统的联机处理、分时处理和远程作业传输的相应接口等，这一功能对分布式数据库系统尤为重要。

3. 数据库应用系统

数据库应用系统（Database Application System，DBAS）是指基于数据库的应用系统，是面向某一类应用开发的应用软件。如人事管理系统、学生成绩管理系统、图书管理系统等，它们都是以数据库为核心的数据库应用系统。一个 DBAS 通常是由数据库和应用程序两部分组成，它们都需要在 DBMS 的支持下开发。

4. 数据库系统

数据库系统（Database System，DBS）通常是指带有数据库的计算机系统。数据库系统不仅包括数据库本身，还包括相应的硬件、软件和各类人员，是由数据库、数据库管理系统、数据库应用系统、数据库管理员（Database Administrator，DBA）、用户等构成的人 – 机系统。数据库系统的组成如图 5-4 所示。

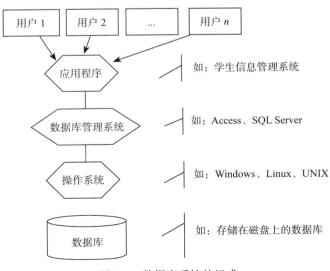

图 5-4　数据库系统的组成

5.2.2 数据模型的基本概念

现实世界中的事物是相互联系的，在计算机中要用数据来表示现实世界的信息，就需要经过人们的认识、理解、整理、规范和加工，用一定的方法对信息进行模拟和抽象，也就是使用一定的模型来表示事物及事物之间的联系。可以把这一过程划分成三个主要阶段，即现实世界阶段、信息世界阶段和机器世界阶段。现实世界中的数据经过人们的认识和抽象，形成信息世界。在信息世界中用概念模型来描述数据及其联系，概念模型按用户的观点对数据和信息进行建模，不依赖于具体的机器，独立于具体的数据库管理系统，是对现实世界的第一层抽象。根据所使用的具体机器和数据库管理系统，需要对概念模型进行进一步转换，形成在具体机器环境下可以实现的数据模型。这三个阶段的相互关系可以用图 5-5 来表示。

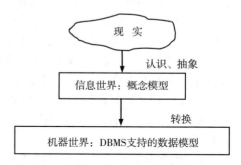

图 5-5　对现实世界信息的抽象过程

1. 概念模型中的基本概念

1）实体（entity）：实体是现实世界中客观存在并可以相互区分的事物。例如，一名教师、一名学生、一门课程、一个公司等。实体不仅可以指实际的物体，还可以指抽象的事件，如一次考试、一次比赛等。

2）属性：属性描述了实体某一方面的特性，一个实体可以具有多个不同的属性。例如，学生实体可以有学号、姓名、性别、班级、出生日期等属性。每个属性的具体取值称为属性值。例如，某学生的姓名属性值为"张三"，性别属性值为"男"。

3）域：属性的取值范围称为该属性的域。例如，姓名的域为字符串集合，年龄的域为不小于零的整数，性别的域为 { 男，女 }，成绩的域为 [0,100]。

4）码：码对应于实体的标识特征，是唯一标识实体的属性。例如，学生实体可以用学号来唯一标识，因此学号可以作为学生实体的码。课程实体可以用课程编号作为码。

5）实体集（entity set）：同一类型的实体的集合称为实体集。如全体学生、所有教师、所有课程等。

6）实体型：具有相同属性的实体必然具有相同的特征和性质。用实体名及其属性名集合来描述实体，称为实体型。例如，学生实体型描述为：

学生（学号，姓名，性别，年龄）

课程实体型可以描述为：

课程（课程号，课程名，学分）

7）实体间的联系：现实世界中的事物之间通常都是有联系的，这些联系在信息世界中反映为实体内部的联系和实体之间的联系。实体内部的联系通常指组成实体的各属性之间的联系；实体之间的联系通常指不同实体集之间的联系。这些联系总的来说可以划分为：一对一联系、一对多（或多对一）联系以及多对多联系。

一对一联系（1:1）：如果对于实体集 A 中的每一个实体，实体集 B 中有且只有一个实体与之联系，反之亦然，则称实体集 A 与实体集 B 具有一对一联系。例如，一个班级只有一个班长，一个班长只管理一个班级，班级与班长之间的联系是一对一的联系，如图 5-6a

所示。

一对多联系（1:n）：如果对于实体集 A 中的每一个实体，实体集 B 中有多个实体与之联系，反之，对于实体集 B 中的每一个实体，实体集 A 中至多只有一个实体与之联系，则称实体集 A 与实体集 B 有一对多的联系。例如，一所学校有许多学生，但一个学生只能就读于一所学校，所以学校和学生之间的联系是一对多的联系，如图 5-6b 所示。

多对多联系（m:n）：如果对于实体集 A 中的每一个实体，实体集 B 中有多个实体与之联系，而对于实体集 B 中的每一个实体，实体集 A 中也有多个实体与之联系，则称实体集 A 与实体集 B 之间有多对多的联系。例如，一个学生可以选修多门课程，一门课程也可以被多个学生选修，所以学生和课程之间的联系是多对多的联系，如图 5-6c 所示。

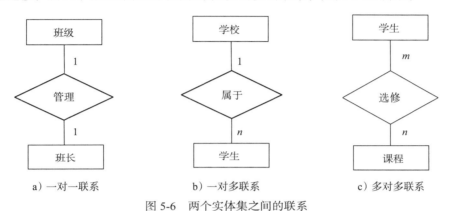

　　　a）一对一联系　　　　　　　b）一对多联系　　　　　　c）多对多联系

图 5-6　两个实体集之间的联系

2. 概念模型的表示

概念模型是对信息世界的建模，因此，概念模型应该能够方便、准确地表示出信息世界中的常用概念。概念模型有多种表示方法，其中最常用的是实体 – 联系方法（Entity Relationship approach，E-R 方法）。E-R 方法用 E-R 图来描述现实世界的概念模型，E-R 图提供了表示实体、属性和联系的方法，具体如下。

1）实体：实体用矩形表示，在矩形内写明实体名。如图 5-7 所示，分别表示"学生"实体和"课程"实体。

图 5-7　实体的表示

2）属性：属性用椭圆形表示，并用无向边将其与实体连接起来。如图 5-8 所示，表示"学生"实体及其属性：学号、姓名、性别、班级。

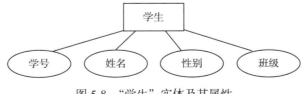

图 5-8　"学生"实体及其属性

3）联系：联系用菱形表示，在菱形框内写明联系的名称，并用无向边将其与有关的实体连接起来，同时在无向边旁标上联系的类型。例如，前面的图 5-6a、图 5-6b、图 5-6c 分别表示一对一、一对多和多对多的联系。需要注意的是，联系本身也是一种实体型，也可以有属性。如果一个联系具有属性，则这些属性也要用无向边与该联系连接起来。例如，图 5-9 表示了"学生"实体和"课程"实体之间的联系"选修"，每个学生选修某一门课程会产生一个成绩，因此，"选修"联系有一个属性"成绩"，"学生"和"课程"实体之间是多对多的联系。

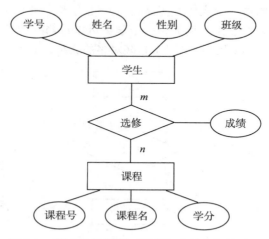

图 5-9 "学生"实体及"课程"实体之间的联系

用 E-R 图表示的概念模型独立于具体的 DBMS 所支持的数据模型，是各种数据模型的共同基础，因此比数据模型更一般、更抽象、更接近现实世界。

3. 数据模型的种类

概念模型是独立于机器的，需要转换成具体的 DBMS 所能识别的数据模型，才能将数据和数据之间的联系保存到计算机上。在计算机中可以用不同的方法来表示数据与数据之间的联系。把表示数据与数据之间的联系的方法称为数据模型。数据库领域传统的数据模型有 3 种：

1）层次模型（hierarchical model）

2）网状模型（network model）

3）关系模型（relational model）

其中，关系模型是目前使用最广泛的数据模型，支持关系模型的数据库管理系统称为关系数据库管理系统，简称 RDBMS（Relational Database Management System）。

5.2.3 关系模型的基本概念

关系模型由关系数据结构、关系操作集合和关系完整性约束三部分组成。

1. 关系数据结构

在用户观点下，关系模型中数据的逻辑结构是一张二维表，它由行和列组成。

例如，对于图 5-9 所示的概念模型，可以将"学生"实体表示为表 5-1 所示的"学生"表，将"课程"实体表示为表 5-2 所示的"课程"表，将"选修"联系表示为表 5-3 所示的"选修"表。

表 5-1　"学生"信息表

学号	姓名	性别	班级
10001	张三	男	土 161
10002	李四	男	土 162
20003	王五	女	管 162
……	……	……	……

表 5-2　"课程"表

课程号	课程名	学分
C0001	大学计算机基础	1.5
CO002	大学英语	4
CO003	高等数学	4
……	……	……

表 5-3　"选修"表

学号	课程号	成绩
10001	C0001	89
10001	C0002	78
10002	C0001	98
10002	C0003	89
……	……	……

（1）关系模型中的基本概念

- 关系（relation）：一个关系对应于一张二维表，每个关系都有一个关系名。表 5-1 的学生信息表可以取名为"学生"。
- 属性（attribute）：表中的一列称为一个属性，给每个属性取一个名字，称为属性名。属性对应于存储文件中的字段。如表 5-1 中的学号、姓名、性别等就是属性。
- 域（domain）：属性的取值范围称为域。如成绩的域是 [0,100]。性别的域属于集合 {男，女}。
- 元组（tuple）：表中的一行称为一个元组，对应于存储文件中的一个记录。
- 分量（component）：元组中的一个属性值称为分量。分量也就是二维表中的一个数据项。如表 5-1 中的"李四"。
- 关系模式（relation schema）：对关系的描述称为关系模式，其简单表示形式为：

  关系名（属性 1，属性 2，…，属性 n）

  在关系模型中，实体和实体之间的联系都是用关系来表示的。例如，图 5-9 所表示的概念模型中的学生、课程和选修关系可以表示为以下三个关系模式：

  学生（学号，姓名，性别，班级）

  课程（课程号，课程名，学分）

  选修（学号，课程号，成绩）

- 候选码（candidate key）：如果在一个关系中，存在多个属性（或属性组合）都能用来唯一标识该关系的元组，这些属性（或属性组合）都称为该关系的候选码（或候选关键字）。例如，以上"学生"关系中"学号"是候选码，"选修"关系中的"学号 + 课程号"是候选码。

- 主码（primary key）：在一个关系的若干个候选码中指定作为码的属性（或属性组合）称为该关系的主码（或主关键字）。例如，可以将以上"学生"关系的"学号"指定为该关系的主码。
- 全码（all-key）：如果一个关系的所有属性一起构成这个关系的码，则称其为全码。例如，设有教师、学生、课程三个实体，这里用一个关系"教学"表示三者之间的联系，其关系模式为：教学（教师号，课程号，学号）。假如一个教师可以讲授多门课程，一门课程可以由多个教师讲授，学生可以听不同教师讲授的不同课程，那么，如果要区分识别"教学"关系中的每一个元组，则"教学"关系模式的主码（主键）应为"教师号 + 课程号 + 学号"，即全码。
- 主属性（primary attribute）：包含在候选码中的属性称为主属性。例如，"选修"关系中的"学号""课程号"都是主属性。
- 非主属性（nonprimary attribute）：不包含在任何候选码中的属性称为非码属性或非主属性。如"学生"关系中的"性别""班级"都是非主属性。

（2）对关系的限制

关系模型要求关系的设计必须满足一定的要求，满足不同程度的要求称为不同的范式。如在数据库设计中，关系模型可以有第 1 范式（1NF）、第 2 范式（2NF）、第 3 范式（3NF）等。这里只讨论对关系的基本要求，一个关系至少应该满足以下基本要求。

- 表中的每一个属性必须是不可再分的基本数据项。

例如，表 5-4 就是一个不满足该要求的表，因为工资不是最小的数据项，它还可以再分解为基本工资、职务工资和工龄工资。

表 5-4　具有可再分割属性的表

职工编号	姓名	工资		
		基本工资	职务工资	工龄工资
001	赵军	2000	500	500
002	刘娜	1800	400	300
003	李东	2300	700	800
……	……	……	……	……

- 每一列中的数据项具有相同的数据类型，来自同一个域。
- 每一列的名称在一个表中是唯一的。
- 列次序可以是任意的。
- 表中的任意两行（即元组）不能相同。
- 行次序可以是任意的。

2. 关系操作

对关系的操作可以用传统的集合运算和专门的关系运算来描述，包含对关系的查询、插入、修改和删除等。这些操作的操作对象和操作结果都是关系，也就是元组的集合。

（1）传统的集合运算

并运算：关系 R 与关系 S 的并运算，记为 $R \cup S$，结果包含属于 R 或属于 S 的记录。例如，设关系 R 和关系 S 都包含有相同的属性 A、B、C，各有三个记录，如图 5-10a、图 5-10b 所示，则 $R \cup S$ 的结果如图 5-10c 所示。

A	B	C
a1	b1	c1
a1	b2	c2
a2	b2	c1

a）关系 R

A	B	C
a1	b2	c2
a1	b3	c2
a2	b2	c1

b）关系 S

A	B	C
a1	b1	c1
a1	b2	c2
a2	b2	c1
a2	b3	c2

c）关系 R∪S

图 5-10　关系的并运算

并运算结果将去掉重复的记录，保证记录的唯一性。例如以上关系 R 和关系 S 中都有记录（a1 b2 c2）、（a2 b2 c1），并运算后各自只能保留一条记录。

使用并运算可以实现记录的插入。例如，向已有的"课程"表中插入新增的课程记录。

差运算：关系 R 与关系 S 的差运算，记为 R–S，结果由属于 R 而不属于 S 的记录组成。例如，设关系 R 和关系 S 都包含有相同的属性 A、B、C，各有三个记录，如图 5-11a、图 5-11b 所示，则 R–S 的结果如图 5-11c 所示。

A	B	C
a1	b1	c1
a1	b2	c2
a2	b2	c1

a）关系 R

A	B	C
a1	b2	c2
a1	b3	c2
a2	b2	c1

b）关系 S

A	B	C
a1	b1	c1

c）关系 R–S

图 5-11　关系的差运算

使用差运算可以实现数据的删除。例如：从"学生"表中删除毕业班学生记录。

交运算：关系 R 与关系 S 的交运算，记为 R ∩ S，结果由既属于 R 又属于 S 的记录组成。

例如，设关系 R 和关系 S 都包含有相同的属性 A、B、C，各有三个记录，如图 5-12a、图 5-12b 所示，则 R ∩ S 的结果如图 5-12c 所示。

A	B	C
a1	b1	c1
a1	b2	c2
a2	b2	c1

a）关系 R

A	B	C
a1	b2	c2
a1	b3	c2
a2	b2	c1

b）关系 S

A	B	C
a1	b1	c2
a2	b2	c1

c）关系 R ∩ S

图 5-12　关系的交运算

例如，选出所有既选了 C0001 号课程又选了 C0002 号课程的所有学生信息，可以先选出选修了 C0001 号课程的学生信息，再选出选修了 C0002 号课程的学生信息，然后通过关系的交运算实现。

笛卡儿积：关系 R 与关系 S 的笛卡儿积，记为 R×S。设关系 R 有 k1 行、m 列，关系 S 有 k2 行、n 列，则 R×S 的结果为 m+n 列、k1×k2 行。关系 R 的每一条记录与关系 S 的每一条记录进行组合，得到关系 R×S 的一条记录，如图 5-13 所示。

（2）专门的关系运算

选择：从水平方向对二维表进行的运算称为选择。例如，从"学生"表中选择出所有男生的记录。

A	B	C
$a1$	$b1$	$c1$
$a1$	$b2$	$c2$
$a2$	$b2$	$c1$

A	B	C
$a1$	$b2$	$c2$
$a1$	$b3$	$c2$
$a2$	$b2$	$c1$

RA	RB	RC	SA	SB	SC
$a1$	$b1$	$c1$	$a1$	$b2$	$c2$
$a1$	$b1$	$c1$	$a1$	$b3$	$c2$
$a1$	$b1$	$c1$	$a2$	$b2$	$c1$
$a1$	$b2$	$c2$	$a1$	$b2$	$c2$
$a1$	$b2$	$c2$	$a1$	$b3$	$c2$
$a1$	$b2$	$c2$	$a2$	$b2$	$c1$
$a2$	$b2$	$c1$	$a1$	$b2$	$c2$
$a2$	$b2$	$c1$	$a1$	$b3$	$c2$
$a2$	$b2$	$c1$	$a2$	$b2$	$c1$

a）关系 R　　　　　b）关系 S　　　　　c）关系 $R \times S$

图 5-13　关系的笛卡儿积运算

投影：从垂直方向对二维表进行的运算称为投影。例如，从"学生"中选择出所有学生的学号、姓名和班级。

连接：从两个或多个关系中选择出满足条件的记录，形成一个新的关系。例如，图 5-9 所表示的概念模型中的学生、课程和选修关系可以表示为以下三个关系模式：

学生（学号，姓名，性别，班级）

课程（课程号，课程名，学分）

选修（学号，课程号，成绩）

要从这三个关系中查询所有学生所选的课程的成绩，查询结果包含班级、学号、姓名、课程名、成绩，则需要对以上三个关系表进行连接，再从中选取所需要的字段。

3. 关系的完整性约束

关系的完整性约束主要包括三类：实体完整性、参照完整性和用户定义的完整性。其中，实体完整性和参照完整性是关系模型必须满足的完整性约束条件，用户定义的完整性是指针对具体应用需要自行定义的约束条件。

（1）实体完整性

实体完整性定义：实体完整性要求每个关系都必须有主码，而主码中的所有属性（即主属性）不能为空值。

实体完整性是保证表中记录唯一的特性，即在一个表中不允许有重复的记录。现实世界中的实体是可区分的，即它们应具有某种唯一性标识，相应地，关系模型中以主码作为唯一性标识，主码的每一个值必须是唯一的，而且主码中的属性（即主属性）不能取空值。所谓空值就是"不知道"或"无意义"的值。如果主属性取空值，就说明存在某个不可标识的实体，即存在不可区分的实体，这与现实世界的应用环境相矛盾，因此这个实体一定不是一个完整的实体，这就是**实体的完整性规则**。

例如，"学生"信息表中，将学号定义为主码，保证了"学生"表中每一个记录的唯一性，而且每一条学生记录的学号不能为空值。

（2）参照完整性

参照完整性定义：设 F 是基本关系 R 的一个或一组属性，但不是关系 R 的码，如果 F

与基本关系 S 的主码 Ks 相对应，则称 F 是基本关系 R 的外码（foreign key），并称基本关系 R 为参照关系（referencing relation），基本关系 S 为被参照关系（referenced relation）。关系 R 和 S 不一定是不同的关系。

在关系模型中，实体及实体间的联系都是用关系来描述的，这就需要在关系与关系之间通过某些属性建立起它们之间的联系。

例如，对于"部门"实体和"职工"实体，可以用下面的关系模式来表示：

部门（<u>部门编号</u>，部门名称，地址，简介）

职工（<u>职工编号</u>，姓名，性别，部门编号）

这两个关系的主码分别为"部门编号"和"职工编号"，两个关系之间通过"部门编号"属性建立了联系。显然，"职工"关系中的"部门编号"值必须是确实存在的部门编号，即在"部门"关系中要有该记录。也就是说，"职工"关系中的"部门编号"属性的取值需要参照"部门"关系的"部门编号"的属性取值。这里称"职工"关系引用了"部门"关系的主码"部门编号"。"职工"关系中的"部门编号"是该关系的外码。"职工"关系为参照关系，"部门"关系为被参照关系。

又如，对于以下三个关系模式：

学生（<u>学号</u>，姓名，性别，班级）

课程（<u>课程号</u>，课程名，学分）

选修（<u>学号，课程号</u>，成绩）

"学生"关系的主码是学号，"课程"关系的主码是课程号，而"选修"关系的主码是学号 + 课程号。"选修"关系中的学号必须是一个在"学生"关系中存在的学号，而"选修"关系中的课程号也必须是一个在"课程"关系中存在的课程号。"选修"关系中的"学号""课程号"是该关系的外码。"选修"关系为参照关系，"学生"关系和"课程"关系为被参照关系。

参照完整性规则：若属性（或属性组）F 是基本关系 R 的外码，它与基本关系 S 的主码 Ks 相对应（基本关系 R 和 S 不一定是不同的关系），则对于 R 中每个元组在 F 上的值必须为：

- 或者取空值（F 的每个属性值均为空值）；
- 或者等于 S 中某个元组的主码值。

参照完整性规则就是定义外码与主码之间的引用规则。

（3）用户定义的完整性

实体完整性和参照完整性适用于任何关系数据库系统。除此之外，不同的关系数据库系统根据其应用环境的不同，往往还需要一些特殊的约束条件。用户定义的完整性就是针对某一具体应用所涉及的数据必须满足的语义要求、对关系数据库中的数据定义的约束条件。关系模型应提供定义和检验这类完整性的机制，以便用统一的系统的方法处理它们，而不要由应用程序承担这一功能。例如，定义"学生成绩"字段的数据类型为整数类型且成绩只能在 [0,100] 区间，定义性别只能取"男""女"两个值，定义邮政编码只能是 6 位数字。

5.3   Access 数据库管理系统

Microsoft Office Access 是 Microsoft Office 的系统程序之一，是由微软发布的关系数据

库管理系统，它把数据库引擎的图形用户界面和软件开发工具结合在一起。

Access 以它自己的格式将数据存储在基于 Access Jet 的数据库引擎里，它还可以直接导入或者链接外部数据。软件开发人员可以使用 Microsoft Access 开发应用软件。和其他办公应用程序一样，Access 支持 Visual Basic 宏语言。

Microsoft Access 在很多地方得到了广泛的使用，例如小型企业、大型公司的某些部门。其用途主要体现在以下两个方面。

1）用来进行数据分析：Access 有强大的数据处理、统计分析能力，利用 Access 的查询功能，可以方便地对数据库中的数据进行各类统计、汇总，并可灵活设置统计条件。比如在统计分析上万条记录、十几万条记录及以上的数据时速度快且操作方便，这一点是 Excel 无法与之相比的。

2）用来开发软件：Access 用来开发软件，比如生产管理、销售管理、库存管理等各类企业管理软件，其最大的优点是简单易学，非计算机专业人员也能学会，低成本地满足了那些从事企业管理工作的人员的管理需要。

本节将以 Access 2016 版本为平台，介绍数据库的创建、维护及基本使用。

5.3.1 Access 数据库的建立和维护

Access 数据库不仅包括数据表本身，还包括与数据表相关的各种对象。一个 Access 数据库可以包括表、查询、窗体、报表、宏、模块六大数据库对象。

- **表**：Access 数据库中最基本的对象，是创建其他数据库对象的基础。表用来存储数据库的数据，故又称为数据表。表及表之间的关系构成数据库的核心。
- **查询**：从表（或查询）中选择出的一部分数据，可以作为窗体、报表或另一个查询的数据源。
- **窗体**：是用户与数据库交互的界面，使用窗体可以方便地浏览、输入及更改数据源中的数据。窗体的数据源来自表或查询。
- **报表**：是按指定的样式格式化的数据形式，用于按设计的格式浏览或打印数据源中的数据。报表的数据源来自表或查询。
- **宏**（macro）：一系列操作的组合，通过执行宏可以快速执行一系列操作，宏类似于 DOS 中的批处理文件。
- **模块**（module）：用户用 VBA 语言编写的一段相对独立的程序，用于完成所需的功能。

1. Access 数据库的建立

可以在启动 Access 2016 时新建一个空数据库，也可以在 Access 环境中，使用"文件"选项卡下的"新建"命令新建一个空数据库。例如，使用"开始 | Access 2016"启动 Access 2016，打开新建数据库对话框，单击"空白桌面数据库"图标，打开如图 5-14 所示的对话框。在"文件名"文本框中指定数据库文件的名称，单击其右侧的浏览按钮可以指定存放位置和数据库文件名称。Access 数据库文件的扩展名为 .accdb，默认名称为 Database1.accdb，默认路径是"我的文档"。本例将数据库名称设置为"学生选课"，路径选择 D 盘根目录。单击右下角的"创建"按钮，便会在指定位置创建一个空数据库"学生选课"，并进入 Access 数据库管理系统主界面，如图 5-15 所示。

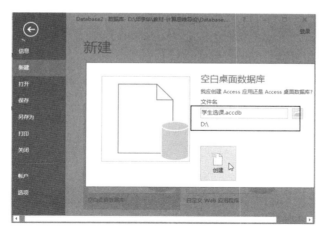

图 5-14　建立 Access 数据库

在 Access 数据库管理系统主界面中，左侧的"所有 Access 对象"窗格显示当前已经创建的所有 Access 数据库对象的名称。在新建的空数据库中，已经默认创建了一个空白的数据表对象，名称为"表 1"，如图 5-15 所示，右侧窗格用于显示当前打开的对象。

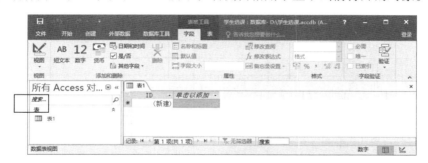

图 5-15　Access 2016 数据库管理系统主界面

2. 创建 Access 数据表

数据表是用来存储数据的对象，Access 允许一个数据库包含一个或者多个数据表。建表前，首先要设计表的结构，然后再向表中录入数据。

（1）定义表结构

在 Access 2016 中，一个关系对应一个数据表。定义表的结构，就是根据关系来确定表的字段个数、字段名称、字段类型、字段大小及字段的各种其他属性。

在创建 Access 数据库时，自动创建一个新表，如图 5-15 左侧窗格的"表 1"。右击表名称"表 1"，从快捷菜单中选择"设计视图"，或选择"表 1"，再单击工具栏的"视图"按钮，从下拉列表中选择"设计视图"，会出现"另存为"提示对话框，在该对话框中给表取一个新的名称，如"学生"，单击"确定"按钮，则进入表设计视图对话框，如图 5-16 所示。在该对话框的右上窗格定义字段名称和数据类型，在右下窗格中进一步定义字段的其他属性。

下面以在"学生选课"数据库中创建"学生"表为例，介绍建立表结构的相关概念。"学生"表的结构定义如表 5-5 所示。

1）**字段数据类型**：根据各字段的用途，可以选择所需要的数据类型。Access 的字段数据类型如下。

图 5-16　表设计视图

表 5-5　"学生"表结构

字段名称	数据类型	字段大小	索引	约束	格式
学号	短文本	5	有（无重复）	主键	
姓名	短文本	10	有（有重复）	必须	
性别	查阅向导 { 男、女 }	1			
班级	短文本	6			
是否团员	是 / 否				
出生日期	日期 / 时间				长日期
邮箱	超链接				
照片	OLE 对象				
简历	长文本				
个人档案	附件				
入学成绩	数字	整型		[0,750]	
通讯地址	短文本	30			
邮政编码	短文本			输入掩码：000000	

- 短文本：短文本型字段可以保存文本或文本与数字的组合，如姓名、班级；也可以是不需要计算的数字，如学号、邮政编码。文本型字段最多可以保存 255 个字符。
- 备注：备注型字段可以保存较长的文本，如果以编程的方式来填写字段，最多存储 2GB 数据。如果手动输入，最多可以保存 65536 个字符。一般将内容可能比较多、长度不固定的字段定义为备注类型。例如"简历"字段。
- 数字：数字型字段用于保存可进行算术运算的数据，例如"入学成绩"字段。
- 日期 / 时间：日期 / 时间型字段用来保存日期、时间或日期和时间的组合。例如"出生日期"字段。
- 货币：货币型字段是数字型的特殊类型。向货币型字段输入数据时，不必输入美元符号或千位分隔符，Access 会自动显示这些符号，并在此类型的字段中添加两位小数。例如"奖学金"字段。
- 自动编号：对于自动编号类型的字段，当向表中添加一条新记录时，Access 会自动向该字段插入唯一的顺序号，每次新增记录的顺序号为原顺序号加 1。如果创建的表中没有可以作为主键的字段，则通常可以定义一个自动编号型的字段作为主键。

Access 在新建一个表时，会自动创建一个名称为"ID"的自动编号型字段，且将其定义为主键，如图 5-16 所示。如果不需要该 ID 字段，直接删除即可。

- 是 / 否：是 / 否型又称为布尔型或逻辑型，用于定义具有两种状态数据的字段，例如"是否团员"。
- OLE 对象：用来存放 OLE 对象。可以嵌入或链接到表中的 OLE 对象是指在其他使用 OLE 协议程序中创建的对象。例如，Word 文档、Excel 电子表格、图像和声音等。例如"照片"字段。
- 超链接：用于存放超链接地址，如电子邮箱地址、网页地址。
- 查阅向导：查阅向导是一种特殊的数据类型。如果希望在输入字段内容时，通过一个列表框或组合框选择所需的数据，而不必手工输入，则可以将字段定义为查阅向导类型。在使用查阅向导类型时，列出的选项可以来自其他表，或者是事先输入好的一组固定的值。例如，可以将"性别"字段定义为查阅向导类型，在打开的向导中，第一步选择"自行键入所需的值"，第二步输入"男""女"，如图 5-17 所示。

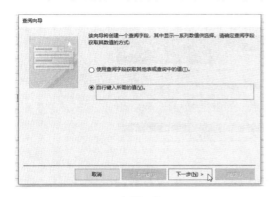

a）第一步

b）第二步

图 5-17　查阅向导

2）**字段的属性**：在确定了字段的名称和数据类型之后，可以在表设计视图的下面窗格中进一步定义字段的其他属性，包括对字段的各种约束条件。常见的属性如下。

- 字段大小：指定文本型字段的长度和数字型字段的类型。对于数字型字段，可以在这里进一步定义为字节型、整型、长整型、单精度型、双精度型等，不同类型的数字所占有的字节数不同，所能表示的数值范围和精度也不同。例如，将"学号"字段大小定义为 5 位，"入学成绩"字段大小定义为整型。
- 格式：指定字段数据的显示格式，如百分比格式、日期格式、货币格式等。例如，将"出生日期"定义为"长日期"格式。
- 小数位数：指定数字型字段要保留的小数位数。
- 标题：在这里指定的内容用于在窗体和报表中取代字段的名称。
- 默认值：指定向表中添加新记录时自动添加到字段中的值。
- 验证规则：用于规定字段中的输入值需要满足的条件。例如，入学成绩需要在 [0,750] 区间，则验证规则可以写成"[入学成绩]>=0 And [入学成绩]<=750"或">=0 And <=750"。

- 验证文本：当数据不符合验证规则时所显示的内容。例如，对于入学成绩字段，验证文本可以定义成"入学成绩超出有效范围"。
- 索引：用来定义是否为某字段创建索引。使用索引可以加快查询速度。对于主键，默认为有索引，对于其他字段，如果在应用中经常要按该字段内容进行查找，则可以将其定义为有索引来提高查找速度。例如，如果经常要按学生的姓名来查找学生信息，则可以将"学生"字段定义为有索引。
- 必需：用于设置是否必须要输入数据。如果选择"是"，则该字段输入值不允许为空。例如，将学生表的"姓名"字段定义为必需，则其记录中的姓名内容不能为空。
- 输入掩码：用于限制用户输入数据的格式。例如，将"邮政编码"字段的掩码设置为 6 个 0，那么用户在该字段中只能输入连续的 6 个数字。

3）**定义主键**：为保证实体的完整性，要求每个数据表必须都要定义主键，创建一个新表时，Access 自动添加一个名称为 ID、类型为自动编号型的主键。如果不需要该主键，则可以自己定义新的主键，并删除现有的 ID 字段。例如，在"学生"表中，可以将学号定义为主键，方法是，选择要定义为主键的字段，再单击工具栏的主键按钮，如图 5-18 所示。

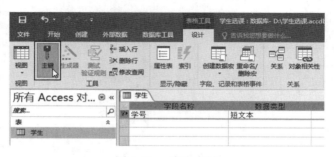

图 5-18   定义主键

在表设计视图中定义完一个表结构之后，单击工具栏的保存按钮🔲进行保存。再单击"创建"选项卡上的"表格"工具组中的"表"按钮，可以继续创建数据库中的其他表。创建表按钮如图 5-19 所示。

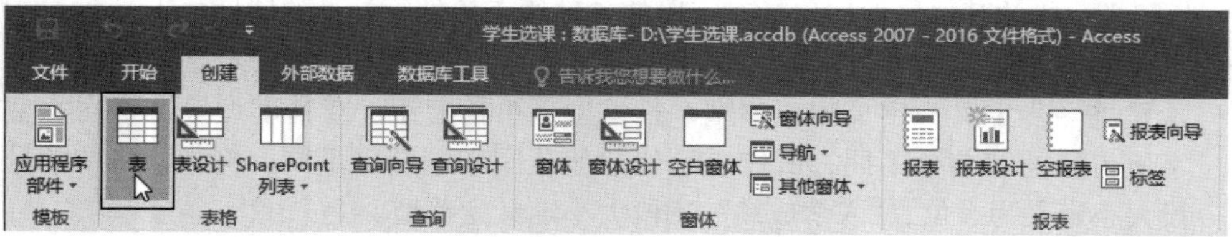

图 5-19   创建表按钮

用同样的方法创建"学生选课"数据库中的其他两个表，分别为"课程"表和"选修"表，结构如表 5-6 和表 5-7 所示。

表 5-6   "课程"表结构

字段名	数据类型	字段大小	小数位数	约束
课程号	短文本	5		主键
课程名	短文本	20		必需
学分	数字	单精度型	1	默认值 0

表 5-7 “选修”表结构

字段名	数据类型	字段大小	约束
学号	短文本	5	联合主键
课程号	短文本	5	
成绩	数字	整型	[0,100]

以上“选修”表中的学号和课程号一起定义为该表的主键（联合主键）。要定义联合主键，需要在表设计视图中同时选中这两个字段，再单击工具栏中的“定义主键”按钮。

表结构定义完成后，可以在“所有 Access 对象”窗格中看到已经创建的表对象，如图 5-20 所示。

（2）修改表结构

如果需要进一步修改表结构，可以在如图 5-20 所示的“所有 Access 对象”窗格中，右击表对象，从快捷菜单中选择“设计视图”，打开表设计视图对话框继续修改。

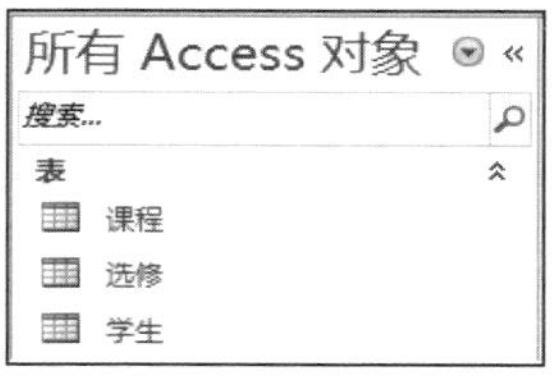

图 5-20 已经创建的表对象

3. 向表中输入数据

在“所有 Access 对象”窗格中，右击表对象，选择“打开”命令，或直接双击表对象，或单击工具栏“视图”按钮的下拉箭头，从下拉列表中选择“数据表视图”，都可以打开“数据表视图”，在此可以直接输入数据。例如，“学生”表的数据表视图如图 5-21 所示。不同类型的数据，输入方法有所不同。例如，对于“学生”表中的数据，学号、姓名、班级等普通文本型数据可以直接录入；“性别”数据是查阅向导类型，可以从下拉列表中直接选择；“是否团员”是是 / 否类型，可以单击复选框直接定义为是或否；“出生日期”是日期时间类型，可以从系统提供的日期时间列表中选择；“照片”是 OLE 对象类型，可以右击要添加照片的位置，从快捷菜单中选择“插入对象”，选择所需插入的照片文件；“个人档案”是附件类型，可以右击要插入附件的位置，从快捷菜单中选择“管理附件”命令，在打开的对话框中添加附件。

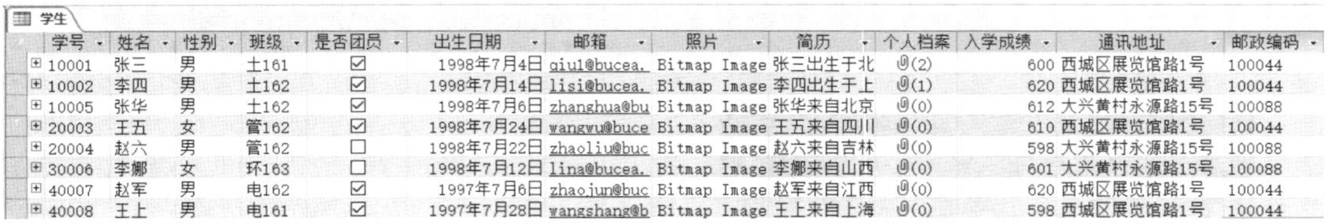

学生

学号	姓名	性别	班级	是否团员	出生日期	邮箱	照片	简历	个人档案	入学成绩	通讯地址	邮政编码
10001	张三	男	土161	☑	1998年7月4日	qiu1@bucea.	Bitmap Image	张三出生于北	(2)	600	西城区展览馆路1号	100044
10002	李四	男	土162	☑	1998年7月14日	lisi@bucea.	Bitmap Image	李四出生于上	(1)	620	西城区展览馆路1号	100044
10005	张华	男	土162	☑	1998年7月6日	zhanghua@bu	Bitmap Image	张华来自北京	(0)	612	大兴黄村永源路15号	100088
20003	王五	女	管162	☑	1998年7月24日	wangwu@buce	Bitmap Image	王五来自四川	(0)	610	西城区展览馆路1号	100044
20004	赵六	男	管162	☐	1998年7月22日	zhaoliu@buc	Bitmap Image	赵六来自吉林	(0)	598	大兴黄村永源路15号	100088
30006	李娜	女	环163	☐	1998年7月12日	lina@bucea.	Bitmap Image	李娜来自山西	(0)	601	大兴黄村永源路15号	100088
40007	赵军	男	电162	☑	1997年7月6日	zhaojun@buc	Bitmap Image	赵军来自江西	(0)	620	西城区展览馆路1号	100044
40008	王上	男	电161	☑	1997年7月28日	wangshang@b	Bitmap Image	王上来自上海	(0)	598	西城区展览馆路1号	100044

图 5-21 “学生”表的数据表视图

图 5-22 和图 5-23 分别是“学生选课”数据库中的“课程”表和“选修”表的数据表视图。

需要注意的是，在输入数据时不能违背数据表结构定义中的各种完整性约束，否则将给出错误提示且输入失败。例如，对于主键，不能输入相同的值，也不能为空值。

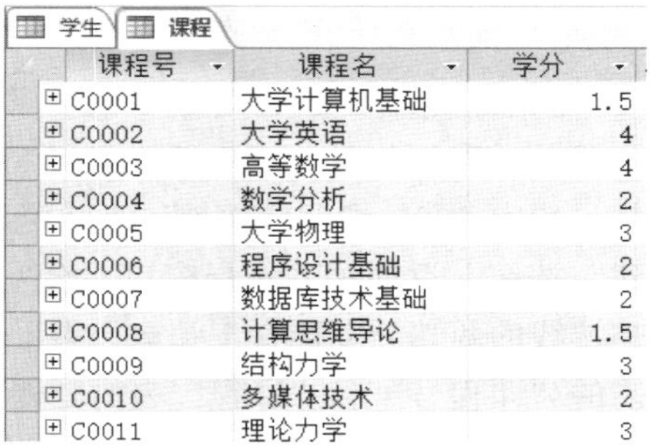

学生 课程

课程号	课程名	学分
C0001	大学计算机基础	1.5
C0002	大学英语	4
C0003	高等数学	4
C0004	数学分析	2
C0005	大学物理	3
C0006	程序设计基础	2
C0007	数据库技术基础	2
C0008	计算思维导论	1.5
C0009	结构力学	3
C0010	多媒体技术	2
C0011	理论力学	3

图 5-22 “课程”表的数据表视图

4. 添加或删除记录

在“数据表视图”中，将鼠标移动到左侧选择栏（灰色区域），当光标变成右箭头 → 时右击鼠标, 在弹出的快捷菜单中选择"新记录"或"删除记录"命令, 即可实现添加记录或删除当前记录, 如图 5-24 所示。也可以直接在数据表末尾标有 * 号的行直接添加新记录。

图 5-23   "选修"表的数据表视图   图 5-24   添加或删除记录

5. 设置数据表之间的关系

通过设置数据表之间的关系, 可以定义参照完整性。例如, 在"学生选课"数据库中, "选修"表中的"学号"是外部键, 需要参照"学生"表中的"学号"; "选修"表中的"课程号"是外部键, 需要参照"课程"表中的"课程号"。Access 提供了定义参照完整性的快速方法。以"学生选课"数据库为例, 在 Access 中, 选择"数据库工具"选项卡, 单击"关系"工具组中的"关系"按钮(如图 5-25 所示), 会弹出如图 5-26 所示的"显示表"对话框, 依次将"学生"表、"课程"表和"选修"表添加到关系布局窗口中, 然后在关系布局窗口中, 根据主键和外部键, 建立表与表之间的关系。

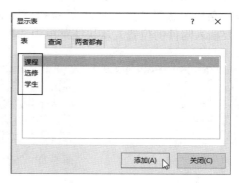

图 5-25   "关系"按钮   图 5-26   "显示表"对话框

例如, 选择"选修"表中的"学号"字段, 用鼠标将其拖动到"学生"表中的"学号"字段处, 鼠标指针变成一个 + 号后, 松开鼠标, 会弹出如图 5-27 所示的"编辑关系"对话框, 选中"实施参照完整性"'级联更新相关字段'和'级联删除相关记录'复选框。单击"创建"按钮, 返回关系布局窗口, 会发现在"学生"表和"选修"表之间建立了一条连接线, 连接线的两端分别标有 1 和 ∞, 表示"学号"之间的一对多关系。用同样的方法建立"选修"表的"课程号"和"课程"表的"课程号"之间的关系, 建立后的关系如图 5-28 所示。

在图 5-27 中, 选择"级联更新相关字段", 表示当主键的值发生变化时, 相应的外部键的值也会被自动修改。例如，如果"学生"表中某个学生的学号发生变化，则相应的"选修"表中该学生的学号也会被自动修改；选择"级联删除相关记录"，表示当删除被参照关系中的某记录时，则参照关系中所有相关联的记录将被自动删除。例如，如果删除了"学生"表中某个学生的记录，则该学生在"选修"表中的所有选课记录也会被自动删除。

　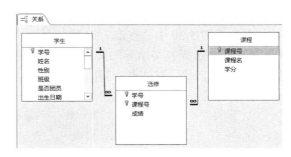

图 5-27　"编辑关系"对话框　　　　图 5-28　"学生选课"数推库中的关系布局窗口

设置数据表之间的关系后，打开数据表视图，会发现表之间已经建立了连接，如图 5-29 所示。在"学生"表的每一条记录前面有一个"+"号，展开后，可以看到每个学号对应的课程号和成绩，即反映了学生表中的"学号"与"选修"表的"学号"的关联关系。

图 5-29　在数据表视图中查看数据表之间的关系

要修改或删除表之间的关系，可以右击关系布局窗口中的关系连接线，在快捷菜单中选择"编辑关系"或"删除"。

创建了表之间的关系之后，如果需要继续向表中录入数据，则外部键的值需要满足参照完整性定义，否则数据无法录入。例如，不能在"选修"表中录入一个不存在的学生的学号或不存在的课程的课程号。

5.3.2　查询

Access 提供了多种途径来实现对数据库的查询，查询的数据源可以是基本表，也可以是已经创建的查询结果。创建查询可以使用"创建"选项卡的"查询"工具组中的工具按钮进行，也可以自行编写查询语句。"查询"工具组如图 5-30 所示。

1. 使用查询向导创建查询

使用"查询向导"时可以按照向导的提示一步一步定义查询，快速创建简单查询。例如，要查询"学生"表中学生的班级、学号和姓名，具体步骤如下。

图 5-30 "查询"工具组

1）单击图 5-30 中"查询"工具组中的"查询向导"按钮，打开"新建查询"对话框，在该对话框中选择查询向导的类型。例如，选择"简单查询向导"，单击"确定"按钮，打开"简单查询向导"对话框，如图 5-31 所示。

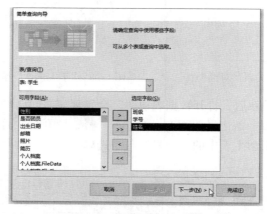

图 5-31 "简单查询向导"对话框——选择字段

2）在"简单查询向导"对话框中，在"表 / 查询"下拉列表中选择数据源，例如选择"学生"表，则会在"可用字段"列表中列出该表所有的字段，选择所需要的字段，单击右移按钮 ，将它们逐个移到右侧"选定字段"列表中。例如这里选中了班级、学号和姓名字段。接着单击"下一步"按钮。

3）在打开的对话框中为查询指定标题，如"学生班级信息"，如图 5-32 所示，单击"完成"按钮。则在"所有 Access 对象"窗格增加了一个查询对象，名称为"学生班级信息"，同时在右侧窗格显示本次查询结果，如图 5-33 所示。

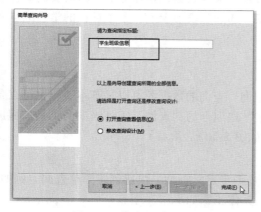

图 5-32 指定查询标题

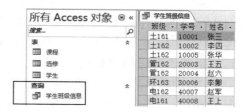

图 5-33 查询结果

2. 使用查询设计器创建查询

查询设计器提供了一个设计查询的人机交互界面,用户可以在该界面上定义各种查询条件,完成复杂查询。

例如,要查询所有姓赵的男生的学号、姓名、所选课程名和成绩,查询结果按成绩降序排序,步骤如下。

1)在 Access 中打开"学生选课"数据库。

2)单击"创建"选项卡的"查询"工具组中的"查询设计"按钮(见图 5-30)。

3)在打开的"显示表"对话框中选择添加所需要的表。这里要查询的信息涉及"学生"表、"课程"表和"选修"表,因此将它们全部添加进来。关闭"显示表"对话框,进入查询设计视图,如图 5-34 所示。

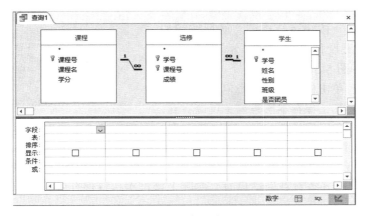

图 5-34　查询设计视图

4)在查询设计视图中选择查询所涉及的字段、指定查询条件,本例中查询条件的设置如图 5-35 所示。

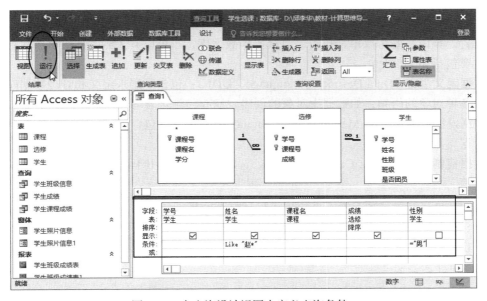

图 5-35　在查询设计视图中定义查询条件

查询设计视图中各设计选项的用途如下：

- 字段：指定查询所涉及的字段名称。
- 表：用于选择字段的来源表，对于多表查询，需要选择字段来自哪个表。
- 排序：为查询设置排序选项，可以选择升序、降序或不排序。图 5-35 指定了成绩按降序排序。
- 显示：指定本字段是否要在查询结果中显示。图 5-35 中，学号、姓名、课程名、成绩需要在查询结果中显示，而性别仅用于设置条件，不显示。
- 条件：用于指定查询的条件。如 Like“赵 *”表示所有姓名以赵开头的记录。
- 或：添加多重查询条件时，可以在该行添加新的条件，各条件之间是“或”的关系，即记录满足指定的多个条件之一即可。

5）运行查询：单击“查询工具”组的“设计”选项卡中的“运行”按钮运行查询。运行按钮如图 5-35 所示。如果设计正确，则显示查询结果，本例的查询结果如图 5-36 所示。

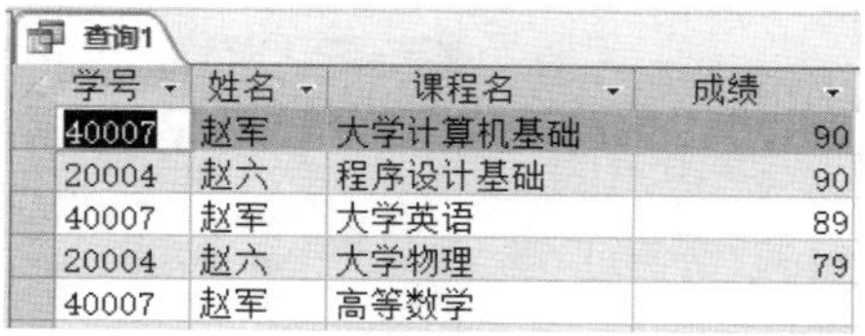

查询1

学号	姓名	课程名	成绩
40007	赵军	大学计算机基础	90
20004	赵六	程序设计基础	90
40007	赵军	大学英语	89
20004	赵六	大学物理	79
40007	赵军	高等数学	

图 5-36　查询结果

6）保存查询：单击保存按钮，指定查询名称，例如“学生课程成绩”，保存本次查询。可以看到，在“所有 Access 对象”窗格增加了一个查询对象，名称为“学生课程成绩”。

查询向导和查询设计器提供了人机交互设计界面，方便用户的查询设计过程。本质上，设计完的查询是以结构化查询语言的查询语句（SQL 语句）保存的，而不是保存查询结果产生的表。以后每次打开查看查询结果时，实际上是再次执行保存的 SQL 语句，动态生成最新的查询结果集。

用户也可以在 Access 中自行编写 SQL 语句，实现各种复杂的查询。

5.3.3　SQL 语句

SQL（Structured Query Language，结构化查询语言）是目前使用最为广泛的关系数据库查询语言，它简单易学，功能丰富，深受广大用户的欢迎。SQL 是操作关系数据库的工业标准语言。该语言既可以单独执行，直接操作数据库，也可以嵌入到其他语言中执行。SQL 语言主要包括如下部分。

数据定义语言（Data Definition Language，DDL）：包含了用来定义和管理数据库以及数据库中各种对象的语句，如数据库对象的创建、修改和删除语句。

数据操纵语言（Data Manipulation Language，DML）：包含了用来查询、添加、删除和修改数据库数据的语句。

数据控制语言（(Data Control Language，DCL）：主要用于设置或更改数据库用户或角色权限等。

这里仅重点介绍数据操纵语言中用于进行数据的查询、添加、修改和删除的语句。

1. SELECT 语句

SELECT 语句用于从数据库中查询满足条件的数据，并以表格的形式返回查询结果。其简单格式如下：

```
SELECT 字段列表
FROM 表名称列表
```

```
[ WHERE 条件 ]
[ GROUP BY 分组字段名 ] [HAVING 条件表达式 ]
[ ORDER BY 排序字段 [ASC|DESC] ]
```

各子句功能如下：

- SELECT 子句说明查询结果要包含的字段。
- FROM 子句说明查询的数据来源，即查询的数据来自哪些表对象或查询对象。
- WHERE 子句用于指明查询要满足的条件。
- GROUP BY 子句用于对查询结果按指定的字段进行分组。
- HAVING 短语必须跟随 GROUP BY 使用，它用来限定分组必须满足的条件。
- ORDER BY 子句用于对查询结果按指定字段进行排序，指定参数 ASC 表示按升序排序，指定参数 DESC 表示按降序排序。不指定排序方式，则默认为按升序排序。

SELECT 语句中的 SELECT 子句和 FROM 子句是必需的，其他子句可以按需选择使用（在以上的语法格式中放在方括号里的表示可以省略）。所有子句可以写在同一行中，也可以分多行书写，关键字不区分大小写。参数中用到的标点符号、运算符号等需要使用西文符号，例如逗号、＊号、双引号、关系运算符号等。

在 Access 中编写并执行 SQL 语句，可以单击"创建"选项卡的"查询"组中的"查询设计"按钮，在弹出的"显示表"对话框中不选择任何内容，直接关闭，然后单击"查询工具"组的"设计"选项卡上的"SQL 视图"按钮，或从其下拉列表中选择"SQL 视图"，从而可以在打开的窗口中输入 SQL 语句，书写完毕后使用工具栏的"运行"按钮执行查询。运行正确后，单击保存按钮保存查询。

下面以"学生选课"数据库为例，介绍 SELECT 语句的基本使用。

（1）SELECT 语句示例——SELECT 子句

SELECT 子句中的"字段列表"用于指定查询结果所要包含的字段（列），各字段名之间用逗号分隔。如果查询结果包含所有字段，且查询结果字段的顺序和定义表的字段顺序一致，可以使用 ＊ 号代表中所有字段，简化查询语句的书写。

【例 5-1】查询"学生"表中的所有学生的所有信息。

解： 查询语句如下：

```
SELECT *
FROM 学生
```

【例 5-2】查询"学生"表中的所有学生的学号和姓名。

解： 查询语句如下：

```
SELECT 学号 , 姓名
FROM 学生
```

【例 5-3】查询"学生"表中的前三条记录。

解： 可以使用 TOP n 参数指定查询表的前 n 条记录，本例的查询语句如下：

```
SELECT TOP 3 *
FROM 学生
```

【例 5-4】查询"学生"表中的前 50% 的记录。

解： 查询语句如下：

```
SELECT TOP 50 PERCENT *
FROM 学生
```

【例 5-5】从"学生"表中查询一共有哪些班级。

解： 从"学生"表中查询班级信息，可能会得到重复的记录，也就是重复的班级，因此需要去除重复的班级，只保留一个，使用 DISTINCT 参数可以去掉查询结果中的重复记录。本例的查询语句如下：

```
SELECT DISTINCT 班级
FROM 学生
```

（2）SELECT 语句示例——WHERE 子句

使用 WHERE 子句可以实现查询满足条件的记录，条件在 WHERE 之后指定。

【例 5-6】查询"学生"表中的所有男生信息。

解： 查询语句如下：

```
SELECT *
FROM 学生
WHERE 性别 =" 男 "
```

【例 5-7】查询"学生"表中所有姓赵的学生记录。

解： 查询语句如下：

```
SELECT *
FROM 学生
WHERE 姓名 LIKE " 赵 *"
```

这里，在 WHERE 子句中使用 LIKE 运算符和通配符 * 进行模糊查询。通配符为 * 号代表匹配任意长度的字符串，通配符为 ? 号代表匹配任意一个字符。例如，如果要查找姓名只有两个字的姓赵的学生，则条件应写成：姓名 LIKE " 赵 ?"。

【例 5-8】查询 1995 年 1 月 1 日以后出生的学生的姓名和出生日期。

解： 查询语句如下：

```
SELECT 姓名 , 出生日期
FROM 学生
WHERE 出生日期 >#1995-1-1#
```

这里的条件中用到了关系运算符大于 >，常见的关系运算符有：大于（>）、大于或等于 (>=)、小于 (<)、小于或等于 (<=)、不等 (<>)。日期常量需要用一对 # 号括起来，如 #1995-1-1#。

【例 5-9】查询"学生"表中所有入学成绩在 590 分到 620 分之间的学生记录。

解： 查询语句如下：

```
SELECT *
FROM 学生
WHERE 入学成绩 >=590 AND 入学成绩 <=620
```

这里的条件中用到了逻辑运算符 AND，表示其两边的条件要同时满足，常见的逻辑运算符有：与（AND）、或（OR）、非（NOT）等。

【例 5-10】查询"学生"表中的所有非团员的男生信息。

解： 查询语句如下：

```
SELECT *
FROM 学生
WHERE NOT 是否团员 AND 性别 =" 男 "
```

【例 5-11】查询选修了某门课程，但未参加考试的学生学号和课程号。

解：未参加考试即选修表中成绩为空值，为空可以用 is null 表示，本例的查询语句如下：

```
SELECT 学号，课程号
FROM 选修
WHERE 成绩 is null
```

在表示条件时，还可以使用其他特殊运算符来表示查询条件，常用的特殊运算符有 is [not] null、[not] between A and B、[not] in 等。其中，is [not] null 用于空值处理，[not] between A and B 和 [not] in 用于表示范围。

【例 5-12】查询成绩为良（80 ～ 89 分）的学生的学号和成绩。

解：

方法一：

```
SELECT 学号，成绩
FROM 选修
WHERE 成绩 between 80 and 89
```

方法二：

```
SELECT 学号，成绩
FROM 选修
WHERE 成绩 >=80 and 成绩 <=89
```

【例 5-13】查询班级不是土 161、管 161 和电 161 的学生的姓名和性别。

解：

方法一：

```
SELECT 姓名，性别
FROM 学生
WHERE 班级 Not In (" 土 161"," 管 161"," 电 161")
```

方法二：

```
SELECT 姓名，性别
FROM 学生
WHERE 班级 <>" 土 161" and 班级 <>" 管 161" and 班级 <>" 电 161"
```

（3）SELECT 语句示例——ORDER BY 子句

SELECT 语句中的 ORDER BY 子句用于指定对查询结果按什么字段排序。指定参数 ASC 表示按升序排序，指定参数 DESC 表示按降序排序，如果不指定排序顺序，则默认为按升序排序。

【例 5-14】查询"学生"表中的所有非团员信息，并按入学成绩从高到低排序。

解：查询语句如下：

```
SELECT *
FROM 学生
WHERE NOT 是否团员
ORDER BY 入学成绩 DESC
```

（4）SELECT 语句示例——使用内置函数

SQL 语言提供了大量的内置函数，用于对数据库中的数据进行各种计算和统计，包括数学与三角函数、日期与时间函数、字符串函数、聚合函数等。聚合函数是指对一组值执行计算，并返回单个值的函数。如求和、求平均、计数、求最大值、求最小值函数等。

【例 5-15】查询全体学生的姓名和年龄。

解： 查询语句如下：

```
SELECT 姓名 ,YEAR(DATE())-YEAR( 出生日期 ) AS 年龄
FROM 学生
```

其中，DATE() 函数表示获取当前日期，YEAR() 函数用于获取参数指定的日期对应的年份，"AS 年龄"用于指定计算表达式在查询结果中要显示的列名称为"年龄"，查询结果如图 5-37a 所示。如果不指定 AS 参数，则查询结果的列名称由系统自动生成，如图 5-37b 所示。

a）使用 AS 参数   b）不使用 AS 参数

图 5-37 使用 AS 参数指定列名称

【例 5-16】查询学生的总人数、平均入学成绩。

解： 查询语句如下：

```
SELECT COUNT(*) AS 总人数 , AVG( 入学成绩 ) AS 平均入学成绩
FROM 学生
```

【例 5-17】查询"学生"表中的最高入学成绩和最低入学成绩。

解： 查询语句如下：

```
SELECT MAX( 入学成绩 ) AS 最高分 ,MIN( 入学成绩 ) AS 最低分
FROM 学生
```

（5）SELECT 语句示例——分组统计

当 SELECT 子句中包含聚合函数时，可以使用 GROUP BY 子句对查询结果进行分组统计，计算每组记录的汇总值，还可以结合使用 HAVING 子句限定分组满足的条件。分组查询中 SELECT 子句后面指定的列要么是聚合函数，要么是以此分组的列。

【例 5-18】在"学生"表中按性别分别统计男、女学生的平均入学成绩。

解： 查询语句如下：

```
SELECT 性别 ,AVG( 入学成绩 ) AS 平均成绩
FROM 学生
GROUP BY 性别
```

【例 5-19】查询"选修"表中各门课程的平均成绩。

解： 查询语句如下：

```
SELECT 课程号 , AVG( 成绩 ) AS 平均成绩
FROM 选修
GROUP BY 课程号
```

【例 5-20】查询"选修"表中成绩在 80 分及以上的各门课程的平均成绩。

解： 查询语句如下：

```
SELECT 课程号 , AVG( 成绩 ) AS 平均成绩
FROM 选修
```

```
WHERE  成绩 >=80
GROUP  BY  课程号
```

这里先用 WHERE 子句限定 80 分以上的记录，然后对满足条件的记录用 GROUP BY 子句进行分组。

【例 5-21】查询选修了 3 门以上课程的学生的学号和平均成绩（平均成绩保留 1 位小数）。

解：查询语句如下：

```
SELECT  学号 ,ROUND(AVG( 成绩 ),1)  AS  平均成绩
FROM  选修
GROUP  BY  学号
HAVING COUNT(*)>=3
```

WHERE 子句与 HAVING 子句的区别在于作用的对象不同。WHERE 子句作用于 Access 的表对象或查询对象，从中选择满足条件的记录，而 HAVING 子句作用于组，从中选择满足条件的记录。HAVING 子句通常与 GROUP BY 子句联合使用，用来过滤由 GROUP BY 子句返回的记录集。HAVING 子句的存在弥补了 WHERE 关键字不能与聚合函数联合使用的不足。

（6）SELECT 语句示例——多表查询

如果要查询的数据来自多张表，则需要在查询时指明表和表之间的关联关系。例如，在"学生选课"数据库中，"学生"表和"课程"表之间通过"选修"表建立了联系，当学生表中的"学号"与"选修"表中的学号相同时，对应的选修记录表示同一个学生的选课信息。同样，当"课程"表中的"课程号"与"选修"表中的"课程号"相同时，对应的选修记录表示同一门课程的选修信息。因此，"选修"表通过外部键"学号"和"课程号"建立了与"学生"表和"课程"表之间的关系。当查询的数据来自多张表时，需要在查询条件中指明这些表之间的这种关联关系，即指明表和表之间的连接条件。

【例 5-22】查询选修了"程序设计基础"课程的学生的学号、课程号、成绩。

解：本例的查询结果涉及"课程"表和"选修"表，因此需要指明这两个表之间的连接条件，即课程 . 课程号 = 选修 . 课程号，表示将课程表的课程号与选修表的课程号进行等值连接，具体如下：

```
SELECT  选修 . 学号 ,  课程 . 课程号 ,  选修 . 成绩
FROM  课程 , 选修
WHERE  课程 . 课程号 = 选修 . 课程号  AND  课程 . 课程名 =" 程序设计基础 "
```

当查询的字段来自多个表时，一般要在字段名前面加上表名称加以限定，写成"表名 . 字段名"，如果字段名在多个表中是唯一的（没有重名），也可以省略前面的表名限定。例如，本例的查询语句也可以写成：

```
SELECT  选修 . 学号 ,  课程 . 课程号 ,  成绩
FROM  课程 , 选修
WHERE  课程 . 课程号 = 选修 . 课程号  AND  课程名 =" 程序设计基础 "
```

因为"成绩"字段只在"选修"表中出现，所以省略了其前面的表名"选修"。同样，"课程名"字段只在"课程"表中出现，所以省略了其前面的表名"课程"。

【例 5-23】查询所有学生的班级、学号、姓名、所选课程的名称及课程成绩。

解：这里要查询的信息来自"学生"表、"课程"表和"选修"表，相应的查询语句如下：

```
SELECT 学生.班级,学生.学号,学生.姓名,课程.课程名,选修.成绩
FROM 学生,课程,选修
WHERE 学生.学号=选修.学号 AND 选修.课程号=课程.课程号
```

本例中，WHERE 子句后面的条件即为"学生"表、"选修"表和"课程"表之间的连接条件。

2. INSERT 语句

INSERT 语句用于向表中插入新的记录，INSERT 语句的基本格式如下：

```
INSERT INTO 表名 [ ( 列名1, 列名2, ..., 列名n) ]
VALUES ( 值1, 值2, ..., 值n)
```

表示向指定的表插入一条新记录，该记录对应的列 1、列 2……列 n 的值分别为值 1、值 2……值 n。

【例 5-24】向"课程"表添加一门新的课程，课程号为"009"，课程名称为"结构力学"，学分为 3。

解： 查询语句如下：

```
INSERT INTO 课程 ( 课程号 , 课程名 , 学分 )
VALUES("009"," 结构力学 ",3)
```

如果插入的数据项包含了表中的所有字段，则可以省略列名。例如，以上 INSERT 语句也可以简写成：

```
INSERT INTO 课程
VALUES("009"," 结构力学 ",3)
```

注意，VALUES 子句提供的值要按顺序与指定的列名逐个保持类型的一致，并满足表定义的其他约束条件，否则将出错。

3. DELETE 语句

DELETE 语句用于删除表中满足指定条件的记录。DELETE 语句的基本格式如下：

```
DELETE FROM 表名 [WHERE 删除条件 ]
```

表示从指定的表中删除满足条件的记录。如果不指定 WHERE 子句，则表示删除表中的所有记录。

【例 5-25】删除"课程"表中课程号为"009"的课程记录。
解： 查询语句如下：

```
DELETE FROM 课程 WHERE 课程号 ="009"
```

【例 5-26】删除名称为"表 1"的表中的所有记录。
解： 查询语句如下：

```
DELETE FROM 表 1
```

4. UPDATE 语句

UPDATE 语句用于修改（更新）表中的数据。UPDATE 语句的基本格式如下：

```
UPDATE 表名
SET 列名1=值1 [, 列名2=值2, ..., 列名n=值n ]
[WHERE 更新条件 ]
```

表示将指定的表中满足条件的记录的列名 1 的值改为值 1、列名 2 的值改为值 2······列名 n 的值改为值 n。如果不指定 WHERE 条件，则将修改所有记录的指定列的值。

【例 5-27】将"学生"表中学号为"007"的学生所在的班级改为"电 162"。

解：查询语句如下：

```
UPDATE 学生
SET 班级 =" 电 162"
WHERE 学号 ="007"
```

注意：修改数据时，不能违反已经定义的约束条件，否则将出错。

5.3.4　窗体设计

窗体是 Access 的重要对象，是用来显示和维护表中数据最灵活的一种形式。窗体中的数据可以来自表或查询。在窗体视图中，窗体上每次只显示一条记录，用户可以使用窗体上的浏览记录按钮浏览记录，并对当前记录进行修改。

在 Access 中，使用"创建"选项卡的"窗体"组中的按钮（见图 5-30），以多种方法创建窗体。

以下以浏览"学生"表的照片为例，要求在窗体上显示学生的班级、学号、姓名和照片，介绍使用窗体向导创建窗体和使用窗体设计器创建窗体的基本方法。

1. 使用窗体向导创建窗体

使用窗体向导创建窗体的步骤如下：

1）打开"学生选课"数据库，在"创建"选项卡的"窗体"组中，单击"窗体向导"按钮，打开如图 5-38 所示的对话框。在该对话框的"表 / 查询"下拉列表框中选择"学生"表，在下方的"可用字段"列表框中列出了"学生"表的所有可选字段，依次选择并移动"班级""学号""姓名""照片"字段到右侧"选定字段"列表框中。

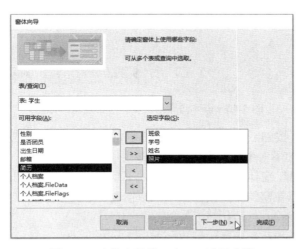

图 5-38　窗体向导第一步——选择字段

2）单击"下一步"按钮，打开窗体向导第二步对话框，如图 5-39 所示，在该对话框中选择窗体布局，这里假设使用默认的布局"纵栏表"。

3）单击"下一步"按钮，打开窗体向导第三步对话框，如图 5-40 所示，在该对话框中为窗体指定标题，这里指定标题"学生照片信息"。

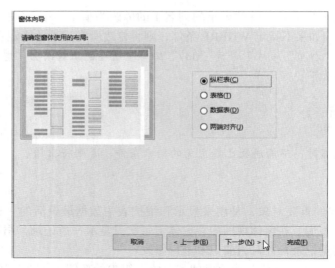

图 5-39   窗体向导第二步——确定窗体布局

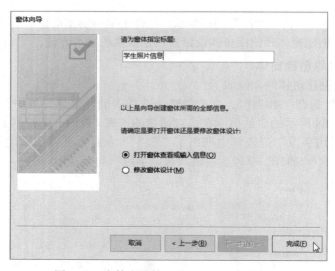

图 5-40   窗体向导第三步——指定窗体标题

4）单击"完成"按钮，创建如图 5-41 所示的学生照片信息窗体。同时，在"所有 Access 对象"窗格增加了一个新的窗体对象"学生照片信息"。

在"学生照片信息"窗体上，可以单击其左下角的浏览记录按钮进行记录的浏览，每次显示一条记录，也可以在窗体中直接对显示的数据内容进行修改。

2. 使用窗体设计器创建窗体

对于使用窗体向导创建的窗体，如果需要进一步修改布局或增减其他信息，可以在"所有 Access 对象"窗格右击窗体对象名，从快捷菜单中选择"设计视图"，进入窗体设计器进行进一步修改。

如果需要自己设计窗体，也可以直接使用窗体设计器自行设计，步骤如下：

1）在"创建"选项卡的"窗体"组中，单击"窗体设计"按钮，打开窗体设计器。如图 5-42 所示。

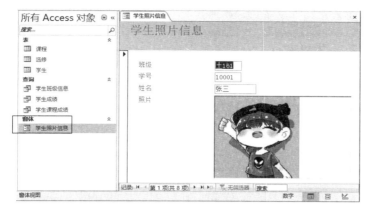

图 5-41 "学生照片信息"窗体

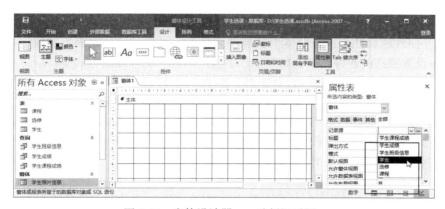

图 5-42 窗体设计器——选择记录源

2）在"窗体设计工具"组的"设计"选项卡上，单击"工具"组的"属性表"按钮，在右侧属性表窗格中选择记录源，这里选择"学生"表，如图 5-42 所示。

3）单击工具栏的"添加现有字段"按钮，则会在右侧窗格显示所选择的数据源的所有可用的字段名称。将需要添加到窗体上的字段拖动到窗体设计器的主体位置，如图 5-43 所示，添加了班级、学号、姓名和照片字段。

4）调整控件布局：将每一个字段拖动到窗体设计器主体中后，在主体上会显示一个标签控件和相应的显示字段内容的控件（如文本框）。将鼠标指针指向这一对控件，若指针变为十字形状 ，拖动鼠标时会移动标签和对应的内容控件。通过拖动控件左上角的小方框调整单个控件的位置。使用"窗体设计工具"组的"排列"和"格式"选项卡可以进一步针对窗体中选定的控件调整布局或设置窗体格式。

5）给窗体添加页眉或页脚：如果需要给窗体添加页眉或页脚，可以右击窗体设计器空白处，从快捷菜单中选择"窗体页眉 / 页脚"，从而会在主体的上方和下方新增页眉和页脚设计区域。

6）向窗体上添加其他控件：使用"窗体设计工具"组"设计"选项卡上"控件"组中的按钮，可以向窗体上添加各种控件，如标签、文本框、徽标、日期时间等。例如，这里使用标签控件按钮 Aa 给页眉位置添加标签"学生照片信息"，使用日期时间控件按钮 在页脚位置添加日期和时间，这里删除时间控件，只保留日期。

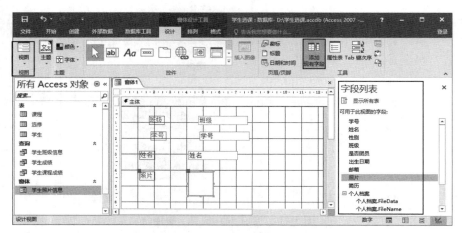

图 5-43 窗体设计器——添加现有字段

7）设置控件的属性：选择窗体上的控件，单击工具栏的"属性表"按钮，可以在右侧的属性表中设置控件的各种属性，如字体、字号、颜色、图片缩放模式等。

8）查看设计效果：在"窗体设计工具"组的"设计"选项卡上，使用工具栏中"视图"按钮下拉列表中的"窗体视图"，或右击窗体对象选项卡名称，选择"窗体视图"，浏览设计效果。如果对效果不满意，可以用类似的方法，选择"设计视图"，打开窗体设计器继续修改。

9）保存窗体：使用保存按钮 ，或右击窗体对象选项卡名称，选择"保存"，指定窗体对象的名称，如"学生照片信息 1"，保存当前窗体对象，之后在"所有 Access 对象"窗格便可以看见新设计的窗体对象名称。

图 5-44 是设计好的"学生照片信息"设计视图，图 5-45 是对应的窗体视图。

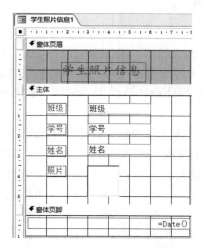

图 5-44 "学生照片信息"设计视图

图 5-45 "学生照片信息"窗体视图

5.3.5 报表设计

报表也是 Access 数据库的重要对象，主要用来把表、查询结果的数据生成格式化的报表形式，供打印预览和打印。

在 Access 中，使用"创建"选项卡"报表"组中的按钮（见图 5-30），以多种方法创建报表。

　　以下以创建"学生成绩"表为例，要求在报表上显示学生的班级、学号、姓名、课程名和成绩，介绍使用报表向导创报表和使用报表设计器创建报表的基本方法。假设已经使用前面介绍的查询方法（例 5-23）在"学生选课"数据库中创建了一个查询对象"学生成绩"，其中包含所有学生的班级、学号、姓名、所选课程名和成绩。

1. 使用报表向导创建报表

　　使用报表向导创建报表的步骤如下：

　　1）打开"学生选课"数据库，在"创建"选项卡的"报表"组中，单击"报表向导"按钮，打开如图 5-46 所示的对话框。在该对话框的"表/查询"下拉列表框中选择查询表"学生成绩"，在下方的"可用字段"列表框中列出了该查询表的所有可选字段，选择并移动"班级""学号""姓名""课程名""成绩"字段到右侧"选定字段"列表框中。如图 5-46 所示。

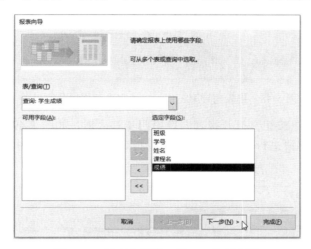

图 5-46　报表向导第一步——选择字段

　　2）单击"下一步"按钮，打开报表向导第二步对话框，如图 5-47 所示，在该对话框中确定查看数据的方式，这里选择"通过 选修"查看数据，在右侧窗格可以查看字段布局。

图 5-47　报表向导第二步——确定查看数据的方式

3）单击"下一步"按钮，打开报表向导第三步对话框，如图 5-48 所示。在该对话框中可以指定对报表数据进行分组显示。例如，这里指定按"班级"分组。

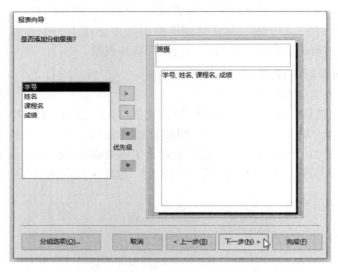

图 5-48　报表向导第三步——指定是否添加分组级别

4）单击"下一步"按钮，打开报表向导第四步对话框，如图 5-49 所示。在该对话框中可以指定对报表按某字段进行排序。例如，这里指定按"学号"升序排序。还可以进一步指定汇总选项。

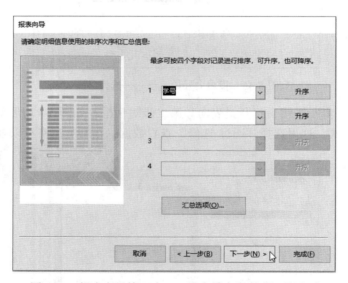

图 5-49　报表向导第四步——指定排序字段和汇总选项

5）单击"下一步"按钮，打开报表向导第五步对话框，如图 5-50 所示。在该对话框中可以指定报表的布局方式。

6）单击"下一步"按钮，打开报表向导第六步对话框，如图 5-51 所示。在该对话框中为报表指定标题。这里指定"学生班级成绩表"。

7）在图 5-51 中选择"预览报表"，单击"完成"按钮，进入报表视图，如图 5-52 所示。

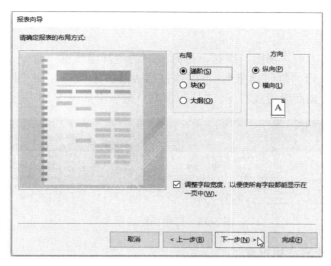

图 5-50 报表向导第五步——指定报表的布局方式

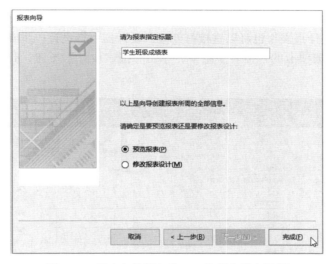

图 5-51 报表向导第六步——为报表指定标题

图 5-52 报表视图——学生班级成绩表

完成报表设计之后，在"所有 Access 对象"窗格新增了一个报表对象"学生班级成绩表"，如图 5-52 所示。

选择"开始"选项卡"视图"按钮下拉列表中的"打印预览"命令，或右击报表对象名称，从快捷菜单中选择"打印预览"，可以预览报表的打印效果。在"打印预览"选项卡上可以继续对报表进行页面设置或打印。"打印预览"选项卡如图 5-53 所示。

图 5-53　打印预览选项卡

2. 使用报表设计器创建报表

对于使用报表向导创建的报表，如果需要进一步修改布局或增减其他信息，可以在"所有 Access 对象"窗格右击报表名称，从快捷菜单中选择"设计视图"，进入报表设计器进行进一步修改。

如果需要自己设计报表，也可以直接打开报表设计器自行设计，步骤如下：

1）在"创建"选项卡的"报表"组中，单击"报表设计"按钮，打开报表设计器，如图 5-54 所示。

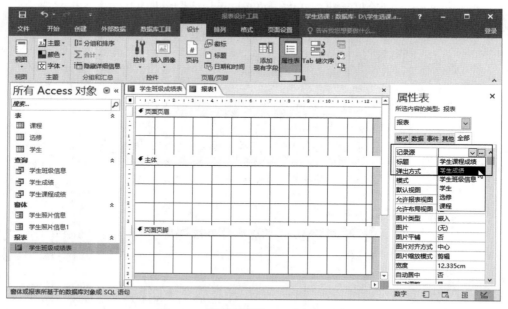

图 5-54　报表设计器——选择记录源

2）在"报表设计工具"组的"设计"选项卡上，单击"工具"组的"属性表"按钮，在右侧属性表窗格中选择记录源，这里选择"学生成绩"查询，如图 5-54 所示。

3）单击工具栏的"添加现有字段"按钮，在右侧窗格选择"可用于此视图的字段"。将需要添加到报表上的字段拖动到报表设计器的主体位置，如图 5-55 所示，添加了班级、学号、姓名、课程名和成绩字段。

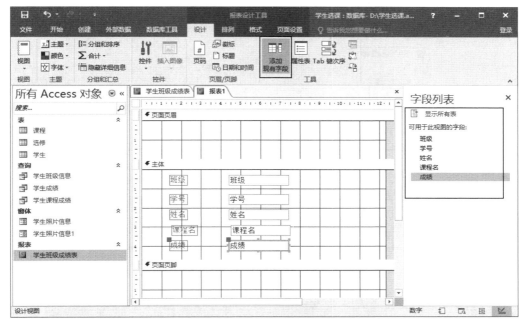

图 5-55　报表设计器——添加字段

4）调整报表布局：将每一个字段拖动到报表设计器主体中后，在主体上会显示一个标签控件和相应的显示字段内容的控件。将鼠标指针指向这一对控件，若指针变为十字形状 ，拖动鼠标时会移动标签和对应的内容控件。通过拖动控件左上角的小方框调整单个控件的位置。这里剪切所有的标签控件并粘贴到页面页眉位置，作为表格标题行。也可以通过拖动鼠标调整各控件的布局，或使用"报表设计工具"组的"排列""格式""页面设置"选项卡进一步针对报表中选定的控件调整布局或设置报表的格式。

5）添加报表页眉或页脚：如果需要给报表添加页眉或页脚，可以在报表设计器空白位置右击鼠标，从快捷菜单中选择"报表页眉/页脚"，从而会在页面的上方和下方新增报表页眉和报表页脚设计区域。

6）向报表上添加其他控件：使用"报表设计工具"组"设计"选项卡上"控件"组中的按钮，可以向报表上添加各种控件，如标签、文本框、页码、日期时间、表格线等。例如，使用工具栏的标签控件按钮 **Aa** 给报表页眉位置添加标签"学生成绩表"，使用工具栏的直线控件＼在标题和记录之间以及记录和记录之间添加分隔线。

7）设置控件的属性：选择窗体上的控件，单击工具栏的"属性表"按钮，可以在右侧的属性表中设置控件的各种属性，如修改标题的字体、字号、颜色，设置分隔线的粗细，设置标签和文本框为无边框线等。

8）查看设计效果：在"报表设计工具"组的"设计"选项卡上，使用工具栏中"视图"按钮下拉列表中的"报表视图"，或右击报表选项卡名称，选择"报表视图"，浏览设计效果。如果对效果不满意，可以用类似的方法，选择"设计视图"，进入报表设计器继续修改。用类似的方法，选择"打印预览"选项可以预览打印效果。

9）保存报表：使用保存按钮 ，或右击报表对象选项卡名称，选择"保存"，指定报表对象的名称，如"学生班级成绩表1"，保存当前报表对象，之后在"所有 Access 对象"窗格便可以看见新设计的报表对象的名称。

图 5-56 是设计好的"学生成绩表"报表设计视图，图 5-57 是对应的报表视图。

图 5-56   "学生成绩表"设计视图

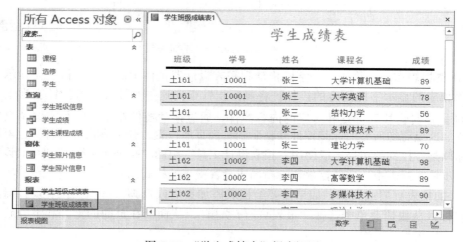

图 5-57   "学生成绩表"报表视图

在 Access 数据库中，除了可以创建前面介绍的表、查询、窗体、报表对象之外，还可以通过创建宏、模块来完成更多更强大的功能。

习题

一、简答题

1. 数据管理技术经历了哪几个阶段，各阶段有什么特点？

2. 什么是数据库？什么是数据库管理系统？什么是数据库应用系统？什么是数据库系统？

3. 实体之间的联系有哪几种？

4. 关系模型由哪三部分组成？

5. 什么是关系、字段、记录、候选码、主码、主属性？

6. 对关系的操作有哪些？

7. 关系的完整性约束包括哪些?

8. 假设某人事数据库中要创建一个"职工信息"表,包含的字段有:职工号、姓名、性别、出生日期、是否党员、手机号、电子邮箱、照片、所在部门编号。请定义各个字段的数据类型。主码应是什么?

9. 在第 8 题的数据库中再创建一个"部门信息"表,设包含的字段有:部门编号、部门名称、部门简介。主码为部门编号。如何定义"职工信息表"和"部门信息"表之间的关联关系。

10. SQL 语言主要包括哪三大部分?

二、填空题

1. 现实世界中的数据经过人们的认识和抽象,形成信息世界。在信息世界中用_____模型来描述数据及其联系。根据所使用的具体机器和数据库管理系统,需要对该模型进行进一步转换,形成在具体机器环境下可以实现的_____模型。

2. 在 E-R 图中,实体用_____表示,属性用_____表示,联系用_____表示。

3. 传统的数据模型分为层次模型、网状模型和_____3 种。

4. 在关系数据模型中,关系模型中数据的逻辑结构是_____。

5. _____是唯一能识别表中每一条记录的字段。

6. Access 数据库文件的扩展名是_____。

7. Access 数据库的核心对象是_____。

8. Access 数据库包含的 6 种对象是_____。

9. _____语言是操作关系数据库的工业标准语言。

10. _____语句用于从数据库中查询满足条件的数据,并以表格的形式返回查询结果。

第 6 章

逻 辑 思 维

学习目标

- 了解逻辑和逻辑思维的概念。
- 理解命题的概念以及命题的判断方法。
- 了解命题符号化方法，掌握逻辑联结词的使用。
- 掌握利用真值表的构建方法。
- 了解等值演算，掌握逻辑推理方法。

计算机凭借超快的运算速度和超大的存储量，在数值运算和信息处理方面显现出超越人类的能力。同时，计算机也可以模拟人类的逻辑思维来求解逻辑推理问题，但前提是人们先通过逻辑思维对问题进行分析、分解，设计解决方案，并将求解模型输入给计算机。如何对问题进行概念抽象和逻辑推理是逻辑思维的主要范畴。逻辑思维是用科学的抽象概念、范畴来揭示事物的本质，表达认识现实的结果。本章将介绍逻辑思维及其训练方法、命题逻辑，以及如何用真值表进行逻辑推理。

6.1 逻辑思维相关概念

计算思维的一个重要目的是使计算机能够实现逻辑思考。但是计算机本身没有逻辑思维，必须通过人类给定的模型才能进行逻辑推理。只有了解逻辑思维才能进行逻辑推理，继而给出逻辑推理的模型。

6.1.1 逻辑思维的概念

逻辑思维，或称抽象思维、垂直思维，是人们在认识过程中借助概念、命题、判断和推理等形式，运用分析、综合、归纳和演绎等方法，对丰富多彩的感性事物进行去粗取精、去伪存真、由此及彼、由表及里的加工制作从而反映现实的过程。

与逻辑思维相关的几个概念有逻辑、逻辑学、思维等。"逻辑"原意是指言辞、思想、理性、规律等，古代西方学者把逻辑当作推理论证的学问。逻辑主要包含如下几层意思：

1）指客观事物发展变化的规律，如"天体运行的逻辑"等。

2）指思维的规律或规则，如"设计问题求解方案时要注意逻辑"。

3）特指一门研究思维的逻辑形式及其规律和方法的科学，即逻辑学。

思维最初是人脑借助语言对客观事物进行概括和间接反映的过程。思维以感知为基础，又超越了感知的界限。通常意义上的思维，涉及所有的认知或智力活动。它探索与发现事物的内部本质联系和规律性，是认识过程的高级阶段。思维有它固有的形式和规律，这些规律不是主观的产物，而是客观事物、现象间的关系在人们头脑中的反映。思维的形式包括概念、判断、推理、证明、假说等。因此，可以说逻辑学是研究思维的逻辑形式及其规律的科学。

逻辑学除了研究思维的规律外，还研究思维的形式。思维的形式结构包括了概念、判断和推理之间的结构和联系。

综上分析，逻辑思维是人脑的一种理性活动，思维主体把感性认识阶段获得的对于事物认识的信息材料抽象成概念，运用概念进行判断，并按一定的逻辑关系进行推理，从而产生新的认识。逻辑思维具有规范、严密、确定和可重复的特点。

本章介绍的逻辑思维是指用计算机逻辑来解决问题的思维，将一个困难问题分解，通过逻辑分析和细分步骤构思出解决方案，从而形成解决问题的模型，并应用到更多同类问题中。

6.1.2　逻辑思维的特征

逻辑思维与形象思维不同，它是用科学的抽象概念、范畴来揭示事物的本质，表达认识现实的结果。

逻辑思维的特征主要包括以下方面。

（1）概念的特征

概念是反映事物本质属性的思维形式。概念不清就容易陷入迷茫，产生错误。每一个概念都具有内涵和外延两个基本特征。例如，当讨论"鸟"这个概念时，我们可以知道"鸟"拥有"有羽毛""卵生""脊椎动物"等特点，这些就是"鸟"这个概念的内涵，此外，还可以知道"鸡""鹅""鸭""喜鹊"都是"鸟"，这些就是"鸟"这个概念的外延。总结起来，概念的内涵就是指这个概念的具体含义，即事物"有什么特点"；概念的外延是指这个概念包含了哪些事物，即"包含什么"。

（2）判断的特征

判断是由概念组成的思维形式。"社会主义民主必须发扬"和"实践是检验真理的唯一标准"都是一种判断。这种判断有两个特点：一是判断必须对事物有所断定；二是判断总有真假。

（3）推理的特征

演绎推理的逻辑特征是：如果前提真，那么结论一定真，是必然性推理。非演绎推理的逻辑特征是：虽然前提是真的，但不能保证结论是真的，是或然性推理。

逻辑思维的特点是以抽象的概念、判断和推理作为思维的基本形式，以分析、综合、比较、抽象、概括和具体化作为思维的基本过程，从而揭露事物的本质特征和规律性联系。

6.1.3　数理逻辑的概念

生活中最常见和常用的逻辑主要是辩证逻辑和形式逻辑两种。前者是以辩证法认识论的世界观为基础的逻辑学，后者则主要是对思维的形式结构和规律进行研究的类似语法的一门工具性学科，具体又可分为传统形式逻辑和现代形式逻辑。传统形式逻辑，亦称古典形式逻辑，以两千多年前亚里士多德的名词逻辑（以直言三段论为中心）和斯多葛学派的命题逻辑（以假言三段论为中心）为代表。现代形式逻辑，通常称为数理逻辑，即用数学方法来研究推理的规律，这里的数学方法，就是引入一套符号体系的方法，所以数理逻辑又称为符号逻辑，它从量的侧面来研究思维规律。

17世纪的德国数学家莱布尼茨首先提出用演算符号表示逻辑语言的思想，设想能像数学一样利用公式来计算推理过程，从而得出正确的结论。由于当时的社会条件，他的想法并没有实现，但他的思想却是现代数理逻辑部分内容的萌芽。1847年，英国数学家布尔发表了《逻辑的数学分析》，成功建立了"布尔代数"，利用符号来表示逻辑中的各种概念，以及一系列的运算法则，利用数学方法研究逻辑问题。布尔代数也称逻辑代数，其所涉及的运算称为布尔运算，也称逻辑运算。布尔代数的创建初步奠定了数理逻辑的基础，也为解决工程实际问题提供了坚实的理论基础。19世纪末20世纪初，数理逻辑有了比较大的发展，1884年，德国数学家弗雷格出版了《算术基础》一书，在书中引入量词的符号，使得数理逻辑的符号系统更加完备。对建立这门学科做出贡献的还有美国人皮尔斯，他在著作中引入了逻辑符号，从而使现代数理逻辑最基本的理论基础逐步形成，成为一门独立的学科。

20世纪30年代，逻辑代数在电路系统上获得应用，随后，由于电子技术与计算机的发展，出现了各种复杂的大系统，它们的变换规律也遵守布尔所揭示的规律。

广义上，数理逻辑包括集合论、模型论、证明论、递归论。数理逻辑最基本也最重要的组成部分就是"命题演算"和"谓词演算"。命题演算是命题逻辑的公理化，是研究关于命题如何通过一些逻辑联结词构成更复杂的命题以及逻辑推理的方法。本章将介绍与命题演算相关的命题逻辑。

6.2　命题及命题判断

逻辑思维的一个主要任务是推理，而推理的前提和结论都是表达判断的陈述句。因此，表达判断的陈述句构成了推理的基本单位。在逻辑学中，把能判断真假的陈述句称为命题。

6.2.1　命题的概念

通常，在描述逻辑思维时，单独一个概念不能表达完整的思想，只有将概念和概念按照一定的规则联系起来才能表达完整的思想。假如只说"三角形"，那么这个概念没有阐述任何具体的知识，不能给予人们信息。但如果说"三角形的内角和等于180°"，那么就给出了三角形的一个重要性质，有利于认识和判别三角形。这种概念和概念的联合就是所谓的判断。

一般来说，把对某种对象有所肯定或有所否定的逻辑思维形式称为判断；把用语言、符号或式子表达的，能够判断真假的陈述句叫作命题。命题通常是表示某个观点或某种态度，它主要由主项、谓项、联项和量项四个部分组成。如"有些昆虫是益虫"，这里"有些"是量项（即量词），"昆虫"是主项（即主语），"是"是联项（即联结词），"益虫"是谓项（即表语或宾语，表示事物的性质）。

6.2.2　命题的类型

命题可以根据它的联项和量项进行分类。

根据联项是肯定还是否定，可以把命题分为肯定命题和否定命题，这也叫作按质分类。

例如，"北京是大都市"是肯定命题，而"1 不是负数"是否定命题。

根据量项表示数量的不同，可以把命题分为特称命题、全称命题和单称命题三种。例如，"有些整数是奇数"是特称命题，"所有的鱼都生活在水里"是全称命题，"这台电脑是坏的"是单称命题。

根据命题和命题之间的关系，可以将命题分为原命题、逆命题、否命题、逆否命题。例如，"若一个数是负数，则它的平方是正数"为原命题，那么"若一个数的平方是正数，则它是负数"为逆命题，"若一个数不是负数，则它的平方不是正数"为否命题；"若一个数的平方不是正数，则它不是负数"为逆否命题。

根据是否有联结词，可以把命题分为简单命题和复合命题。例如，"2 是素数"是一个简单命题，而"我学英语，或者我学法语"是复合命题。

6.2.3 命题的判断方法

从命题的定义可以看出，一个判断是否为命题，必须满足两个条件，一个是该判断必须是陈述句，另一个是该判断的真值必须唯一。在经典的二值逻辑里，命题可以只看成真和假两种，真和假统称为真值。判断为正确的命题的真值（或值）为真（记为 T 或 1），判断为错误的命题的真值为假（记为 F 或 0），因而又可以称命题是具有唯一真值的陈述句。

【例 6-1】判断下列语句哪些是命题？

1）8 小于 10

2）一个自然数不是素数就是合数

3）明年十一是晴天

4）地球外的星球也有人

5）公元 1100 年元旦下雨

6）8 大于 10 吗？

7）天空多漂亮！

8）$y=x+5$

9）禁止喧哗

10）我在说谎

解：判断一个句子是否是命题，首先要看它是否是陈述句，然后再看它的真值是否是唯一的。

在这 10 个句子中，1）是真命题；2）是假命题，素数是指除了 1 和自身以外不再有别的约数，反之除了 1 和自身以外还有别的约数就是合数，而 1 既不是素数，也不是合数，所以 2）是假命题；3）是命题，其真值虽然现在不知道，但是到了明年十一就知道了，即它的真值是唯一的，只是暂时未知；4）是命题，真值也是唯一却暂时未知的；5）是命题，其真值是唯一的，要么为真，要么为假，只是现在无法考证它的真假；6）不是命题，因为是疑问句；7）不是命题，因为是感叹句；8）不是命题，因为它没有明确的真值，或者真值不确定，例如当 $x=6$，$y=11$ 时，$y=x+5$ 成立，而当 $x=1$，$y=2$ 时，$y=x+5$ 不成立；9）不是命题，因为是祈使句（命令句）；10）不是命题，因为该句虽然是陈述句，且真值又唯一，只能为是或否，但它是悖论，不是命题。

悖论是指一种导致矛盾的说法。

公元前 6 世纪，古希腊克里特岛人埃匹门尼德（Epimenides）说了一句著名的话：所有的克里特岛人都说谎。他究竟说了一句真话还是假话？如果他说的是真话，那么由于他也是克里特岛人之一，他也说谎，因此他说的是假话；如果他说的是假话，则有的克里特岛人不说谎，他也可能是这些不说谎的克里特岛人之一，因此他说的可能是真话。这叫作"说谎者悖论"。

公元前 4 世纪，麦加拉学派的欧布里德斯（Eubulides）把该悖论改述为"一个人说：我正在说的这句话是假话"。这句话究竟是真的还是假的？如果这句话是真的，则它说的是真实的情形，而它说它本身是假的，因此它是假的；如果这句话是假的，则它说的不是真实的情形，因而它说它本身是假的，因此它说的是真话。于是，这句话是真的当且仅当这句话是假的。这种由它的真可以推出它的假，并且由它的假可以推出它的真的句子，一般被叫作"悖论"。可以这样理解悖论：如果从明显合理的前提出发，通过正确有效的逻辑推导，得出了两个自相矛盾的命题或这样两个命题的等价式，则称得出了悖论。这里的要点在于：推理的前提明显合理，推理过程合乎逻辑，推理的结果则是自相矛盾的命题或者是这样的命题的等价式。

6.3 命题符号化和联结词

只有命题才能用于逻辑推理，而用于推理的必须是符号化的命题。在命题逻辑学的整个推理过程中，将命题准确地符号化是关键且重要的第一步。若命题符号化是错误的，则最终的推理结果必然错误。

6.3.1 命题符号化

不能分解为更简单的陈述句的命题称为原子命题或简单命题。反之，由联结词、标点符号和原子命题复合构成的命题称为复合命题。

在逻辑学中，用小写的英文字母如 p，q，$r\cdots$，或是大写的英文字母如 P，Q，$R\cdots$，或是带有下标的大写英文字母如 P_i 等表示简单命题，类似这种将命题用合适的符号表示，称为命题符号化。

表示命题的符号称为命题标识符，例如 P 表示"2 是素数"，很明显 P 是一个简单命题，其中 P 就是命题标识符。又如，P 表示"天气好"，Q 表示"我去散步"，则命题"如果天气好，那么我去散步"是一个复合命题，表示为 $P \to Q$，P 和 Q 均是命题标识符。

一个命题标识符若表示确定的命题，就称为命题常量，而如果命题标识符表示的是一个可真可假的变量，则称为命题变元（也称为句子变元）。例如 P 表示"2 是素数"，命题 P 的真值是确定的，所以是命题常量；而对于命题"如果天气好，那么我去散步"，表示为 $P \to Q$ 的真值不确定，这种真值可以变化的命题称为命题变项或命题变元。

6.3.2 联结词

逻辑联结词用于将简单命题构成更复杂的命题（复合命题）。逻辑联结词类似于运算符号，包括否定、合取、析取、蕴含、等价等联结词。

1. 否定

设 P 为任一命题。复合命题"非 P"（或"P 的否定"）称为 P 的否定式，记作 $\neg P$。$\neg$ 为否定联结词。$\neg P$ 为真当且仅当 P 为假。命题 P 与其否定 $\neg P$ 的关系如表 6-1 所示。

表 6-1 否定真值表

P	$\neg P$
0	1
1	0

在表 6-1 中，1 表示"真"，也可以用 T 表示，0 表示"假"，也可以用 F 表示。自然语言里，常用的否定联结词有"非、不、不是、无、没有"等。

例如用符号 P 表示"今天下雨"的命题，则"今天不下雨"的命题表示为 $\neg P$。

2. 合取

设 P 和 Q 为两个命题，复合命题"P 且 Q"（或"P 和 Q"）称作 P 与 Q 的合取式，记作 $P \wedge Q$，$\wedge$ 为合取联结词。$P \wedge Q$ 为真当且仅当 P 与 Q 同时为真。P 和 Q 合取的关系如表 6-2 所示。

表 6-2 合取真值表

P	Q	$P \wedge Q$
0	0	0
0	1	0
1	0	0
1	1	1

自然语言里，常用的合取联结词有"既…又…""不仅…而且…""虽然…但是…"等。

【例 6-2】将下列命题符号化。

1）李平既聪明又用功

2）李平虽然聪明，但不用功

3）李平不但聪明，而且用功

4）李平不是不聪明，而是不用功

解：用 P 表示"李平聪明"，Q 表示"李平用功"，则 1）2）3）4）可分别符号化为 $P \wedge Q$，$P \wedge \neg Q$，$P \wedge Q$，$\neg(\neg P) \wedge \neg Q$。

合取的概念与自然语言中的"与"意义相似，但并不完全相同，不能见到"和""与"就用"$\wedge$"。例如，"李文与李武是兄弟""王芳和陈兰是好朋友"，这两个命题中分别有"与"及"和"字，可它们都是简单命题，而不是复合命题，因而，分别符号化为 P、Q 即可。

3. 析取

设 P 和 Q 为两个命题，复合命题"P 或 Q"称作 P 与 Q 的析取式，记作 $P \vee Q$，$\vee$ 为析取联结词。$P \vee Q$ 为真当且仅当 P 与 Q 至少一个为真。P 和 Q 析取的关系如表 6-3 所示。

表 6-3 析取真值表

P	Q	$P \vee Q$
0	0	0
0	1	1
1	0	1
1	1	1

从定义不难看出，析取式 $P \vee Q$ 表示的是一种"相容或"，允许 P 与 Q 同时为真，如"王燕学过英语或法语"，可符号化为 $P \vee Q$，其中 P 为"王燕学过英语"，Q 为"王燕学过法语"，

$P \vee Q$ 为真，只需 P 和 Q 有一个为真，当然也允许两个都为真。

但自然语言中的"或"有二义性，有时表示的是"相容或"，有时表示的是"相异或"（或者称"排斥或"）。例如，"派小李或小王中的一人去开会"，就不能将该命题符号化为 $P \vee Q$ 的形式，因为"一人"去开会限定了这里的"或"是"相异或"，即不允许两个人都去开会。"相异或"的写法可以借助 $\neg$、$\wedge$、$\vee$ 共同来表达，记作 $(\neg P \wedge Q) \vee (P \wedge \neg Q)$。

【例 6-3】 将下面命题符号化。

1）今天上午第一节课，我上英语课或数学课

2）灯泡不亮，可能是灯丝断了，也可能是开关坏了

解：

1）是相异或，因为第一节课要么是英语，要么是数学，不能同时发生。设 P 表示"第一节课上英语"，Q 表示"第一节课上数学"，则该命题的符号化表示为 $(P \wedge \neg Q) \vee (\neg P \wedge Q)$。

2）是相容或，因为灯泡不亮，可能是灯丝断了，也可能是开关坏了，允许同时发生。设 P 表示"灯丝断了"，Q 表示"开关坏了"，则该命题的符号化表示为 $P \vee Q$。

4. 蕴含

设 P 和 Q 为两个命题，复合命题"如果 P，则 Q"称作 P 与 Q 的蕴含式，记作 $P \rightarrow Q$，称 P 为蕴含式的前件，Q 为蕴含式的后件，$\rightarrow$ 称作蕴含联结词。$P \rightarrow Q$ 为假当且仅当 P 为真且 Q 为假。P 和 Q 蕴含的关系如表 6-4 所示。

表 6-4　蕴含真值表

P	Q	$P \rightarrow Q$
0	0	1
0	1	1
1	0	0
1	1	1

$P \rightarrow Q$ 表示的基本逻辑关系是，Q 是 P 的必要条件，或 P 是 Q 的充分条件。因此，复合命题"只要 P 就 Q""P 仅当 Q""只有 Q 才 P"等都可以符号化为 $P \rightarrow Q$ 的形式。

在使用蕴含联结词时，除了注意其表示的基本逻辑关系外，还应该注意以下两点：

1）在自然语言中，"如果 P，则 Q"里的 P 与 Q 往往具有某种内在的联系，如前提和结论。但在数理逻辑中，"$P \rightarrow Q$"内的 P 与 Q 不一定有什么内在联系。例如，P 为"关羽向秦琼叫阵"，Q 为"秦琼应声出战"，尽管在自然语言中 $P \rightarrow Q$ 是荒谬的，但在数理逻辑中是可以的。

2）在数学中，"如果 P，则 Q"往往表示前件 P 为真，后件 Q 为真的推理关系，但在数理逻辑中，当前件为假时，$P \rightarrow Q$ 为真。例如，李逵对戴宗说："我去酒肆一定帮你带壶酒回来。"设 P 为"李逵去酒肆"，Q 为"带壶酒回来"。如果前件 P 为假，即李逵没去酒肆，$P \rightarrow Q$ 为真，应理解为李逵讲了真话，即李逵若是去了酒肆，相信他一定会带壶酒回来。

【例 6-4】 将下面命题符号化。

1）只要不下雨，我就骑车去上班

2）只有不下雨，我才骑车去上班

3）若 2+2=4，则太阳从东方升起

4）若 2+2 ≠ 4，则太阳从东方升起

5）若2+2=4，则太阳从西方升起

6）若2+2≠4，则太阳从西方升起

解：先分析1）和2），设P为"天上下雨"，Q为"我骑车上班"。在1）中，$\neg P$是Q的充分条件，因而可以命题符号化为$\neg P \to Q$；在2）中，$\neg P$是Q的必要条件，因而应符号化为$Q \to \neg P$。

再分析3）～6），设P为"2+2=4"，Q为"太阳从东方升起"，R为"太阳从西方升起"，则3）～6）可分别符号化为$P \to Q$、$\neg P \to Q$、$P \to R$、$\neg P \to R$，在这些蕴含式中，前件和后件无任何内在联系，由于P、Q、R的真值均是确定的，由定义可知上面4个蕴含式的真值分别为1、1、0、1。

5. 等价

设P和Q为两个命题，复合命题"P当且仅当Q"称作P与Q的等价式，记作$P \leftrightarrow Q$，$\leftrightarrow$称作等价联结词。$P \leftrightarrow Q$为真，当且仅当P和Q真值相同。P和Q等价的关系如表6-5所示。

表6-5　等价真值表

P	Q	$P \leftrightarrow Q$
0	0	1
0	1	0
1	0	0
1	1	1

等价式$P \leftrightarrow Q$所表达的逻辑关系是，P与Q互为充分必要条件。只要P与Q的真值同为真或同为假，$P \leftrightarrow Q$的真值就为真，否则$P \leftrightarrow Q$的真值就为假。

【例6-5】 分析以下命题的真值。

1）2+2=4，当且仅当3是奇数

2）2+2=4，当且仅当3不是奇数

3）2+2≠4，当且仅当3是奇数

4）2+2≠4，当且仅当3不是奇数

5）两圆的面积相等当且仅当它们的半径相等

6）两角相等当且仅当它们是对顶角

解：设P为"2+2=4"，Q为"3是奇数"，则P，Q都是真命题。1）～4）分别符号化为$P \leftrightarrow Q$，$P \leftrightarrow \neg Q$，$\neg P \leftrightarrow Q$，$\neg P \leftrightarrow \neg Q$。由定义可知，$P \leftrightarrow Q$，$\neg P \leftrightarrow \neg Q$的真值为1，而$P \leftrightarrow \neg Q$和$\neg P \leftrightarrow Q$的真值为0。

在5）中，由于两圆的面积相等与它们的半径相等同为真或同为假，所以该命题的真值为0；在6）中，由于相等的两角不一定是对顶角，所以该命题的真值为0。

以上介绍了5种常用的联结词，也称真值联结词或逻辑联结词，在命题逻辑中，可用以上5种联结词将各种各样的复合命题符号化，基本步骤如下：

1）分析出各简单命题，将它们符号化；

2）使用合适的联结词，把简单命题逐个联结起来，组成复合命题的符号化表示。

6.4 逻辑代数与真值表

逻辑代数是从哲学领域中的逻辑学发展而来的。1847 年，英国数学家乔治·布尔（G. Boole）提出了用数学分析法表示命题陈述的逻辑结构，并成功地将形式逻辑归结为一种代数演算，从而诞生了"布尔代数"。1938 年，克劳德·香农（C. E. Shannon）将布尔代数应用于电话继电器的开关电路，提出了"开关代数"。随着电子技术的发展，集成电路逻辑门已经取代了机械触点开关，故"开关代数"这个术语已很少使用。为了与"数字系统逻辑设计"这一术语相适应，人们更习惯于把开关代数称作逻辑代数。

6.4.1 逻辑代数

逻辑代数 L 是一个封闭的代数系统，它由一个逻辑变量集 K、常量 0 和 1，以及"或""与""非" 3 种基本运算所构成，记作 $L=\{K, +, \times, ^-, 0, 1\}$。另外，异或运算也在逻辑代数中得到了广泛的应用。但大多数逻辑代数不能直接实现异或功能，而是要使用多个门设计。这几种运算在第 2 章已介绍过。

与门、非门、或门和异或门是数字电路中非常重要的基本电路单元。很多数字集成模块、大规模数字集成模块都是由大量的此种单元电路组成的。

6.4.2 逻辑代数的应用

逻辑代数与算术运算相辅相成，除了应用到逻辑思维领域，在计算机应用的各个领域都展示出不可或缺的作用。

（1）逻辑代数应用到程序代码设计中

在编写程序代码时，通常需要对某些条件进行判断，以便根据条件情况做相应的处理，其中的条件要用逻辑运算语句表示。这里的逻辑运算语句称为"逻辑表达式"或"布尔表达式"。

例如，在数据库查询中。要查询基本工资高于 5000 元，并且奖金高于 3000 元，或者应发工资高于 8000 元的职工。查询条件可表示为：

基本工资 >5000 AND 奖金 >3000 OR 应发工资 >8000

（2）逻辑运算应用到图形处理中

逻辑运算可以用在图形的合并、删除以及颜色反转操作中。

例如，A 为一个正方形，B 为一个圆形。两个形状有一部分重叠，如图 6-1a 所示。利用逻辑运算进行图形处理的含义如下：图 6-1b 是 A 和 B 的或运算，将两个图形合并成一个图；图 6-1c 是 A 和 B 的与运算，提取两个图相交部分的子图；图 6-1d 是 A 和 B 的异或运算，提取两个图形的非重叠部分，构成一个子图。

另外，图像的非运算是指将图像的色彩取反，例如，对于二值图像，可以得到与原图颜色相反的图。

（3）逻辑运算应用到集合中

集合的并、交、补运算也可以用逻辑运算表示。

例如，全集为 (0, 20) 开区间内的所有偶数，有两个集合 A 和 B，$A=\{2, 4, 6, 8, 10\}$，$B=\{6, 8, 10, 12, 14\}$。那么 $A \wedge B =\{6, 8, 10\}$，$A \vee B=\{2, 4, 6, 8, 10, 12, 14\}$，$\overline{A} \vee \overline{B} = \{16, 18\}$。

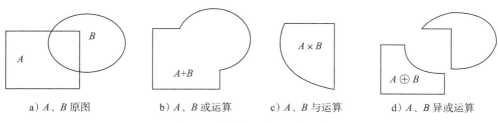

a) A、B 原图   b) A、B 或运算   c) A、B 与运算   d) A、B 异或运算

图 6-1   图形处理中的逻辑运算

（4）逻辑运算应用到电子设计中

逻辑运算是数字电路系统分析和设计的关键。或、与、非门是组成复杂电路的基本电路。图 6-2、图 6-3、图 6-4 以及图 6-5 分别为或、与、非门和异或门的符号。

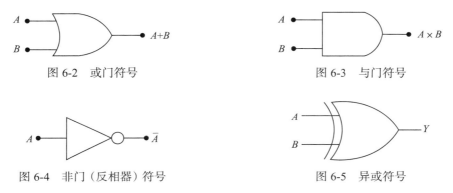

图 6-2   或门符号   图 6-3   与门符号

图 6-4   非门（反相器）符号   图 6-5   异或符号

图 6-6 是全加器的示意图，该全加器主要由异或门、与门和或门组成。全加器是以加数、被加数与低位的进位为输入，和数与进位为输出的装置。图 6-7 中，A、B 代表加数和被加数，C_{in} 代表低位的进位，S 表示和，C_{out} 表示进位。

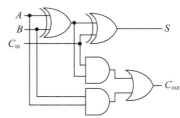

图 6-6   全加器构成示意图

6.4.3   真值表及其构建方法

设 A 为一个命题公式，$p1$，$p2$，$\cdots$，pn 为出现在 A 中的命题变元，给 $p1$，$p2$，$\cdots$，pn 指定一组真值，称为对 A 的一个赋值或解释。若指定的一组值使 A 的值为真，则称这组值为 A 的成真赋值，反之，若使 A 的值为假，则称这组值为 A 的成假赋值。

含有 n（$n \geq 1$）个命题变元的公式 A，共有 2^n 个取值。将公式 A 在所有赋值下的取值情况列成表，称为 A 的真值表。例如，一个命题变元 A，其真值表有 1 或 0 两个状态，即真或假，两个命题变元 P 和 Q，其真值表有 $2^2=4$ 个取值，即 00，01，10，11。三个命题变元 P、Q 和 R，其真值表有 $2^3=8$ 个取值，即 000，001，010，011，100，101，110，111。命题变元的各种可能的真值组合被称为指派。

构造真值表的具体步骤如下：

1）找出公式中所含的命题变元，并算出所有可能的取值（2^n 个）；

2）按从低到高的顺序列出各取值；

3）分析公式层次，对应各取值计算公式各层次的值，直到计算出公式的值。

逻辑联结词的优先级从高到低依次为：否定（¬）→合取（∧）→析取（∨）→蕴含（→）→等价（↔）。

【例 6-6】 求下列命题公式的真值表。

1）$(p \land \neg q) \to r$

2）$(p \land (p \to q)) \to q$

3）$\neg (p \to q) \land q$

解：

对于命题公式 1），建立真值表步骤：

1）找出命题变元，并算出所有可能的取值：公式中的变项有三项，分别是 p、q、r，3 个命题变元，共 8 种取值；

2）按从低到高的顺序列出各取值，即 000，001，010，011，100，101，110，111；

3）分析公式层次，对应各取值计算公式各层次的值，直到计算出公式的值，如表 6-6 所示。

表 6-6　真值表示意图

p	q	r	$\neg q$	$p \land \neg q$	$(p \land \neg q) \to r$
0	0	0	1	0	1
0	0	1	1	0	1
0	1	0	0	0	1
0	1	1	0	0	1
1	0	0	1	1	0
1	0	1	1	1	1
1	1	0	0	0	1
1	1	1	0	0	1

对于命题公式 2），建立真值表步骤：

1）找出命题变元，并列出所有可能的取值：公式中的变项有两项，分别是 p、q，2 个命题变元，共 4 种取值；

2）按从低到高的顺序列出各取值，即 00，01，10，11；

3）分析公式层次，对应各取值计算公式各层次的值，直到计算出公式的值，如表 6-7 所示。

表 6-7　真值表示意图

p	q	$p \to q$	$p \land (p \to q)$	$(p \land (p \to q)) \to q$
0	0	1	0	1
0	1	1	0	1
1	0	0	0	1
1	1	1	1	1

对于命题公式 3），同理可计算出公式的值，如表 6-8 所示。

表 6-8　真值表示示意图

p	q	$p \rightarrow q$	$\neg(p \rightarrow q)$	$\neg(p \rightarrow q) \wedge q$
0	0	1	0	0
0	1	1	0	0
1	0	0	1	0
1	1	1	0	0

设 A 为一个命题公式，若 A 在各种赋值情况下取值均为真，则称 A 为永真式或重言式。表 6-7 中，命题公式 $(p \wedge (p \rightarrow q)) \rightarrow q$ 就是永真式。

设 A 为一个命题公式，命题在各种赋值情况下取值均为假，则称 A 为永假式或矛盾式。表 6-8 中，命题公式 $\neg(p \rightarrow q) \wedge q$ 就是永假式。

设 A 为一个命题公式，命题在各种赋值情况下的取值至少存在一组赋值是成真赋值，则称 A 是可满足式。表 6-6 中，命题 $(p \wedge \neg q) \rightarrow r$ 就是可满足式。

由定义可知，永真式一定是可满足式，但反之不然。

6.5　等值演算与逻辑推理

6.5.1　等值演算

设 A 和 B 为两个命题公式，若等价式 $A \leftrightarrow B$ 为永真式（重言式），则称 A 与 B 是等值的（或逻辑等价），记作 $A \Leftrightarrow B$。

注意：这里的 "$\Leftrightarrow$" 符号不是联结词，它只是当 A 与 B 等值时的一种简单记法。千万不能将 "$\Leftrightarrow$" 与 "$\leftrightarrow$" 或 "$=$" 混为一谈。

【例 6-7】判断下列命题公式是否等价。

1）$\neg(p \vee q)$ 与 $\neg p \vee \neg q$

2）$\neg(p \vee q)$ 与 $\neg p \wedge \neg q$

解：

列出命题公式 1）的真值表。由表 6-9 可知，$\neg(p \vee q)$ 与 $\neg p \vee \neg q$ 不等价。

表 6-9　等值演算示例

p	q	$p \vee q$	$\neg(p \vee q)$	$\neg p$	$\neg q$	$\neg p \vee \neg q$
0	0	0	1	1	1	1
0	1	1	0	1	0	1
1	0	1	0	0	1	1
1	1	1	0	0	0	0

列出命题公式 2）的真值表。由表 6-10 可知，$\neg(p \vee q)$ 与 $\neg p \wedge \neg q$ 等价。

表 6-10　等值演算示例

p	q	$p \vee q$	$\neg(p \vee q)$	$\neg p$	$\neg q$	$\neg p \wedge \neg q$
0	0	0	1	1	1	1
0	1	1	0	1	0	0
1	0	1	0	0	1	0
1	1	1	0	0	0	0

下面给出 24 个重要的等值式（如表 6-11 所示）。

表 6-11　等值式

序号	等值公式	名称
1	$A \Leftrightarrow \neg\neg A$	双重否定律
2	$A \Leftrightarrow A \vee A$	等幂律
3	$A \Leftrightarrow A \wedge A$	
4	$A \vee B \Leftrightarrow B \vee A$	交换律
5	$A \wedge B \Leftrightarrow B \wedge A$	
6	$(A \vee B) \vee C \Leftrightarrow A \vee (B \vee C)$	结合律
7	$(A \wedge B) \wedge C \Leftrightarrow A \wedge (B \wedge C)$	
8	$A \vee (B \wedge C) \Leftrightarrow (A \vee B) \wedge (A \vee C)$	分配律
9	$A \wedge (B \vee C) \Leftrightarrow (A \wedge B) \vee (A \wedge C)$	
10	$\neg(A \vee B) \Leftrightarrow \neg A \wedge \neg B$	德·摩根律
11	$\neg(A \wedge B) \Leftrightarrow \neg A \vee \neg B$	
12	$A \wedge \neg A \Leftrightarrow 0$	矛盾律
13	$A \vee \neg A \Leftrightarrow 1$	排中律
14	$A \vee (A \wedge B) \Leftrightarrow A$	吸收律
15	$A \wedge (A \vee B) \Leftrightarrow A$	
16	$A \vee 1 \Leftrightarrow 1$	零律
17	$A \wedge 0 \Leftrightarrow 0$	
18	$A \vee 0 \Leftrightarrow A$	同一律
19	$A \wedge 1 \Leftrightarrow A$	
20	$A \rightarrow B \Leftrightarrow \neg A \vee B$	蕴含等值式
21	$A \leftrightarrow B \Leftrightarrow (A \rightarrow B) \wedge (B \rightarrow A)$	等价等值式
22	$A \rightarrow B \Leftrightarrow \neg B \rightarrow \neg A$	假言易位
23	$A \leftrightarrow B \Leftrightarrow \neg A \leftrightarrow \neg B$	等价否定等值式
24	$(A \rightarrow B) \wedge (A \rightarrow \neg B) \Leftrightarrow \neg A$	归谬论

有了上述基本等值式后，就可以推演出更多的等值式，这种推演过程被称作等值演算。

【例 6-8】验证下列等值式。

1）$p \rightarrow (q \rightarrow r) \Leftrightarrow (p \wedge q) \rightarrow r$

2）$p \Leftrightarrow (p \wedge q) \vee (p \wedge \neg q)$

解：

1）$p \rightarrow (q \rightarrow r)$

　$\Leftrightarrow \neg p \vee (q \rightarrow r)$ 　　　（蕴含等值式）

　$\Leftrightarrow \neg p \vee (\neg q \vee r)$ 　　　（蕴含等值式）

　$\Leftrightarrow (\neg p \vee \neg q) \vee r$ 　　　（结合律）

　$\Leftrightarrow \neg(p \wedge q) \vee r$ 　　　（德·摩根律）

　$\Leftrightarrow (p \wedge q) \rightarrow r$ 　　　（蕴含等值式）

2）p

　$\Leftrightarrow p \wedge 1$ 　　　（同一律）

　$\Leftrightarrow p \wedge (q \vee \neg q)$ 　　　（排中律）

　$\Leftrightarrow (p \wedge q) \vee (p \wedge \neg q)$ 　　　（分配律）

6.5.2 主析取范式与主合取范式

从真值表和等值演算可以简化或推证一些命题公式，同一命题公式可以有各种相互等价的表达形式。如果命题变元的数目较多，则很难利用这些等价公式来判定问题，所以必须把命题公式转换成标准形式（主析取范式或主合取范式）。

1. 主析取范式

一个命题公式称为析取范式，当且仅当它具有形式 $A1 \lor A2 \lor \cdots \lor An$（$n \geq 1$），其中，$A1$，$A2$，$\cdots$，$An$ 都是命题变元或其否定所组成的合取式。例如，$\neg P \lor (P \land Q) \lor (P \land \neg Q \land R)$ 是析取范式。

n 个命题变元的合取式，称为布尔合取或小项，其中每个变元与它的否定不能同时存在，但两者必须出现且仅出现一次。例如，两个命题变元 P 和 Q，其小项为：$P \land Q$，$P \land \neg Q$，$\neg P \land Q$，$\neg P \land \neg Q$；三个命题变元 P、Q、R，其小项为：$P \land Q \land R$，$P \land Q \land \neg R$，$P \land \neg Q \land R$，$P \land \neg Q \land \neg R$，$\neg P \land Q \land R$，$\neg P \land Q \land \neg R$，$\neg P \land \neg Q \land R$，$\neg P \land \neg Q \land \neg R$。一般说来，$n$ 个命题变元共有 $2n$ 个小项。

每个小项都可用 n 位二进制编码表示。以变元自身出现的用 1 表示，以其否定出现的用 0 表示。

当 $n=2$ 时，小项编码为：$m_{00}=\neg P \land \neg Q=m_0$，$m_{01}=\neg P \land Q=m_1$，$m_{10}=P \land \neg Q=m_2$，$m_{11}=P \land Q=m_3$；当 $n=3$ 时，小项编码为：$m_{000}=\neg P \land \neg Q \land \neg R=m_0$，$m_{001}=\neg P \land \neg Q \land R=m_1$，$m_{010}=\neg P \land Q \land \neg R=m_2$，$m_{011}=\neg P \land Q \land R=m_3$，$m_{100}=P \land \neg Q \land \neg R=m_4$，$m_{101}=P \land \neg Q \land R=m_5$，$m_{110}=P \land Q \land \neg R=m_6$，$m_{111}=P \land Q \land R=m_7$。

小项的性质如下：

1）每一个小项在其真值指派与编码相同时，真值都为 1，其余的 2^n-1 种均为 0；

2）任意两个不同小项的合取式永假；

3）全体小项的析取式永为真，记为：$\sum_{i=0}^{2^n-1} m_i=m_0 \lor m_1 \cdots \lor m_{2^n-1} \Leftrightarrow 1$。

在真值表中，一个公式的真值为真（1 或 T）的指派所对应的小项的析取，即为公式的主析取范式。

主析取范式推演步骤为：

1）划归为析取范式；

2）除去析取范式中所有永假的析取项；

3）将析取式中重复出现的合取项和相同的变元合并；

4）对合取项补入没有出现的命题变元，即添加（$P \lor \neg P$）式，然后，应用分配律展开公式。

【例 6-9】设一个公式 A 的真值表如表 6-12 所示，求公式 $(P \land Q) \lor (\neg P \land R) \lor (Q \land R)$ 的主析取范式。

表 6-12　公式 A 的真值表

P	Q	R	$(P \land Q) \lor (\neg P \land R) \lor (Q \land R)$
0	0	0	0
0	0	1	1
0	1	0	0
0	1	1	1

（续）

P	Q	R	$(P \land Q) \lor (\neg P \land R) \lor (Q \land R)$
1	0	0	0
1	0	1	0
1	1	0	1
1	1	1	1

解： 在真值表中，找出一个公式的真值为1（或为T）的指派，其对应的小项的析取即为本题的解，即公式 A 的主析取范式为：

$$(\neg P \land \neg Q \land R) \lor (\neg P \land Q \land R) \lor (P \land Q \land \neg R) \lor (P \land Q \land R)$$

除了真值表法，还可以利用等价公式构成主析取范式，具体过程如下：

原式 $\Leftrightarrow (P \land Q \land (R \lor \neg R)) \lor (\neg P \land (Q \lor \neg Q) \land R) \lor ((P \lor \neg P) \land Q \land R)$

$\Leftrightarrow (P \land Q \land R) \lor (P \land Q \land \neg R) \lor (\neg P \land Q \land R) \lor (\neg P \land \neg Q \land R) \lor (P \land Q \land R) \lor (\neg P \land Q \land R)$

$\Leftrightarrow (P \land Q \land R) \lor (P \land Q \land \neg R) \lor (\neg P \land Q \land R) \lor (\neg P \land \neg Q \land R)$

2. 主合取范式

一个命题公式称为合取范式，当且仅当它具有形式 $A1 \land A2 \land \cdots \land An$（$n \geqslant 1$），其中，$A1, A2, \cdots, An$ 都是命题变元或其否定所组成的析取式。例如，$(P \lor \neg Q \lor R) \land (\neg P \lor Q) \land \neg Q$ 是一个合取范式。

n 个命题变元的析取式，称为布尔析取或大项，其中每个变元与它的否定不能同时存在，但两者必须出现且仅出现一次。例如，两个命题变元 P 和 Q，其大项为：$P \lor Q$，$P \lor \neg Q$，$\neg P \lor Q$，$\neg P \lor \neg Q$。三个命题变元 P、Q、R，其大项为：$P \lor Q \lor R$，$P \lor Q \lor \neg R$，$P \lor \neg Q \lor R$，$P \lor \neg Q \lor \neg R$，$\neg P \lor Q \lor R$，$\neg P \lor Q \lor \neg R$，$\neg P \lor \neg Q \lor R$，$\neg P \lor \neg Q \lor \neg R$。

n 个命题变元共有 2^n 个大项，每个大项可表示为 n 位二进制编码，以变元自身出现的用0表示，以变元的否定出现的用1表示；且给出对应的十进制编码。这一点与小项的表示刚好相反。

若 $n=2$，则大项编码为：$M_{00}=P \lor Q=M_0$，$M_{01}=P \lor \neg Q=M_1$，$M_{10}=\neg P \lor Q=M_2$，$M_{11}=\neg P \lor \neg Q=M_3$；若 $n=3$，则大项编码为：$M_{000}=P \lor Q \lor R=M_0$，$M_{001}=P \lor Q \lor \neg R=M_1$，$M_{010}=P \lor \neg Q \lor R=M_2$，$M_{011}=P \lor \neg Q \lor \neg R=M_3$，$M_{100}=\neg P \lor Q \lor R=M_4$，$M_{101}=\neg P \lor Q \lor \neg R=M_5$，$M_{110}=\neg P \lor \neg Q \lor R=M_6$，$M_{111}=\neg P \lor \neg Q \lor \neg R=M_7$。

大项的性质如下：

1）每一个大项在其真值指派与编码相同时，真值都为0，其余的 2^n-1 种赋值均为1；

2）任意两个不同大项的析取式永真：$M_i \lor M_j \Leftrightarrow 1 (i \neq j)$；

3）全体大项的合取式永为假，记为：$\prod\limits_{i=1}^{2^n-1} M_i = M_0 \land M_1 \land \cdots M_{2^n-1} \Leftrightarrow 0$。

在真值表中，一个公式的真值为假（0或F）的指派所对应的大项的合取，即为此公式的主合取范式。

主合取范式推演步骤为：

1）划归为合取范式；

2）除去合取范式中所有永真的合取项；

3）合并相同的析取项和相同的变元；

4）对析取项补入没有出现的命题变元，即添加（$P \wedge \neg P$）式，然后，应用分配律展开公式。

【例 6-10】 利用真值表求（$P \wedge Q$）$\vee$（$\neg P \wedge R$）的主合取范式与主析取范式。

解： 公式（$P \wedge Q$）$\vee$（$\neg P \wedge R$）的真值表如表 6-13 所示。

表 6-13　公式的真值表描述

P	Q	R	$P \wedge Q$	$\neg P \wedge R$	（$P \wedge Q$）$\vee$（$\neg P \wedge R$）
0	0	0	0	0	0
0	0	1	0	1	1
0	1	0	0	0	0
0	1	1	0	1	1
1	0	0	0	0	0
1	0	1	0	0	0
1	1	0	1	0	1
1	1	1	1	0	1

故主析取范式为：$(\neg P \wedge \neg Q \wedge R) \vee (\neg P \wedge Q \wedge R) \vee (P \wedge Q \wedge \neg R) \vee (P \wedge Q \wedge R)$

$$\Leftrightarrow m_{001} \vee m_{011} \vee m_{110} \vee m_{111}$$

$$= \sum_{1,3,6,7}$$

故主合取范式为：$(P \vee Q \vee R) \wedge (P \vee \neg Q \vee R) \wedge (\neg P \vee Q \vee R) \wedge (\neg P \vee Q \vee \neg R)$

$$\Leftrightarrow M_{000} \wedge M_{010} \wedge M_{100} \wedge M_{101}$$

$$= \prod_{0,2,4,5}$$

结论：只要求出了命题公式的主析取范式，也就求出了主合取范式（反之亦然）。

6.5.3　逻辑推理

推理是从前提推出结论的思维过程，前提是指已知的命题公式，结论是从前提出发应用规则推出的命题公式。前提可有多个，由前提 $A1, A2, \cdots, An$，推出结论 B 的严格定义如下。

若 $(A1 \wedge A2 \wedge \cdots \wedge An) \to B$ 为永真式，则称 $A1, A2, \cdots, An$ 对结论 B 的推理正确，B 是 $A1, A2, \cdots, An$ 的逻辑结论或有效结论。

判别有效结论的过程就是论证的过程，论证的方法千变万化（如 6.1 节介绍的逻辑训练方法），但基本的方法包括完全归纳法、真值表法、等值演算法、主析取范式法、构造证明法等。

【例 6-11】 有三个医生都说 Robert 是他们的兄弟，甲说乙说谎，乙说丙说谎，丙说甲乙都说谎。已知三人仅有一人说真话，那么请问谁在说谎？请你分别用完全归纳法、真值表法、主析取范式法推理求解谁说真话，谁说假话。

解：

1）完全归纳法

完全归纳法是以某类中每一对象（或子类）都具有或不具有某一属性为前提，以该类对象全部具有或不具有该属性为结论的归纳推理。由于完全归纳推理具有一定的局限性和不可实现性，因此当需要归纳推理的单位数量过大时，应在集合中抽取少量或具有代表性的元素进行推理，即不完全归纳法。

本例采用完全归纳法，枚举甲乙丙的各种可能性。推理过程如下：

①设甲说真话

甲说：乙说谎。现在已经假定甲说真话，那么，乙就是一个说谎者。

乙说：丙说谎。由甲说推导出乙是说谎者，故乙说的不正确，即丙没有说谎，说的真话，那么此时就有两个说真话的人，即甲和丙，与题干中只有一人说真话矛盾，所以该假设（甲说真话）不正确。

②设丙说真话

丙说：甲乙都说谎。已经假定丙说的是真话，故甲乙都说谎。

甲说：乙说谎。假定丙说的是真话，则甲说的就是谎话，故，乙没说谎，那么有两个说真话的人，即丙和乙，与题干矛盾。

③设乙说真话

甲说：乙说谎。与假设矛盾，故甲说的是假话。

乙说：丙说谎。现在已经假定乙说真话，那么，丙就是一个说谎者。

丙说：甲乙都说谎。由于丙说的是假话，故甲乙没有都说谎，至少有一个人说的是真话，已经推断出甲说谎，当然是乙说的是真话。

结论：乙说的是真话。

2）真值表法

从真值表中可以找出前提均为真（1 或 T）的行，从而得出推理结论，推导过程如下：

设 p 为"甲说真话"，q 为"乙说真话"，r 为"丙说真话"。

①命题符号化

甲说：乙说谎。命题符号化为 $\neg q$。

乙说：丙说谎。命题符号化为 $\neg r$。

丙说：甲乙都说谎。命题符号化为：$\neg p \wedge \neg q$ 或 $\neg(p \vee q)$。

②构建真值表

公式中的命题变元有 p、q 和 r，可能的取值 $2^3=8$ 个；按从低到高的顺序写出各个层次，如表 6-14 所示。

表 6-14　未优化的真值表

p	q	r	$\neg p$	$\neg q$	$\neg r$	$\neg p \wedge \neg q$
0	0	0				
0	0	1				
0	1	0				
0	1	1				
1	0	0				
1	0	1				
1	1	0				
1	1	1				

在构建真值表的过程中，按从低到高的顺序写出各个层次后，可以根据实际情况优化真值表。对于本例来说，只有一个人说真话，所以可将不符合该条件的行删除，优化后的真值表如表 6-15 所示。

表 6-15   优化后的真值表

p	q	r	$\neg p$	$\neg q$	$\neg r$	$\neg p \wedge \neg q$
0	0	1				
0	1	0				
1	0	0				

对应各取值，计算公式各层次的值，直到计算出公式的值（如表 6-16 所示）。

表 6-16   真值表计算结果

p	q	r	$\neg p$	$\neg q$	$\neg r$	$\neg p \wedge \neg q$
0	0	1	1	1	0	1
0	1	0	1	0	1	0
1	0	0	0	1	1	0

结论：从上述真值表可知，只有一个人说真话，只有第二行，$\neg q$、$\neg r$、$\neg p \wedge \neg q$ 的值相加为 1，故 $q=1$，即乙说的是真话，甲丙都说谎。

3）主析取范式法

从已知的公式出发，用等值演算法或主析取范式法按照一定的规律推导出相应的等价公式，进而得出结论。

设 p 为"甲说真话"，q 为"乙说真话"，r 为"丙说真话"。列出等价公式，推导过程如下：

$(p \leftrightarrow \neg q) \wedge (q \leftrightarrow \neg r) \wedge (r \leftrightarrow (\neg p \wedge \neg q)) = 1$

$\Leftrightarrow (p \rightarrow \neg q) \wedge (\neg q \rightarrow p) \wedge (q \rightarrow \neg r) \wedge (\neg r \rightarrow q) \wedge (r \rightarrow (\neg p \wedge \neg q)) \wedge ((\neg p \wedge \neg q) \rightarrow r)$（等价等值式）

$\Leftrightarrow (\neg p \vee \neg q) \wedge (q \vee p) \wedge (\neg q \vee \neg r) \wedge (r \vee q) \wedge (\neg r \vee (\neg p \wedge \neg q)) \wedge (\neg(\neg p \wedge \neg q) \vee r)$（蕴含等值式）

$\Leftrightarrow (\neg p \vee \neg q) \wedge (p \vee q) \wedge (\neg q \vee \neg r) \wedge (q \vee r) \wedge (\neg p \vee \neg r) \wedge (\neg q \vee \neg r) \wedge (p \vee q \vee r)$（交换律、分配律）

$\Leftrightarrow (\neg p \vee \neg q) \wedge (p \vee q) \wedge (\neg q \vee \neg r) \wedge (q \vee r) \wedge (\neg p \vee \neg r) \wedge (p \vee q \vee r)$（等幂律）

$\Leftrightarrow (\neg p \vee \neg q \vee (r \wedge \neg r)) \wedge (p \vee q \vee (r \wedge \neg r)) \wedge ((p \wedge \neg p) \vee \neg q \vee \neg r) \wedge ((p \wedge \neg p) \vee q \vee r) \wedge (\neg p \vee (q \wedge \neg q) \vee \neg r) \wedge (p \vee q \vee r)$（矛盾律）

$\Leftrightarrow (\neg p \vee \neg q \vee r) \wedge (\neg p \vee \neg q \vee \neg r) \wedge (p \vee q \vee r) \wedge (p \vee q \vee \neg r) \wedge (p \vee \neg q \vee \neg r) \wedge (\neg p \vee \neg q \vee \neg r) \wedge (p \vee q \vee r) \wedge (\neg p \vee q \vee r) \wedge (\neg p \vee q \vee \neg r) \wedge (\neg p \vee \neg q \vee \neg r) \wedge (p \vee q \vee r)$（分配律）

$\Leftrightarrow (\neg p \vee \neg q \vee r) \wedge (\neg p \vee \neg q \vee \neg r) \wedge (p \vee q \vee r) \wedge (p \vee q \vee \neg r) \wedge (p \vee \neg q \vee \neg r) \wedge (\neg p \vee q \vee r) \wedge (\neg p \vee q \vee \neg r)$（等幂律）

$\Leftrightarrow M110 \wedge M111 \wedge M000 \wedge M001 \wedge M011 \wedge M100 \wedge M101$（主合取范式的大项）

$\Leftrightarrow M6 \wedge M7 \wedge M0 \wedge M1 \wedge M3 \wedge M4 \wedge M5$

$\Leftrightarrow M0,1,3,4,5,6,7$

$\Leftrightarrow m2$（主析取范式的小项）

$\Leftrightarrow \neg p \wedge q \wedge \neg r = 1$

结论：甲说谎话，乙说真话，丙说谎话。

【例 6-12】从 A、B、C、D 四个人之中派两个出去执行任务，按下列 3 个条件共有几种派法？如何派？

1）如果派 A 去，那么 C 和 D 之中至少要派一个

2）B 和 C 不能同时都去

3）如果派 C 去，那么 D 必须留下

请用真值表法、等值演算法分别求解。

解:

1）真值表法

设 A：派 A 去，B：派 B 去，C：派 C 去，D：派 D 去

根据题意，三种派法可分别符号化为：

条件1：如果派 A 去，那么 C 和 D 之中至少要派一个；命题符号化为 $A \rightarrow ((C \wedge \neg D) \vee (\neg C \wedge D))$

条件2：B 和 C 不能同时都去；命题符号化为 $\neg(B \wedge C)$

条件3：如果派 C 去，那么 D 必须留下；命题符号化为 $C \rightarrow \neg D$

同时满足三个条件，即 $(A \rightarrow ((C \wedge \neg D) \vee (\neg C \wedge D))) \wedge (\neg(B \wedge C)) \wedge (C \rightarrow \neg D) = 1$

四个命题变元，共有 $2^4 = 16$ 种可能。直接列真值表有16种可能性。考虑题目中只派两人执行任务，因此可以精简真值表，只保留两人执行任务的指派，如表6-17所示

表6-17　真值表优化计算结果

A	B	C	D	$C \wedge \neg D$	$\neg C \wedge D$	条件1	$B \wedge C$	条件2	条件3	总式
0	0	1	1	0	0	1	0	1	0	0
0	1	0	1	0	1	1	0	1	1	1
0	1	1	0	1	0	1	1	0	1	0
1	0	0	1	0	1	1	0	1	1	1
1	0	1	0	1	0	1	0	1	1	1
1	1	0	0	0	0	0	0	1	1	0

精简后，对应各取值，计算公式各层次的值。

结论：三种派法，即 BD 去、AD 去、AC 去。

2）等值演算法

$(A \rightarrow ((C \wedge \neg D) \vee (\neg C \wedge D))) \wedge (\neg(B \wedge C)) \wedge (C \rightarrow \neg D)$

$\Leftrightarrow (\neg A \vee (C \wedge \neg D) \vee (\neg C \wedge D)) \wedge (\neg(B \wedge C)) \wedge (\neg C \vee \neg D)$　　　　（蕴含等值式）

$\Leftrightarrow (\neg A \vee (C \wedge \neg D) \vee (\neg C \wedge D)) \wedge (\neg B \vee \neg C)) \wedge (\neg C \vee \neg D)$　　　（德·摩根律）

$\Leftrightarrow (\neg A \vee (C \wedge \neg D) \vee (\neg C \wedge D)) \wedge (\neg C \vee \neg B)) \wedge (\neg C \vee \neg D)$　　　　（交换律）

$\Leftrightarrow (\neg A \vee (C \wedge \neg D) \vee (\neg C \wedge D)) \wedge (\neg C \vee (\neg B \wedge \neg D))$　　　　（分配律）

$\Leftrightarrow ((\neg A \vee (C \wedge \neg D) \vee (\neg C \wedge D)) \wedge \neg C) \vee ((\neg A \vee (C \wedge \neg D) \vee (\neg C \wedge D)) \wedge (\neg B \wedge \neg D))$（分配律）

$\Leftrightarrow (\neg A \wedge \neg C) \vee (C \wedge \neg D \wedge \neg C) \vee (\neg C \wedge D \wedge \neg C) \vee (\neg A \wedge \neg B \wedge \neg D) \vee (C \wedge \neg D \wedge \neg B \wedge \neg D) \vee (\neg C \wedge D \wedge \neg B \wedge \neg D)$　　　　（分配律）

$\Leftrightarrow (\neg A \wedge \neg C) \vee (0 \wedge \neg D) \vee (\neg C \wedge D) \vee (\neg A \wedge \neg B \wedge \neg D) \vee (C \wedge \neg D \wedge \neg B) \vee (\neg C \wedge \neg B \wedge 0)$

（矛盾律、等幂律）

$\Leftrightarrow (\neg A \wedge \neg C) \vee (\neg C \wedge D) \vee (\neg A \wedge \neg B \wedge \neg D) \vee (C \wedge \neg D \wedge \neg B)$　　　　（零律）

从等值演算的公式可以看出：AC 不去，C 不去 D 去，ABD 不去，C 去 DB 不去。这里 AC 不去，即是 BD 去；C 不去 D 去，即是 AD 去或 BD 去；ABD 不去不考虑；C 去 DB 不去，即是 AC 去。故此，结论为：BD 去、AD 去、AC 去。

习题

1. 判断下述句子是否是命题，如果是命题，则请指出是简单命题，还是复合命题？

（1）5 能被 2 整除

（2）现在开会吗？

（3）x+5>0

（4）这朵花真好看！

（5）2 是素数当且仅当三角形有 3 条边

（6）雪是黑色的当且仅当太阳从东边升起

（7）2000 年 10 月 1 日天气晴好

（8）太阳系以外的星球上有生物

（9）蓝色和黄色可以调配成绿色

（10）这句话是假话

2. 将上题中的命题进行符号化，并讨论它们的真值。

3. 判断下列各命题的真值。

（1）若 2+2=4，则 3+3=6

（2）若 2+2=4，则 3+3 ≠ 6

（3）若 2+2 ≠ 4，则 3+3=6

（4）若 2+2 ≠ 4，则 3+3 ≠ 6

（5）2+2=4，当且仅当 3+3=6

（6）2+2=4，当且仅当 3+3 ≠ 6

（7）2+2 ≠ 4，当且仅当 3+3=6

（8）2+2 ≠ 4，当且仅当 3+3 ≠ 6

4. 请用真值表方法判断下列公式的类型，是永真式，还是永假式，或可满足式？

（1）$\neg((p \wedge q) \rightarrow p)$

（2）$((p \rightarrow q) \wedge (q \rightarrow p)) \leftrightarrow (p \leftrightarrow q)$

（3）$(\neg p \rightarrow q) \rightarrow (q \rightarrow \neg p)$

5. 用真值表法或等值演算法证明下列等值式。

（1）$(p \wedge q) \vee (p \wedge \neg q) \Leftrightarrow p$

（2）$((p \rightarrow q) \wedge (p \rightarrow r)) \Leftrightarrow (p \rightarrow (q \wedge r))$

（3）$\neg(p \leftrightarrow q) \Leftrightarrow ((p \vee q) \wedge \neg(p \wedge q))$

第 7 章

问题求解

学习目标

- 了解计算思维模式下问题求解的基本过程。
- 了解算法的描述方法。
- 掌握算法设计的三大结构。
- 掌握数组和函数相关知识。
- 掌握枚举法、递推法、递归法、迭代法、查找法和排序法，并学会用算法解决实际问题。
- 了解分治法、动态规划法、贪心法、回溯法，并学会用算法分析问题。

计算机具有较快的运算速度和存储容量，可以解决许多现实世界中手工计算无法解决的问题。但计算机只能在接收到输入数据后，再根据既定程序对可计算的问题进行计算。将具体的实际问题抽象成计算机可以识别和求解的程序是需要人类来完成的。人们需要在一个简单或复杂的事务或事件中洞悉和发现问题，并提出问题、构建数学模型、抽象和归纳出解决问题的算法和数据结构，进一步归纳出解决此类问题的整个思路，而这个过程正是计算思维模式下问题求解的全过程。本章主要介绍算法的基本概念和基本结构，以及常用的一些算法。

7.1 算法和算法描述

在计算机程序求解问题的过程中，算法的设计至关重要。算法是程序设计的灵魂，是计算思维的核心。

7.1.1 计算思维与传统思维

传统思维模式也是数学模式，传统思维模式下的问题求解过程包括五个阶段，分别是提出问题、分析问题、提出假设、检验假设、推导或计算实现。数学思维的特征是概念化、抽象化和模式化，在解决问题时强调定义和概念，明确问题条件，把握其中的函数关系，通过抽象、归纳、推导和证明，将概念和定义、数学模型、计算方法等与现实事物建立联系，用数学思维解决问题。

计算思维是按照计算机科学领域所特有的解决方式，对问题进行抽象和界定，通过量化、建模、算法设计和编程等方法，形成计算机可处理的解决方案。计算思维模式下的问题求解过程也包括五个阶段，分别是提出问题、分析问题、设计算法、程序实现和检测结果，如图 7-1 所示。

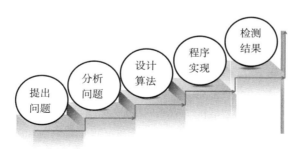

图 7-1   用计算机程序求解问题的过程

对比后可以发现，数学思维是大脑的思维，解决问题的方式是人脑所擅长的抽象、归纳、推导和证明等；计算思维同样是大脑的思维，但解决问题却是运用计算机科学领域的思想、原理与方法，采用计算工具能够实现的方式来进行。

也就是说，计算思维与数学思维在本质上非常相似，数学思维所形成的解决方案，可以单纯依靠人的大脑来实现，而经过计算思维所形成的解决方案，却大都可以借助计算工具，通过机器的"自动执行"来实现。

下面通过两个例子说明传统思维模式下的问题求解过程与计算思维模式下的问题求解过程的区别。

【例 7-1】 有三个年龄各异的孩子，已知他们的年龄乘积是 36，年龄和是 14，则每个孩子的年龄是多少？

解： 传统思维模式下，需要先明确任务是求三个孩子的年龄，即提出问题；然后识别已知的三个条件（年龄乘积、年龄和、年龄各异），即分析问题；接下来给出可能的孩子年龄组合的八种解决方案，即提出假设；然后分析哪一种组合是最佳方案，即检验假设；最后验证最优方案是不是满足已知的三个条件，即推导或计算实现。

应用计算思维模式解决例 7-1 的步骤如下：

1）确定求年龄 x、y、z 三个未知数，即提出问题；

2）通过数学建模将具体问题转化为形式化、符号化和公式化的数学语言描述，如 $xyz=36$，$x+y+z = 14$，$x \neq y \neq z$，即分析问题；

3）利用枚举法让计算机搜寻可能的答案，即设计算法；

4）根据算法编制计算机能够执行的程序，即程序实现；

5）最后运行程序，得到结果，即检测结果。

再譬如，求自然数的和，即 $s=1+2+3+\cdots+n$。数学思维是对问题进行抽象和推理，归纳成自然数求和公式 $s=n(1+n)/2$，这种处理方式非常符合人类"依靠大脑进行运算"的特点；而计算思维同样是对问题进行抽象和推理，却采用符合计算机工作特性、执行效率更高的"直接从 1 累加到 n"的处理方式。

因此，从狭义上说，计算思维源于数学思维，两者具有一致性，但是计算思维在继承数学思维的同时，结合了计算机科学的思维特征，即计算思维在实际理论的基础上，注重考虑客观环境的条件限制，提出可行方案。

从广义上讲，计算思维有别于传统的数学思维，两者具有明显的不同。数学的抽象，在于剥离具体。数学研究从公理出发，可以变成纯思维的活动，和具体的现实脱离关系。而计算机思维的抽象，在于映射具体。计算机是用来模拟现实和解决现实问题的。现实变化了，计算机的思维模型就要跟着变化。

应用计算思维求解问题的过程中，算法是计算机解决问题的具体方法和步骤，也是问题求解的核心部分。

7.1.2　算法的定义

算法是指为解决某一问题而采取的方法和步骤。算法能够对一定规范的输入，在有限时间内给出所要求的输出。

尼古拉斯·沃斯提出了著名的"数据结构＋算法＝程序"这个公式。其中的数据结构是计算机存储、组织数据的方式，是相互之间存在一种或多种特定关系的数据元素集合。程序设计的本质是根据待处理的问题特征选择合适的数据结构，并在此结构上设计一种好的算法。

算法具有以下基本特征：

1）确定性，是指算法的每一个计算步骤都有确切的含义，没有歧义。只要输入相同，初始状态相同，则无论执行多少遍，算法的执行结果都应该相同。

2）可行性，或称作有效性，是指算法中的运算是能够实现的基本运算。例如，一个数被 0 除的操作是无效的，算法中应当避免这种操作。

3）有穷性，是指算法必须在有穷步骤之后结束，在有限时间内完成。如果算法执行耗费的时间太长，即使最终得到了正确结果，也没有意义。

4）有 0 个或多个输入。

5）有一个或多个输出。输出反映了对输入数据加工后的结果，没有输出的算法是毫无意义的。

算法的优劣可以用时间复杂度与空间复杂度来衡量。所谓时间复杂度，是指算法消耗的时间资源，而空间复杂度是指算法消耗的内存空间资源。复杂度越高，所需的计算机资源越多；复杂度越低，所需的计算机资源越少。此外，一个好的算法还应该具有良好的结构和易理解性。

7.1.3　程序设计的三大结构

算法最终要由程序来实现。无论程序的规模如何，每个程序都有统一的运算模式，即输入、处理、输出三个步骤。程序通过输入接收待处理的数据，通过一定的方法进行数据处理，通过输出返回处理结果。这种运算模式形成了程序的基本编写方法：IPO（Input，Process，Output），如图 7-2 所示。

程序的控制结构主要包括三类：顺序结构、选择结构和循环结构。

图 7-2　程序的基本编写方法

1. 顺序结构

顺序结构程序像流水线一样自上而下，依次执行各条指令。顺序结构是最常见的程序结构。在生活中，也存在很多顺序结构的例子。例如，学生按照课表顺序上课、工厂按照既定的流水线生产商品等，都是一步一步逐次完成。

顺序结构是最简单的程序结构，只要按照解决问题的顺序写出相应的语句即可。

2. 选择结构

在程序设计中，有时需要依据不同的条件做出不同的决策，这就是选择结构（也叫分支结构）。在选择结构中，程序根据不同条件，执行相应的语句序列。在日常生活中，人们会遇到很多选择结构的问题。例如，根据自己的需要检索图书、根据考试成绩决定报考哪所大学、出租车的里程计价策略、城市阶梯水价制度、根据募捐款数目决定活动规模和支出等。

选择结构有三种形式，分别是单分支结构、双分支结构和多分支结构。

- 单分支是指条件判断后，只有一种可能性。例如，"如果停电了，就取消音乐会。"这句话中只描述了如果停电之后要执行的操作，没有提及没停电的操作，所以是单分支。
- 双分支是指条件判断后，有两种可能性。例如，"如果堵车，跑步上班；否则，开车上班。"这句话的条件判断后面考虑了堵车和不堵车两种情况，所以是双分支。
- 多分支结构是指有多种条件判断，根据条件判断的情况，执行不同的操作。例如，根据百分制成绩，将其转化成五等级，90 分以上为优，[80，89) 为良，[70，79) 为中，[60，69) 为及格，小于 60 分为不及格。该程序为具有五个分支的选择结构。

3. 循环结构

循环结构是指为了在程序中反复执行某个功能而设置的一种程序结构，由循环条件来判断继续执行某个功能还是退出循环。循环结构有三个要素：循环变量、循环体和循环终止条件。循环体语句可以是相似的或者相同的，这种重复执行操作可以根据条件终止。

例如，利用循环结构打印 100 个 "Hello"。打印输出 "Hello" 的语句要被执行 100 次，所以打印语句属于循环体。用一个变量 i 从 1 到 100 计数，控制循环执行的次数，i 属于循环变量。当 i 超过 100 时，不再打印 "Hello"，循环结束。i 超过 100 就是循环终止条件。

常见的循环结构有两种形式：当型循环和直到型循环。

- 当型循环。当型循环先判断循环条件是否成立，若成立，则执行循环体，执行循环体之后再判断循环条件是否成立，若成立，再次执行循环体，如此反复，直到循环条件不成立时为止。上面提到的打印 "Hello" 的程序，在实现时，如果先判断循环终止条件，再执行打印 "Hello" 语句，就属于当型循环。
- 直到型循环。直到型循环先执行循环体，再判断循环条件是否成立，若不成立，则再次执行循环体，继续判断循环条件。如此反复，直到循环条件成立，此时循环过程结束。上面提到的打印 "Hello" 的程序，如果先执行打印语句，再判断循环终止条件，就属于直到型循环。

7.1.4　算法的描述

描述算法的常用方法有三种，即自然语言描述、流程图描述和伪代码描述。

1. 自然语言描述

自然语言描述是指用人们熟悉的自然语言文字或者符号表述算法。

【例 7-2】设计算法，对给定的两个变量 a 和 b，交换这两个变量的值。

解：将两个变量视为两个瓶子中的饮料。考虑交换两个瓶子中饮料的步骤。第一步，先

将 a 瓶的饮料倒入 t 瓶；第二步，将 b 瓶的饮料倒入 a 瓶；第三步，将 t 瓶的饮料倒入 b 瓶，完成交换。详见图 7-3。

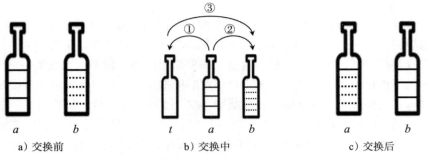

图 7-3 交换两个变量示意图

上述算法的自然语言描述如下：

1）输入变量 a、b 的值。

2）将变量 a 的值赋值给变量 t。

3）将变量 b 的值赋值给变量 a。

4）将变量 t 的值赋值给变量 b。

5）输出 a、b 的值。

最后输出的变量 a 和 b 的值，就是交换后的值。

【例 7-3】设计算法实现空气质量播报程序：空气污染指数 $\leqslant 50$ 时，空气质量为"优"；$50 <$ 空气污染指数 $\leqslant 100$ 时，空气质量为"良"；$100 <$ 空气污染指数 $\leqslant 150$ 时，空气质量为"轻微污染"；空气污染指数 >150 时，空气质量为"严重污染"。

解：该任务根据空气污染指数判定空气质量，一共有 4 个分支，属于多分支选择结构。

算法的自然语言描述如下：

1）输入空气污染指数 p 的值。

2）如果 $p \leqslant 50$，将"优"赋给输出变量 y。

3）如果 $50 < p \leqslant 100$，将"良"赋给 y。

4）如果 $100 < p \leqslant 150$，将"轻微污染"赋给 y。

5）如果 $p > 150$，将"严重污染"赋给 y。

6）输出 y。

【例 7-4】从键盘输入一个正整数 n，求 $1+2+3+\cdots+(n-1)+n$ 的值。

解：该任务要计算 $1 \sim n$ 的累加和，可以先设置一个累加器变量 sum 用来存储累加和，其初值为零，再设置一个变量 i 存放待累加的变量，i 的初值为 1。

算法的自然语言描述如下：

1）输入 n 的值，设置 sum 的值为 0，i 的值为 1。

2）执行 sum=sum+i。

3）执行 $i=i+1$。

4）当 i 的值超过 n 时，停止计算。

5）输出变量 sum 的值。

上述步骤中的"sum = sum + i"是循环体语句，是被反复执行的语句，而 i 作为循环变量，控制着循环体执行的次数。

用自然语言描述的算法通俗易懂、简单易学，但缺乏直观性和简洁性，有时容易产生语义上的歧义。

2. 流程图描述

流程图描述就是用图框、线条以及文字说明来描述算法，具有形象直观的优点。流程图又分为传统流程图和 N–S 流程图。

（1）传统流程图

传统流程图用圆角矩形表示起止框，直角矩形表示具体的操作，平行四边形表示输入和输出，菱形表示条件的判断，箭头表示流向，等等。传统流程图常用的基本符号详见表 7-1。

表 7-1　传统流程图常用的基本符号

图形符号	符号名称	说明
⬭	起始、终止框	表示算法的开始或结束
▱	输入、输出框	框中标明输入、输出的内容
▭	处理框	框中标明进行处理的方式
◇	判断框	框中标明判定条件并在框外标明判定后的两种结果的流向
→	流程线	表示从一个框到另一个框的流向
○	连接点	表示算法流向出口或入口连接点

下面分别介绍顺序结构、选择结构和循环结构的流程图。

- 顺序结构流程图。顺序结构流程图的一般结构如图 7-4 所示。例 7-2 交换两个变量值的算法属于顺序结构，传统流程图如图 7-5 所示。

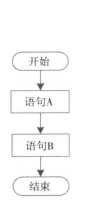

图 7-4　顺序结构算法流程图

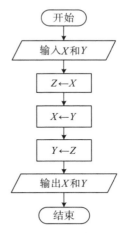

图 7-5　交换两个变量算法流程图

- 选择结构流程图。选择结构包括单分支、双分支和多分支三种，其流程图分别如图 7-6a、b、c 所示。例 7-3 判断空气质量的程序属于多分支选择结构，算法的流程图如图 7-7 所示。
- 循环结构流程图。循环结构包括当型循环和直到型循环，这两种循环结构的流程图如图 7-8 所示。例 7-4 求自然数和的程序可以用图 7-9 所示的流程图表示，该图是一个直到型结构流程图。

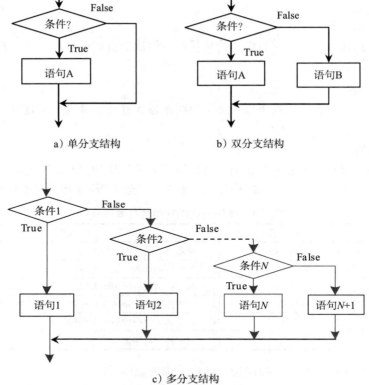

a）单分支结构   b）双分支结构

c）多分支结构

图 7-6 选择结构算法流程图

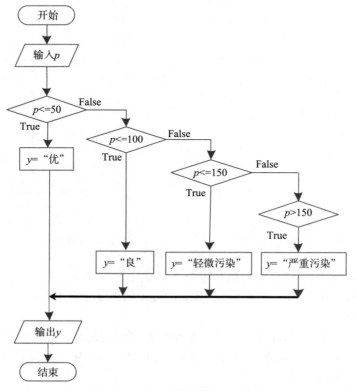

图 7-7 空气质量判断算法流程图

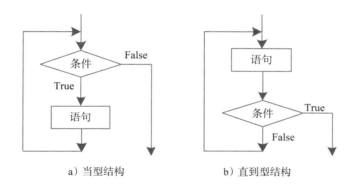

a) 当型结构   b) 直到型结构

图 7-8   循环结构程序流程图

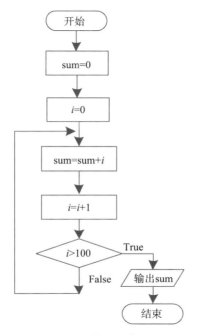

图 7-9   累加求和程序流程图

传统流程图的优点是形象直观、一目了然。缺点是，如果算法较为复杂，则流程图占用的篇幅比较大，可读性较差，此时可以改用 N-S 流程图来描述算法。

（2）N-S 流程图

N-S 流程图由美国学者纳斯（Nassi）和施奈德曼（Shneiderman）提出，流程图中完全去掉流程线，全部算法写在一个矩形框内，在框内还可以包含其他框的流程图形式，即由一些基本的框组成一个大框。这种流程图又称为 N-S 图，也称为盒图。顺序结构、双分支选择结构、当型循环结构、直到型循环结构的 N-S 流程图如图 7-10、图 7-11、图 7-12 所示。

图 7-10   顺序结构 N-S 流程图

图 7-11   双分支选择结构 N-S 流程图

a）当型循环   b）直到型循环

图 7-12　循环结构 N-S 流程图

3. 伪代码描述

伪代码使用介于自然语言和高级语言之间的符号语言来描述算法，具有结构清晰、代码简单、不拘于具体的编程语言、可行性好等特点。常用的伪代码符号（不区分大小写）见表 7-2。

表 7-2　常用的伪代码符号

功能说明	符号表示	示例
变量和数组	变量名，数组名 [下标]	X, a1, a[10], a[i]
赋值	← 或 =	a←5, b←6, c=9
算术运算	+，−，×（*），/，^（**）（乘方） Mod（整数取余数） ++（自加 1），−−（自减 1）	a+b, a-b, a×b, a/b, a^b a Mod b x++, x--
关系运算	>，≥（>=），<，≤（<=），==（=），≠（!=，<>）	a>b, a!=b, a==b
字符串运算	&，+	"abc"&"123","12"&"34"
逻辑运算	And（与），Or（或），Not（非）	a>=0 and a <=100,not x>0
输入、输出	Input，Output（或 Print）	Input a, Output b
算法开始和结束	Begin，End	

（1）顺序结构伪代码

顺序结构最常用的语句是赋值语句。赋值语句 $a=b$ 或 $a \leftarrow b$ 的含义是将 b 的值赋给 a。等号左边的称为左值，右边的称为右值。左值 a 只能是变量，不能是常量或表达式。右值 b 可以是数值常量、变量或表达式。

例 7-2 中交换两个变量程序的伪代码为：

```
Begin
Input a, b
t=a
a=b
b=t
Output a, b
End
```

（2）选择结构伪代码

选择结构伪代码常用符号详见表 7-3。

表 7-3　选择结构伪代码

功能说明	符号表示	示例

单分支：如果 < 条件 > 成立，则执行 < 语句组 >	If < 条件 > Then
	　< 语句组 >
	End If
		If a>b Then
		　y=a
		End If

（续）

功能说明	符号表示	示例

双分支：如果 < 条件 1> 成立，则执行 < 语句组 1>，否则执行 < 语句组 2>	If < 条件 1> Then
	　　< 语句组 1>
	Else
	　　< 语句组 2>
	End If
		If a>b Then
		　　y=a
		Else
		　　y=b
		End If

多分支：如果 < 条件 1> 成立，则执行 < 语句组 1>，否则，如果 < 条件 2> 成立，则执行 < 语句组 2>……否则执行 < 语句组 n>	If < 条件 1> Then
	　　< 语句组 1>
	Else If < 条件 2> Then
	　　< 语句组 2>
	…
	Else
	　　< 语句组 n>
	End If
		If a>b Then
		　　y=a
		Else If a<b Then
		　　y=b
		Else
		　　y=c
		End If

例 7-3 中判断空气质量的程序伪代码描述如下：

```
Begin
Input n
If n<=50 Then
    y = "优"
Else If n<=100 Then
    y = "良"
Else If n<=150 Then
    y = "轻微污染"
Else
    y = "严重污染"
End If
    Output y
End
```

（3）循环结构伪代码

循环结构伪代码常用符号详见表 7-4。

表 7-4　循环结构伪代码

功能说明	符号表示	示例
当型循环	While < 条件 > 　　< 循环体 > End While	While b<20 　　a=a+b 　　b=a+b End While
直到型循环	Do 　　< 循环体 > Until < 条件 >	Do 　　a=a+b 　　b=a+b Until b >= 20
For 循环	For< 计数器 >=< 初值 >To< 终值 > Step 步长 　　< 循环体 > End For	For k=0 To 20 Step 2 　Output　k End For

结束当前循环	Exit	For i=1 to 100
		　if a[i]==66 Then
		　　Output i
		　　Exit
		　End If
		End For

分别用以上三种循环结构给出例 7-4 中求自然数累加和程序的伪代码。

1）当型循环：

```
Begin
sum=0
i=1
While i<=n
  sum=sum+i
  i=i+1
End While
Output sum
End
```

2）直到型循环：

```
Begin
sum=0
i=1
Do
  sum=sum+i
  i=i+1
Until i>100
Output sum
End
```

3）For 循环：

```
Begin
sum=0
Input n
For i=1 to n [ step 1 ]
    sum=sum+i
End For
Output sum
End
```

For 循环中括号里的内容表示步长，缺省时表示步长为 1。

For 循环通常用于循环次数已知的情况，而 While 循环和 Do…Until 循环通常用于循环次数未知的情况。在循环次数已知的情况下，While 循环和 For 循环可以互换。

（4）数组的使用

数组是类型相同的有序的元素序列，对这些元素序列的集合进行命名，即是数组名。组成数组的各个变量称为数组的元素。用于区分数组中各个元素的数字编号称为下标。

【例 7-5】输入 10 个学生的分数，求出这些分数的平均值并输出。请给出该程序算法实现的伪代码。

解： 设用数组 a 存放输入的 10 个元素，将其和项放在变量 s 中，根据 s 计算平均值并输出。程序的伪代码如下：

```
Begin
s=0
For i=1 to 10
  Input a[i]
  s=s+a[i]
End For
avg=s/10
Output avg
End
```

（5）函数伪代码

编制大型程序的一种有效方法是模块化，即把一个较大的问题分解成若干个功能相对独立的子问题，每个子问题由一个模块实现。在程序设计中，这样的模块通过函数或子程序实现。本小节介绍函数的调用过程和伪代码。

函数的调用通常涉及三个方面：函数名、函数参数、函数返回值。函数名代表函数的功能；函数参数是函数要处理的输入数据，参数可以有一个或者多个，也可以没有；函数返回值是函数对输入参数进行计算后产生的计算结果。以函数 $y=\sin(x)$ 为例，sin 就是函数名，顾名思义，这是三角函数中的正弦函数；x 为函数的参数；$y=\sin(x)$，即把 $\sin(x)$ 的计算结果赋值给 y，y 即为函数的返回值。

调用函数的程序称为主调程序，此时函数称为被调函数。如果有 A、B 两个程序，A 程序调用了 B 函数，那么，A 就是主调程序，B 就是被调函数。类似于现实生活中的打电话，一个是主叫，一个是被叫。

主调程序调用被调函数的格式为：

函数名（实参列表）

被调函数的格式为：

```
Function Name（形参列表）
    ...
End Function
```

在主调程序 A 中，如果出现被调函数 B，则程序转到 B 程序执行，待 B 程序执行完，再回到主调程序 A 中。主调程序中的参数是具有实实在在值的变量，简称实参；被调函数中参数的值取决于实参数据的传递，即实参将值拷贝给了形参，因此被调函数中的参数是形式上的参数，简称形参。

函数调用伪代码常用符号见表 7-5。

表 7-5　函数调用伪代码

功能说明	符号表示	示例

Function 函数	Function <函数名>(<形参表>)
	<函数体>
	函数名 =… 或 Return …
	End Function
		`Function f(a,b)`
		`    If a>b Then`
		`        max=a`
		`    Else`
		`        max=b`
		`    End If`
		`    Return max`
		`End Function`

调用函数 （在表达式中调用）	<函数名>(<实参表>)	`y= f(5,6)` `Print y`

函数调用只能通过 Return 语句返回一个值。当需要返回零个或多个值时，可以使用过程调用实现。与函数调用不同的是，过程调用的参数中增加了返回值参数，见表 7-6。

表 7-6　过程调用伪代码

功能说明	符号表示	示例

Procedure 子程序过程	Procedure <过程名>(<形参表><返回值参数列表>)
	<过程体>
		`Procedure f(a, b, max)`
		`    If a>b then`
		`        max=a`

（续）

功能说明	符号表示	示例

Procedure 子程序过程	返回值 =···
	End Procedure
		Else
		　　max=b
		End If
		End Procedure

过程调用 （在表达式中调用）	Call < 过程名 >(< 实参表 >< 返回值列表 >)	Call (5,6,max) Print max

【例 7-6 】计算一个自然数的阶乘并输出。写出程序伪代码，分别用函数和过程实现。

解：

1 ）Function 函数实现如下。

主调程序：

```
Begin
Input n
f= fact(n)
Output y
End
```

被调函数 fact：

```
Function fact(n)
    f=1
    For i=1 To n Step 1
        f = f * i
    End For
    fact = f
End Function
```

2 ）Procedure 过程实现如下。

主调程序：

```
Begin
Input n
Call fact(n,y)
Output y
End
```

子过程 fact：

```
Procedure fact(n, y)
    y=1
    For i=1 To n Step 1
        y = y * i
    End For
End Procedure
```

伪代码无固定格式和规范，比较灵活，只要把意思表达清楚，并且形式清晰易读即可。伪代码的缺点是不够直观，也不能在计算机上实际执行。但是，严谨的伪代码描述很容易转换为相应的程序语言。

7.1.5　算法的程序实现

前面介绍了用自然语言、流程图、伪代码描述算法的方法，而要得到运行结果，必须通过程序设计语言实现算法。只有用计算机语言编写的程序才能被计算机执行。下面分别以 C 语言和 Python 语言为例，介绍算法的程序实现。Python 语言以 3.x 版本为例。

例 7-2 中交换两个变量程序的 C 语言和 Python 语言实现分别如下。

1）C 程序描述如下：

```c
#include<stdio.h>
int main()
{
    int a, b, t;
    scanf("%d%d",&a,&b);
    t=a;
    a=b;
    b=t;
    printf ("a=%d, b=%d\n", a, b);
    return 0;
}
```

2）Python 程序描述如下：

```python
a = int(input(" 请输入 a 的值 "))
b = int(input(" 请输入 b 的值 "))
a,b = b,a
print("a =",a,", b =",b)
```

例 7-3 中空气质量播报程序的 C 语言和 Python 语言实现分别如下。

1）C 程序描述如下：

```c
#include<stdio.h>
int main()
{
    int a;
    scanf("%d",&a);
    if(a<=50)
        printf(" 优 ");
    else if(a<=100)
        printf(" 良 ");
    else if(a<=150)
        printf(" 轻微污染 ");
    else
        printf(" 严重污染 ");
    return 0;
}
```

2）Python 程序描述如下：

```python
a = int(input(" 请输入 a 的值 "))
if a <= 50 : print(" 优 ")
elif a <= 100 : print(" 良 ")
elif a <= 150 : print(" 轻微污染 ")
else : print(" 严重污染 ")
```

例 7-4 中计算自然数累加和程序的 C 语言 for 语句实现和 Python 语言实现分别如下：

1）C 程序描述如下：

for 循环：

```c
#include<stdio.h>
```

```c
int main()
{
    int i,sum=0,n;
    scanf("%d",&n);
    for(i=1;i<=n;i++)
        sum+=i;
    printf("%d",sum);
    return 0;
}
```

2）Python 程序描述如下：

for 循环：

```python
n = int(input(" 请输入一个正整数 "))
sum = 0
for i in range(1,n+1):
    sum += i
print (sum)
```

while 循环：

```python
n = int(input(" 请输入一个正整数 "))
sum = 0
i = 1
while(i <= n):
    sum += i
    i += 1
print(sum)
```

7.2　常用算法

算法是用系统的方法描述解决问题的策略机制，算法有很多种。本节主要介绍枚举法、递推法、递归法、迭代法、分治法、回溯法、动态规划法、贪心法、查找法和排序法等常用算法。

7.2.1　枚举法

枚举法又称为穷举法、蛮力法、暴力破解法。枚举法的基本思想是：通过循环结构遍历所有的解空间，通过选择结构找到满足条件的解。

枚举法的求解步骤如下：

1）列举问题所涉及的所有可能。

2）根据约束条件找到问题的解。

【例 7-7】百钱买百鸡问题。中国古代数学家张邱建在他的《算经》中提出了著名的"百钱买百鸡问题"：鸡翁一，值钱五；鸡母一，值钱三；鸡雏三，值钱一；百钱买百鸡，翁、母、雏各几何？

解：假设要买 x 只公鸡、y 只母鸡、z 只小鸡，约束条件为：

$$x+y+z=100$$

$$5x+3y+z/3=100$$

三个变量的取值范围：

$$x：0 \sim 20$$

$$y: 0 \sim 33$$
$$z: 0 \sim 99$$

枚举法就是在变量指定取值范围内穷尽所有可能性后，选取可行方案的过程。所以该程序实现要遍历 x、y、z 的所有组合，判断在每种组合下是不是满足百钱买百鸡的约束。

程序伪代码如下：

```
Begin
For x=0 to 20
  For y=0 to 33
    For z=0 to 99 step 3
      If x+y+z=100 and 5x+3y+z/3=100 Then
          Output x,y,z
      End If
    End For
  End For
End For
End
```

程序流程图如图 7-13 所示。

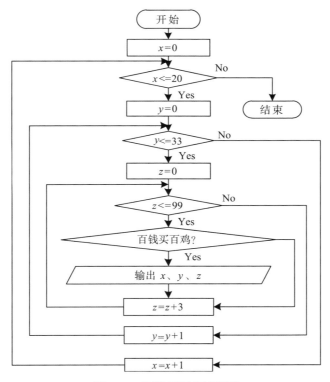

图 7-13　百钱买百鸡流程图

以上是三层循环结构。如果将 z 表示为 $z=100-x-y$，则程序可以用两层循环实现，伪代码如下：

```
Begin
For x=0 to 20
  For y=0 to 33
```

```
        z=100-x-y
        If 5x+3y+z/3=100 Then
            Output x,y,z
        End If
    End For
  End For
End For
End
```

枚举法适用于以下两种情况：问题的答案是一个有穷的集合，即答案可以被一一列举出来；问题存在给定的约束条件，根据条件可以判断哪些答案符合要求，哪些答案不符合要求。

枚举法的优点是思路简单，无论是程序编写还是调试都很方便。如果问题规模不是很大，在规定的时间与空间限制内能够求出解，那么枚举法是最简单直接的算法。枚举法的缺点是运算量比较大，解题效率不高，如果枚举范围太大，则在求解时间上难以承受。

7.2.2 递推法

递推是指在命题归纳时，可以由 1，2，$\cdots$，$n-1$ 的情形推出 n 的情形。即把一个复杂的大型计算转化为简单过程的多次重复。这种在规定的初始条件下，找出后项对前项的依赖关系的操作，称为递推。初始条件称为边界条件，表示某项和它前面若干项的关系式叫作递推公式。边界条件和递推公式是递推法的核心要素。

因此，递推法的求解过程分为三个步骤：

1）找出边界条件。

2）找出递推规律，写出递推公式。

3）根据初始条件，顺推或逆推。

顺推是从已知初始条件出发，逐步推算出问题结果的方法。逆推是从问题的结果出发，用迭代表达式逐步推算出问题的开始条件，即顺推的逆过程。

【例 7-8】Fibonacci 数列具有以下特点：前两项均为 1，从第三项开始，每一项是前面两项之和，即 1，1，2，3，5，8，13，21，34，55，89，144，$\cdots$，求此数列前 20 项的值。

解： 从已知初始条件出发，可以逐步推算出问题结果，因此采用顺推法进行问题求解。

设用数组 f 存储 Fibonacci 数列。

1）边界条件：假设数组元素的下标从 1 开始，则有 $f[1]=1$，$f[2]=1$。

2）递推公式：$f[n]=f[n-1]+f[n-2]$（$n \geq 3$，$n \in \mathbf{N}$），这就是递推公式。

伪代码描述如下：

```
Begin
f[1]=1
f[2]=1
For i=3 to 20
    f[i]=f[i-1]+f[i-2]
End For
For i=1 to 20
    Output f[i]
End For
End
```

再看一个逆推递推的例子。

【**例 7-9**】猴子吃桃问题。猴子第一天摘下若干个桃子，当即吃下了一半，不过瘾，又多吃了一个。第 2 天早上将剩下的桃子吃掉了一半，又多吃了一个。以后每天早上都吃了前一天剩下的一半又多一个。到第 10 天早上再想吃时，就只剩下一个桃子了。求第 1 天共摘了多少个桃子。

解：本题根据第 10 天的桃子数推算开始状态第 1 天的桃子数，因此采用逆推法。

用数组 $a[i]$ 表示每天原有的桃子数，则

1）边界条件：$a[10]=1$。

2）递推公式：

　　第 i 天原有的桃子数 $a[i]=$ 第 $i-1$ 天原有桃子数 $a[i-1]-$ 第 $i-1$ 天吃掉的桃子数

第 $i-1$ 天吃掉的桃子数 $=a[i-1]/2+1$

因此，$a[i]=a[i-1]-(a[i-1]/2+1)=a[i-1]/2-1$，即 $a[i-1]=2(a[i]+1)$，这就是递推公式。

伪代码描述如下：

```
Begin
a[10]=1
i=9
While i > 0
    a[i]= (a[i+1]+1)*2
    i=i-1
End While
Output a[1]
End
```

递推的优点是可避开求通项公式的麻烦，缺点是递推公式是固定的，不适合公式动态变化的情况。

7.2.3 递归法

调用一个函数的过程中，又直接或间接地调用该函数自身，这就是函数的递归调用。例如，sin(sin(30*pi()/180)) 就是一个递归调用。函数的递归调用经历递推和回溯两个过程。前一阶段使函数的参数值变化到最后一层，使该层函数的值为某一确定的值，这一确定的值即为边界条件或递归出口。后一阶段是由这一确定的值往回推出每层的函数值。

递归法把一个大型的问题层层转化为一个与原问题相似的规模较小的子问题，在逐步求解子问题后，再返回（回溯）得到原大型问题的解。因此，使用递归法需要具备两个条件：可以将原问题转换为性质相似的独立子问题；有递归结束的条件，即递归出口，否则将是死循环。

递归算法的设计分为两个步骤：

1）找出递归结束条件，即递归出口。

2）缩小规模，将原问题转换为性质相似的独立子问题，即找出递归公式。

【**例 7-10**】利用递归算法计算正整数 n 的阶乘。

解：正整数 n 的阶乘和 $n-1$ 的阶乘存在如下关系：$n!=n(n-1)!$。根据这个关系，可以逐步缩小规模，将原问题转换为规模相对较小的子问题。此外，已知 1 的阶乘为 1，这就是递归出口。

递归函数 fact(n) 的调用经历了层层调用、层层返回的过程。以 $n=5$ 为例，求阶乘函数递归调用的过程如图 7-14 所示。

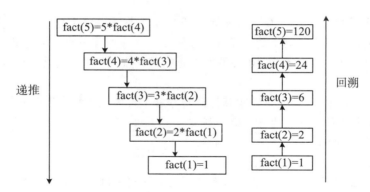

图 7-14   递归的调用过程

对图 7-14 的调用过程解释如下：

1）求 fact(5)，它等于 5*fact(4)，就调用了 fact(4) 函数；

2）fact(4) 等于 4*fact(3)，又调用了 fact(3) 函数；

3）fact(3) 等于 3*fact(2)，调用了 fact(2) 函数；

4）fact(2) 等于 2*fact(1)，调用了 fact(1) 函数；

5）n 的值是 1，计算 fact(1)=1 返回值为 1，即 1 的阶乘等于 1；

6）然后将 fact(1)=1 代入 fact(2)=2*fact(1)，2 的阶乘就为 2；

7）再将 fact(2)=2 代入 fact(3)=3*fact(2)，3 的阶乘就为 6；

8）将 fact(3)=6 代入 fact(4)=4*fact(3)，4 的阶乘为 24；

9）将 fact(4)=24 代入 fact(5)=5*fact(4)，5 的阶乘为 120。

这是一个层层调用、层层返回的过程。最后调用，最先返回。

递归法求 $n!$ 的伪代码描述如下：

```
Begin
Input n
Output fact(n)
End
Function fact(n)
    If n=1 Then
        Return 1
    Else
        Return n*fact(n-1)
    End If
End Function
```

递归的优点是容易理解，代码简单。缺点是时空代价大，如果局部变量（如数组）体积较大，而递归层次又很深，可能会导致栈溢出，因此可以考虑使用全局数组或动态分配数组存储数据。

7.2.4 迭代法

迭代法也称辗转相除法，是一种不断用变量的旧值推出新值，再用新值替换旧值的过程。设计迭代算法时要使用循环结构，而且要有迭代终止的条件。

因此，利用迭代算法解决问题，一般需要三个步骤：

1）确定迭代变量。在可以用迭代算法解决的问题中，至少存在一个直接或间接地不断由旧值递推出新值的变量，这个变量就是迭代变量。

2）建立迭代关系式。所谓迭代关系式，是指从变量的旧值推出新值的公式。迭代关系式的建立是解决迭代问题的关键。

3）对迭代过程进行控制。迭代过程的控制通常可分为两种情况：迭代次数确定和迭代次数不确定。前者通过固定次数的循环实现对迭代过程的控制，后者需要进一步分析用来结束迭代过程的条件。

【例 7-11】最大公约数问题。用辗转相除法求两个正整数 m 和 n 的最大公约数。

解：辗转相除法又名欧几里得算法，是求两个正整数的最大公约数的算法。假设有两个正整数 m 和 n，利用辗转相除法求 m 和 n 最大公约数的自然语言描述如下：

1）输入 m 和 n。

2）计算 m 除以 n 的余数 r。

3）如果 r 的值不为零，则执行步骤 4，否则，n 即为最大公约数，输出 n。算法结束。

4）$m = n$

   $n = r$

   $r = m \bmod n$

5）返回步骤 3。

假设 $m=18$，$n=27$，用辗转法求解这两个数的最大公约数的示意如表 7-7 所示。当 r 为 0 时，n 为 9，因此 9 即为所求得的最大公约数。

表 7-7   辗转相除法求两个正整数的最大公约数

	m	n	$r = m \bmod n$
第 1 步	18	27	18
第 2 步	27	18	9
第 3 步	18	9	0

求最大公约数程序的伪代码描述如下：

```
Begin
Input m,n
r=m mod n
While r<>0
    m=n
    n=r
    r=m mod n
End While
Output n
End
```

上述伪代码利用循环结构对变量值进行替换，实现了迭代法，此外，还可以通过递归函数实现迭代。

主程序的伪代码如下：

```
Begin
Input m,n
gcd(m,n)
End
```

递归函数 gcd(m,n) 的伪代码如下：

```
Function gcd(m,n)
    r = m mod n
    If r = 0 Then
        output n
    Else
        gcd(n,r)
    End If
End Function
```

迭代法是解决收敛问题的有效方法。缺点是，如果迭代次数过多，开销可能较大。

7.2.5 查找法

查找又称检索，是指在某种数据结构中找出满足给定条件元素的方法。例如，我们经常使用百度等搜索引擎进行信息检索，或是在图书馆查找某种书号的图书等。常用的查找算法有顺序查找和折半查找。

1. 顺序查找

顺序查找也叫线性查找，是一种最直接、最简单的查找方法。顺序查找的基本思想是：从线性表的一端开始对各个元素依次扫描，如果扫描到的关键字和要查找的给定值相等，则查找成功；如果扫描结束后，仍未找到和给定值相等的关键字，则查找失败。线性查找的策略就是枚举，即从头找到尾遍历查找。

【例 7-12】一个数组有六个元素，请输入六个元素后，用线性查找法查找数字 6，如果该数不在数组中，则输出"无此数"。如果找到，则输出数字 6 首次出现的位置。

解：首先用一个数组存储这六个数，然后从数组的第一个元素开始遍历该数组，如果当前数组元素值等于待查数字 6，则找到该数，输出该数的位置，算法结束。如果遍历完数组仍未找到，则输出"无此数"。假设数组元素序列为 {2，5，3，7，6，9}，图 7-15 给出查找的示意图。

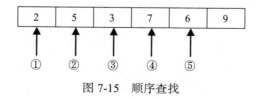

图 7-15　顺序查找

顺序查找算法的伪代码如下：

```
Begin
For i=1 to 6
    Input a[i]
End For
For i=1 to 6
    If a[i]=6 Then
        Output "Find it, it is at" & i & "site."
        Exit
    End If
End For
If i>6 Then Output " Not Found. "
End
```

顺序查找可用于有序列表，也可用于无序列表。顺序查找算法简单，但是查找效率低，不适合列表元素太多的查找。

2. 折半查找

折半查找也叫二分查找，是一种在有序元素列表中查找特定值的方法。折半查找的查询策略就是分治法，将一系列给定的值按照升序进行排列，然后将待查元素值与中间值进行比对，如果中间值等于待查元素，则找到该元素，否则，如果待查元素值小于中间值，则在前半部查找，否则在后半部查找。重复上述搜索步骤，直至找到或查找完所有的部分，结束查找。

具体查找过程如下：

1）假设列表元素存储在一维数组中，并按升序排列。查找区间最左侧元素的下标记为bottom，最右侧元素的下标记为top，中间位置元素的下标记为mid，mid=(bottom+top)/2。

2）首先将待查元素值与列表中间位置mid处的元素值进行比较，如果中间值等于待查元素，则找到该元素。

3）如果待查元素值小于中间值，则top=mid−1，在前半部继续折半查找。

4）如果待查元素值大于中间值，则top=mid+1，在后半部继续折半查找。

5）如果bottom ≤ top，则一直如此重复，直到找到满足条件的记录，查找成功；如果查找过程中bottom>top，则说明表中不存在待查找的元素，查找失败。

【例7-13】一个数组有六个元素，请输入这六个元素，用折半查找法查找数字6，如果该数不在列表中，则输出"无此数"。

解：假设输入的数组元素序列为{2，5，3，7，6，9}，折半查找法的具体操作步骤如下：

1）对数据进行排序。原数据为2，5，3，7，6，9，排序后数据为2，3，5，6，7，9，如图7-16所示。

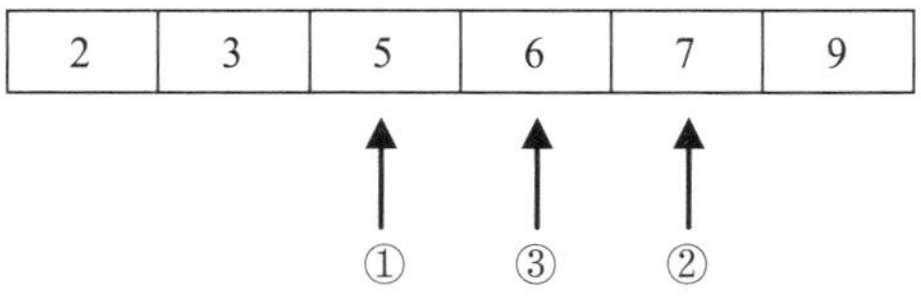

2）设置bottom=1，top=6。

3）mid=(1+6)/2，中间位置指向第3个元素。第3个元素值5小于待查数据6，故下一次查找需要在后半部查找，即bottom=4，top=6。

4）bottom=4，top=6，中间值mid=5，第5

图7-16 折半查找

个元素值为7，大于待查数据6，故下一次查找需要在前半部查找，即bottom=4，top=4。

5）bottom=4，top=4，中间值mid=4，第4个元素值为6，找到，输出找到的元素位置即可。

折半查找的伪代码如下：

```
Begin
For i=1 to 6
    Input a[i]
End For
Input des
bottom=1, top=6
mid=(bottom + top)/2
While(bottom<=top)
    If a[mid]=des Then
        Output mid
        Exit
```

```
        Else If des <a[mid] Then
            top = mid-1
        Else
            bottom= mid +1
        End If
    End While
    Output "not found"
    End
```

通常，对于一个已经排序的列表，折半查找的效率要比顺序查找高很多。

7.2.6　排序法

排序是现实世界中常见的问题，成绩排名、商品竞价排名等都用到了排序算法。将杂乱无章的数据元素通过一定的方法按关键字递增或递减的顺序排列，这就是排序。关键字是对象用于排序的一个特性。例如，对一组"人"进行排序，可以按"年龄"排序，也可以按"身高"排序，或者按"大学物理成绩"排序，此处的"年龄""身高""大学物理成绩"等则为对"人"进行排序的关键字。排序可以有效地降低算法的时间复杂度，很多算法是建立在有序数据的基础之上的。

常用的排序算法有：比较排序、选择排序、冒泡排序、插入排序、快速排序、堆排序、归并排序，等等。下面以升序排列为例，介绍比较排序、选择排序和冒泡排序。

1. 比较排序

比较排序是所有排序算法中最简单的算法。算法的核心思想是：第 1 轮，在待排序元素 $r[2]\sim r[n]$ 中，如果任一元素 $r[j]<r[1]$，则交换 $r[1]$ 和 $r[j]$ 元素的值；第 2 轮，在待排序元素 $r[3]\sim r[n]$ 中，如果任一元素 $r[j]<r[2]$，则交换 $r[2]$ 和 $r[j]$ 元素的值；以此类推，第 i 轮，在待排序元素 $r[i+1]\sim r[n]$ 中，如果任一元素 $r[j]<r[i]$，则交换 $r[i]$ 和 $r[j]$ 元素的值，直到全部排序完毕。n 个元素需要进行 $n-1$ 轮比较。

【**例 7-14**】一个数组有六个元素，请输入这六个元素，使用比较排序将数组元素按由小到大排序。

解： 设输入的数组元素序列为 $\{2, 5, 3, 7, 6, 9\}$，用数组 a 存储这六个元素。假定下标从 1 开始。图中，带下划线的数组元素为有序区，不带下划线的数组元素为无序区。比较排序的过程如下：

1）设变量 i 指向数组无序区的第一个元素 $a[1]$，变量 j 记录 $a[i]$ 元素后面小于 $a[i]$ 的元素的下标（默认 $j=i+1$）。如图 7-17a 所示，第 1 轮比较，首先找到 $a[4]$ 元素的值 3 小于 $a[1]$，交换 $a[1]$ 和 $a[4]$ 的值，交换后如图 7-17b 所示。

2）继续第 1 轮比较，如图 7-17b 所示，找到 $a[5]$ 元素的值 2 小于 $a[1]$，交换 $a[1]$ 和 $a[5]$ 的值，交换后如图 7-17c 所示，图中有下划线的数字表示排好序的部分。以此类推，直到 $a[6]$ 和 $a[1]$ 比较，完成第 1 轮比较，此时 $a[1]$ 进入数组有序区。接下来开始第 2 轮比较。

3）第 2 轮比较，变量 i 指向数组无序区的第一个元素 $a[2]$，变量 j 记录 $a[i]$ 元素后面小于 $a[2]$ 的元素的下标。如图 7-17c 所示，首先找到 $a[4]$ 元素的值 5 比 $a[2]$ 小，交换 $a[2]$ 和 $a[4]$ 的值，交换后如图 7-17d 所示。

4）继续第 2 轮比较，如图 7-17d 所示，找到 $a[5]$ 元素的值 3 小于 $a[2]$，交换 $a[2]$ 和

$a[5]$ 的值，交换后如图 7-17e 所示。以此类推，直到 $a[6]$ 和 $a[2]$ 比较，完成第 2 轮比较，此时 $a[2]$ 进入数组有序区。接下来开始第 3 轮比较。

5）第 3 轮比较，变量 i 指向数组无序区的第一个元素 $a[3]$，变量 j 记录 $a[i]$ 元素后面小于 $a[3]$ 的元素的下标。如图 7-17e 所示，首先找到 $a[4]$ 元素的值 6 小于 $a[3]$，交换 $a[3]$ 和 $a[4]$ 的值，交换后如图 7-17f 所示。

6）继续第 3 轮比较，如图 7-17f 所示，找到 $a[5]$ 元素的值 5 小于 $a[3]$，交换 $a[3]$ 和 $a[5]$ 的值，交换后如图 7-17g 所示。以此类推，直到 $a[6]$ 和 $a[3]$ 比较，完成第 3 轮比较，此时 $a[3]$ 进入数组有序区。接下来开始第 4 轮比较。

7）第 4 轮比较，变量 i 指向数组无序区的第一个元素 $a[4]$，变量 j 记录 $a[i]$ 元素后面小于 $a[4]$ 的元素的下标。如图 7-17g 所示，首先找到 $a[5]$ 元素的值 6 小于 $a[4]$，交换 $a[5]$ 和 $a[4]$ 的值，交换后如图 7-17h 所示。

8）继续第 4 轮比较，直到 $a[6]$ 和 $a[4]$ 比较，完成第 4 轮比较，此时 $a[4]$ 进入数组有序区。接下来开始第 5 轮比较。

9）第 5 轮比较，如图 7-17h 所示，变量 i 指向数组无序区的第一个元素 $a[5]$，变量 j 指向 $a[6]$ 元素。$a[6]$ 小于 $a[5]$，交换 $a[5]$ 和 $a[6]$ 的值，交换后如图 7-17i 所示，此时数组就是排好序的数组。

图 7-17　比较排序

比较排序算法的伪代码如下：

```
Begin
For i=1 to 6
    Input a[i]
End For
For i=1 to 5
    k=i
```

```
    For j= i+1 to 6
      If a[j] < a[i] Then
          t=a[i], a[i]=a[j], a[j]=t
      End If
    End For
  End For
  For i=1 to 6
      Output a[i]
  End For
  End
```

2. 选择排序

在比较排序算法中，每一轮都是通过不断地比较和交换来保证首位置为当前最小值。交换步骤是比较耗时的操作，会增加程序的复杂度。因此，可以对比较法进行改进：设置一个变量 k，每一次比较仅存储较小元素的数组下标，当一轮循环结束之后，k 变量存储的就是当前最小元素的下标，此时再执行交换操作。这就是选择排序。

选择排序对比较排序进行了优化。算法的核心思想是：第 1 轮，在待排序元素 $r[1]$ ～ $r[n]$ 中选出最小的元素，将它与 $r[1]$ 交换；第 2 轮，在待排序元素 $r[2]$ ～ $r[n]$ 中选出最小的元素，将它与 $r[2]$ 交换；以此类推，第 i 轮在待排序元素 $r[i]$ ～ $r[n]$ 中选出最小的元素，将它与 $r[i]$ 交换，使有序序列不断增长直到全部排序完毕。

【例 7-15】一个数组有六个元素，请输入这六个元素，使用选择排序将这六个数按由小到大排序。

解： 设输入的数组元素序列为 {2，5，3，7，6，9}，用数组 a 存储这六个元素。

1）设变量 i 指向数组无序区的第一个元素，变量 k 记录无序区最小元素所在的下标（默认 $k=i$）。如图 7-18a 所示，第 1 轮比较，找到无序区最小元素 2，和 $a[i]$ 元素进行交换，交换后如图 7-18b 所示。

2）第 2 轮比较，如图 7-18b 所示，找到无序区最小元素 3，和 $a[i]$ 元素进行交换，交换后如图 7-18c 所示。

3）第 3 轮比较，如图 7-18c 所示，找到无序区最小元素 5，和 $a[i]$ 元素进行交换，交换后如图 7-18d 所示。

4）第 4 轮比较，如图 7-18d 所示，无序区最小元素为 6，无须交换，变量指向下一个元素，如图 7-18e 所示。

5）第 5 轮比较，如图 7-18e 所示，找到无序区最小元素 7，和 $a[i]$ 元素进行交换，交换后如图 7-18f 所示，此时数组就是排好序的数组。

选择排序算法的伪代码如下：

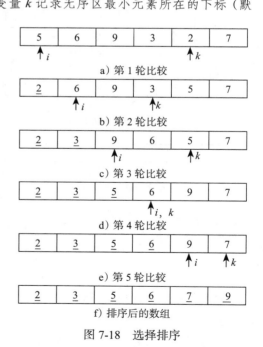

图 7-18 选择排序

```
Begin
For i=1 to 5
  Input a[i]
```

```
End For
For i=1 to 5
    k=i
    For j= i+1 to 6
        If a[j] < a[k] Then
            k=j
        End If
    End For
    If k<>I Then
        t=a[i], a[i]=a[k], a[k]=t
    End If
End For
For i=1 to 6
    Output a[i]
End For
End
```

3. 冒泡排序

冒泡排序的核心思想是，相邻的两个元素比较，小数上浮，大数下沉，犹如冒泡一般，所以称为冒泡排序。

【例7-16】 一个数组有六个元素，请输入这六个元素，使用冒泡排序将这六个数按由小到大排序。

解： 设输入的数组元素序列为{2，5，3，7，6，9}，用数组 a 存储这六个元素。排序过程如图7-19所示，图中，带下划线的数组元素为有序区，不带下划线的数组元素为无序区。设置变量 j 指向数组无序区的当前元素，则 $j+1$ 指向当前元素的下一个元素。依次比较 $a[j]$ 和 $a[j+1]$ 的大小。

1）第1轮循环：5和6比较，小数上浮（左移），大数下沉（右移），如图7-19a所示；6和9比较，小数上浮，大数下沉，如图7-19b所示；9和3比较，小数上浮，大数下沉，如图7-19c所示；9和2比较，小数上浮，大数下沉，如图7-19d所示；9和7比较，小数上浮，大数下沉。此时，9进入到数组有序区，如图7-19e所示。

2）第2轮循环：5和6比较，小数上浮，大数下沉，如图7-19f所示；6和3比较，小数上浮，大数下沉，如图7-19g所示；6和2比较，小数上浮，大数下沉，如图7-19h所示；6和7比较，小数上浮，大数下沉。此时，7进入到数组有序区，如图7-19i所示。

3）以此类推，完成所有数组元素的排序，如图7-19k所示。

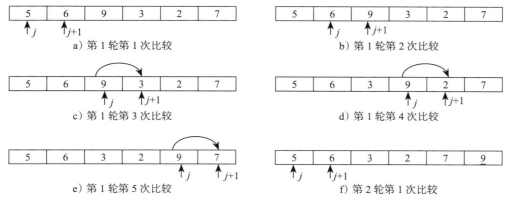

图 7-19　冒泡排序

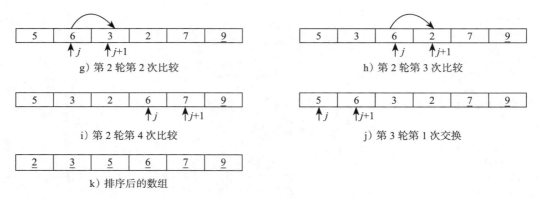

g) 第 2 轮第 2 次比较　　　　　　　　　h) 第 2 轮第 3 次比较

i) 第 2 轮第 4 次比较　　　　　　　　　j) 第 3 轮第 1 次交换

k) 排序后的数组

图 7-19 （续）

冒泡排序算法的伪代码如下：

```
Begin
For i = 1 to 6
    Input a[i]
End For
For i=1 to 5
    For j=1 to 5-i
        If a[j] > a[j+1] Then
            t=a[j], a[j]=a[j+1], a[j+1]=t
        End If
    End For
End For
For i=1 to 6
    Output a[i]
End For
End
```

7.2.7　分治法

分治法采用"分而治之"的策略，把一个复杂的大问题分解成一系列规模相对较小的相同或相似的子问题，再把子问题分成更小的子问题，直到最后子问题可以简单地直接求解，然后由小问题的解构造出大问题的解。分治法的结构特点是减治，即缩小规模。

分治法的适用条件包括：问题可以分解成若干个规模较小的相同子问题；问题规模缩小到一定程度，就可轻易求解；子问题的解可以合并为原问题的解；子问题相互独立，不包含公共子问题。

分治法采用"分 – 治 – 合"的计算框架。主要步骤如下：

1）分：把问题划分为子问题。

2）治：递归求解子问题。当子问题规模足够小时，直接求解。

3）合：把子问题的解合并成原问题的解。

【例 7-17】二分求幂。利用分治法计算 2^{20}。

解：设 $f(x,n)$ 函数用于求解 x^n。

1）输入 x 和 n。

2）如果 n 等于 1，返回值为 x，算法结束。

3）如果 n 是大于 1 的奇数，递归求解 $x*f(x, n-1)$；否则，执行下一步。

4）如果 n 是偶数，递归求解 $f(x^2, n/2)$。

算法的伪代码描述如下：

```
Begin
Input x,n
Output  fun(x, n)
End
Function fun(x, n)
    If n=1 Then
        Return x
    Else If n mod 2 = 0 Then
        m = fun(x, n/2)
        Return m*m
    Else
        m = fun(x, (n-1)/2)
        Return x*m*m
    End If
End Function
```

分治算法的优点是降低了计算的复杂度，缺点是递归次数太多时，会降低计算效率。分治与递归经常同时应用在算法设计中，并由此产生了许多优秀算法，如二分查找、合并排序、快速排序等。

7.2.8 动态规划法

动态规划是目前解决多阶段决策过程问题的基本方法之一。

所谓多阶段决策过程是指这样一类决策问题：根据问题的特性，可将过程按时间、空间等标志分为若干个相互联系又相互区别的阶段，在每一个阶段都需要做出决策，从而使整个过程达到最优解。各个阶段决策的选取既依赖于当前面临的状态，又影响以后的发展。当各阶段决策确定后，就组成一个决策序列，这样一个前后关联且具有链状结构的多阶段过程就称为多阶段决策过程。20 世纪 50 年代初，美国数学家 R. E. Bellman 等人在研究多阶段决策过程的优化问题时，把多阶段过程转化为一系列单阶段问题，利用各阶段之间的关系逐个求解，创立了解决这类过程优化问题的新方法——动态规划。

动态规划的实质是分治和解决冗余，即各个子问题不相互独立，各子问题包括公共的子子问题，对子子问题只求解一次，将其结果保存，避免重复计算。动态规划采用自底向上的求解策略，即每一步根据策略得到一个更小规模的问题，然后先解决最小规模的问题，最终得到整个问题的最优解。

动态规划的核心思想是：多阶段决策；前一次决策影响后一次；注重决策的总结果，而非各决策的即时结果。

动态规划算法的简化步骤为：

1）分析最优解的性质，描述最优解的结构特征。

2）递归地定义一个最优解的值。

3）以自底向上或自顶向下的方式计算最优解的值。

4）从已计算的信息中构造一个最优解。

动态规划常用于最短路径、数塔问题、货物装载等问题。

【例 7-18】最短路径问题。已知某地区城市路网图如图 7-20 所示，多段图有向边的权值代表两个城市间的距离。请求解城市 1 到 10 之间的最短距离，限制条件是不走回头路。

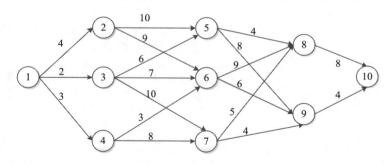

图 7-20   最短路径问题

解： 设 $d(s,v)$ 表示 s 到 v 的最短路径，$c(u,v)$ 表示多段图中从 u 到 v 的有向边 $<u,v>$ 上的权值，则：

1) $d(s,v)=\min(d(s,u)+c(u,v))$，图 7-20 中，$d(1,10)=\min\{d(1,8)+c(8,10)，d(1,9)+c(9,10)\}$。

这样，就把求城市 1 到 10 的最短距离 $d(1,10)$ 转化为计算城市 1 到 8 的最短距离 $d(1,8)$ 和城市 1 到 9 的最短距离 $d(1,9)$。

2) 以此类推，计算 $d(1,8)$ 和 $d(1,9)$ 又转化为计算 $d(1,5)$、$d(1,6)$ 和 $d(1,7)$。

3) 计算 $d(1,5)$、$d(1,6)$ 和 $d(1,7)$ 转化为计算 $d(1,2)$、$d(1,3)$ 和 $d(1,4)$。

4) $d(1,2)=c(1,2)=4$，$d(1,3)=c(1,3)=2$，$d(1,4)=c(1,4)=3$。

5) 向上回溯，即可求出城市 1 到 10 的最短距离 $d(1,10)$。

具体计算过程如下：

$d(1,2)=c(1,2)=4$，$d(1,3)=c(1,3)=2$，$d(1,4)=c(1,4)=3$

$d(1,5)=\min\{d(1,2)+c(2,5), d(1,3)+c(3,5)\}=\min\{4+10,2+6\}=8$

$d(1,6)=\min\{d(1,2)+c(2,6), d(1,3)+c(3,6), d(1,4)+c(4,6)\}=\min\{4+9,2+7,3+3\}=6$

$d(1,7)=\min\{d(1,3)+c(3,7), d(1,4)+c(4,7)\}=\min\{2+10,3+8\}=11$

$d(1,8)=\min\{d(1,5)+c(5,8), d(1,6)+c(6,8), d(1,7)+c(7,8)\}=\min\{8+4,6+9,11+5\}=12$

$d(1,9)=\min\{d(1,5)+c(5,9), d(1,6)+c(6,9),d(1,7)+c(7,9)\}=\min\{8+8,6+6,11+4\}=12$

$d(1,10)=\min\{d(1,8)+c(8,10), d(1,9)+c(9,10)\}=\min\{12+8,12+4\}=16$

所以城市 1 到 10 的最短距离为 16。

动态规划算法的优点是可以得到问题的一组可行解，并在这些可行解中找到全局最优解。缺点是空间需求大，而且算法没有固定的模型，解题依赖于经验和技巧。此外，由于阶段变量、状态变量及决策变量等维数的不断增加，限制了求解效率。

7.2.9   贪心法

贪心法也称贪婪法，顾名思义，是指在求解最优化问题时，总是做出在当前看来是最好的选择。贪心法不从整体最优上加以考虑，求得的一般是在某种意义上的局部最优解，或者是整体最优解的近似解。而动态规划算法找到的是全局最优解。

贪心算法不是对所有问题都能得到整体最优解，这取决于选择的贪心策略。贪心策略必须具备无后效性，即某个状态以前的过程只与当前状态有关，不会影响以后的状态。

贪心算法主要有两个特点：

- 贪心选择性质：贪心选择是指所求问题的整体最优解可以通过一系列局部最优的选择，即贪心选择来获得。这是贪心算法可行的第一个基本要素，也是贪心算法与动态规划算法的主要区别。算法中的每一步选择都是当前看似最佳的选择，这种选择依赖于已做出的选择，但不依赖于未做出的选择。
- 最优子结构性质：当一个问题的最优解包含其子问题的最优解时，这个问题就具有最优子结构性质。问题的最优子结构性质是该问题可用贪心算法和动态规划算法求解的关键特征。贪心算法对每一个子问题的解决方案都做出选择，不能回退。动态规划则是根据以前的选择结果对当前问题进行选择，有回退功能。

贪心算法求解的基本思路是从问题的某一个初始解出发一步一步地进行，根据某个优化测度，每一步要确保能获得局部最优解。每一步只考虑一个数据，数据的选取应该满足局部优化的条件。若下一个数据和部分最优解结合在一起不再是可行解，就不能把该数据添加到部分解中，直到把所有数据枚举完，或者不能再添加数据，算法停止。

贪心算法问题求解的步骤如下：

1）建立数学模型来描述问题。

2）把求解问题分成若干子问题。

3）对每一子问题求解，得到子问题的局部最优解。

4）把子问题的局部最优解合成原问题的一个解。

【例 7-19】发工资问题。财务处发工资，如果每个老师的工资额都已知，最少需要准备多少张人民币，才能在给每位老师发工资的时候都不用老师找零呢？这里假设老师的工资都是正整数（单位：元），人民币一共有 100 元、50 元、20 元、10 元、5 元和 1 元六种。

解：对面值进行排序后，先挑面值大的钞票发放。然后循环判断发放面额。

发工资问题的伪代码描述如下：

```
Begin
Input money
For i = 1 to 6
    Input coin[i]
End For
sort(coin)        // 从大到小排序: 100元, 50元, 20元, 10元, 5元, 1元
For i = 1 to 6
  num = num + money / coin[i]
  money = money mod coin[i]
End For
Output
End
```

本例应用贪心算法求解。首先选出最优的度量标准，通常可用价值、重量或单位价值作为度量标准，此处选择单位价值作为度量标准。无论用哪种度量标准，都必须先对标准进行从大到小排序，然后再进行求解。

贪心算法求解问题的优点是效率高、易于理解，得到了广泛的应用。缺点是使用贪心算法需要证明每一步所做出的贪心选择最终导致问题的整体最优解。通常用归纳法和交换论证法进行证明。

7.2.10 回溯法

在日常生活中我们有这样的生活经验：遗失了物品，我们会原路返回查找；走迷宫时，

发现"此路不通",我们会返回到上一个岔路口继续搜索。这种思想应用到算法设计中,就是回溯算法。

回溯法也叫试探法,核心思想是"向前走,碰壁回头"。在包含问题的解空间树中,回溯法从根结点出发,按照深度优先遍历的策略进行搜索。在任一结点,先判断该结点是否包含问题的解。如果包含,则继续遍历子树;否则回溯到上一层结点,搜索其他子树。如此反复进行,直到得到解或证明无解。

回溯法解决问题的一般步骤是:

1)针对所给问题,定义问题的解空间。

2)确定易于搜索的解空间结构,使得能用回溯法搜索整个解空间。

3)按照深度优先方式搜索解空间树。

【例 7-20】N 皇后问题。在一个 $N \times N$ 的棋盘上放置 N 个皇后,且使得每两个之间不能互相攻击,即使得每两个皇后不在同一行、同一列或同一对角线上。请分析共有多少种放置方法。

解: 对于 $N=1$,问题的解很简单,只有一种放置方法;对于 $N=2$ 和 $N=3$,很容易看出问题无解。接下来,以 4 皇后问题为例用回溯法求解。因为每个皇后都必须分别占据一行,需要实现的是为棋盘上的每个皇后分配一列。

如图 7-21 所示,先从第 1 行开始。第 1 行的皇后有四个位置可选择,先放在第 1 列;则第 2 行皇后有两种放法,即第 3 列或第 4 列。先放在第 3 列,则第 3 行无解(如图 7-21a 所示)。返回到第 2 行,皇后放在第 4 列,则第 3 行的皇后只有一种放法,即放在第 2 列,这又导致第 4 行无解(如图 7-21b 所示)。此时第 2 行皇后已经尝试了所有的可能,都没有解,只能回溯到第 1 行,皇后放在第 2 列位置,继续深度优先遍历,以此类推,找到一组解(如图 7-21c 所示)。

a)无解   b)无解   c)一组解

图 7-21   回溯法求解 4 皇后问题

回溯法本质上是一种枚举性质的搜索。但回溯算法使用剪枝函数,剪去一些不可能到达最终状态(即答案状态)的结点,从而减少了状态空间树结点的生成,因此回溯法是一种比枚举法更"聪明"且效率更高的搜索技术。与枚举相比,回溯更适合量比较大、候选解比较多的案例。

本章以算法设计为主线,简要介绍了算法概念、描述方法,以及常用的经典算法,为问题的建模与算法设计在理论上提供了思路。在解决各种实际问题时,经常需要综合使用多种算法。

习题

一、简答题

1.不断用变量的旧值推出新值的过程是什么算法策略?

2. 将要解决的问题划分成若干规模较小的同类问题，当子问题划分得足够小时，用较简单的方法解决，这种方法属于什么算法策略？

3. 在对问题求解时总是做出在当前看来最好的选择，不从整体最优上加以考虑，所做出的仅是在某种意义上的局部最优解，或者是整体最优解的近似解，这属于哪种算法策略？

4. 折半算法策略是否能在未排序的数组中进行查找？

5. 如图 7-22 所示，有一个三角形的数塔，每个结点有一个整数值。顶点为根结点，底层的结点为叶结点。从顶点出发，可以向左走或向右走。要求从根结点开始，找出一条到达底层叶结点的路径，使路径之上各结点的数值之和最大，输出最优路径结点和路径上的数值之和。

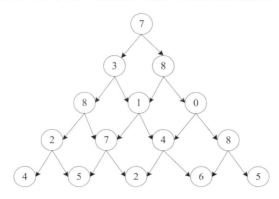

图 7-22　三角形数塔

二、填空题

1. 结构化程序设计的三种基本结构是_____。

2. 列举问题所涉及的所有情形，并使用一定条件检验每一种情形是否是问题的解，这种算法属于_____。

3. 辗转相除法求最大公约数采用的是_____算法。

4. 用回溯法搜索问题的解空间树是按照_____的顺序进行的。

5. _____算法是求解决策过程最优化的方法。

6. "去银行存款，银行用验钞机逐张验钞。"这种场景对应算法设计中的_____算法。

7. "我从食堂到机房，发现饭卡丢了，于是沿路往回找，终于找到了。"这种场景对应算法设计中的_____算法。

8. 22 个水晶钻石中掺杂了一个玻璃钻石，玻璃钻石比水晶钻石轻，现给你一个天平，需要称重_____次，可以最快找出这颗玻璃钻石。

9. 利用枚举法，写出 20 以内所有的素数：_____。

第 8 章

数据挖掘基础

学习目标

- 了解数据挖掘的概念。
- 掌握数据挖掘的主要步骤。
- 掌握数据预处理的方法。
- 掌握常用的数据挖掘算法的原理，并了解数据挖掘算法的应用方法。

目前，人们面对着越来越多的数据。数据拥有者通过对这些数据进行分析以发现未知的关系，或以需求者可以理解的、有价值的方式来重新认识数据，这个过程就是数据挖掘。数据挖掘是一门交叉学科，涉及数据库、统计学、人工智能与机器学习等多个领域，而且已广泛应用于经济、军事及日常生活中。本章主要介数据挖掘的概念、步骤以及常用的数据挖掘算法。

8.1 数据挖掘概述

8.1.1 数据挖掘的背景

进入 21 世纪以来，计算机技术蓬勃发展，互联网用户日益增多，数据库技术和数据库管理系统得到了广泛应用，物联网技术和网络通信技术飞速发展，人们获取数据的方式越来越多。这些因素促使数据库中存储的数据量急剧增加，我们已经进入大数据时代。全球知名咨询公司麦肯锡称："数据已经渗透到当今每一个行业和业务职能领域，成为重要的生产因素。人们对于海量数据的挖掘和运用，预示着新一波生产率增长和消费者盈余浪潮的到来。"

面对浩瀚的数据海洋，如何让数据产生价值，以最大化地获取隐藏在数据中的有用信息，引起了各行各业的广泛关注。例如，电商想利用顾客的购买记录分析顾客的消费习惯和行为，以便及时变换营销策略，向用户推荐其偏好的产品；股票经纪人试图从大量的股票行情中找到股票涨跌规律，预测股票未来的趋势；邮箱系统要根据 Email 的来源、主题和内容判定一封邮件是不是垃圾邮件；银行客户经理推广某些产品计划时，根据顾客的性别、存款、理财记录、职业等信息，判定他是不是潜在的可发展客户；在网络平台中，可以通过用户的访问日志分析出用户之间的关系网络，判定用户群体；海洋学家通过采集到的数据发现海洋生物分布与海底资源位置之间的关系；国家安全部门通过分析人们的各种行为、消费记录等预判人们的安全级别；智能建筑系统通过分析住户的生活行为习惯，拟合智能控制程序，以提高用户的舒适度并降低建筑能耗。

上述例子通过对数据的分析，挖掘出重要的、有价值的信息或知识，从而能够产生不可估量的效益。从浩瀚无际的数据海洋中发现潜在的、有价值的知识，是这个大数据时代的一项标志性工作。虽然大量的样本可以揭示出一些未被注意到的细节，产生丰富的信息，但比对存在的数据与获得的信息，人们仍面临数据爆炸与信息匮乏的矛盾。未来学家约翰·奈比斯特指出："人类正被数据淹没，却饥渴于信息。"在很多领域，人们经常对数据束手无策。例如，尽管数据的积累量在变大，但是癌症治疗并没有取得太多突破，因为新生成的数据只是用来描述癌症惊人的多样性，即使是单一肿瘤也会包含成千上万种基因突变；许多研究尝试利用社交媒体数据和医学数据识别有抑郁倾向的人群，进行早期干预，但准确率受限，因为人的内在思维和外在行为的必然联系很难识别。

在进行数据分析时面临的主要困难有：

1）数据的多样性。数据的来源和种类较多，而且不同来源的数据没有互相连接的接口，整合困难。数据结构类型包括结构化、半结构化和非结构化的数据。结构化的数据是指可以使用关系型数据库表示和存储，表现为二维形式的数据，如包含商品、单价、销量等字段的商品销售记录。半结构化数据并不符合关系型数据库结构，但包含相关标记，用来分隔语义元素以及对记录和字段进行分层，如 XML、HTML 文档就是半结构化数据。非结构化数据是数据结构不规则或不完整，没有预定义的数据模型，譬如网络日志、音视频、图片和地理位置等。

2）数据价值密度相对较低。随着互联网以及物联网的广泛应用，信息感知无处不在，信息的海量获取更加容易。但是相对于人们亟待从数据中提取的知识而言，数据的价值密度较低，或者数据隐含的价值容易被忽略。如何结合业务逻辑并通过数据挖掘算法来挖掘数据价值，是亟待解决的问题。

3）数据的准确性和可信赖度有待考证。对数据进行挖掘的基础是数据必须准确、可信。但在数据的提供者、采集方式、处理方式、存储方式等多种因素的共同作用下，很难保证数据的质量。

4）数据的生成速度和更新速度快，对提取信息的时效性提出了挑战。随着物联网、互联网、社交网络、电子商务的迅速发展，大数据呈现出前所未有的增长速度。因此，在进行数据分析时需要关注从数据中提取的知识是否具有适应性，以及提取信息的速度是否能匹配数据更新的速度。

所以，面对快速增长的数据，如果没有强有力的处理方法和处理工具，数据的拥有者和决策者很难理解并使用数据，结果会使收集数据的数据库变成"没有"价值、不会再被访问的数据坟墓。数据和信息之间的鸿沟迫切需要数据挖掘工具，从杂乱无章的数据中挖掘知识，将数据坟墓转换成知识金砖。所以，从大量数据中提取或挖掘知识的数据挖掘技术应运而生。

8.1.2　数据挖掘的定义

数据挖掘（Data Mining，DM）又称数据库中的知识发现（Knowledge Discover in Database，KDD）。数据挖掘较为普遍的定义是：数据挖掘是指从大量的、多样化的、不完全的、有噪声的数据中提取隐含的、事先未知的、有潜在价值的信息或知识的过程。简单说，数据挖掘是从大量数据中提取或挖掘知识（有意义的模式）的过程。数据挖掘主要基于人工智能、机器学习、模式识别、统计学、数据库、可视化技术、高性能计算等，高度自动化地分析企业的数据，做出归纳性的推理，从中挖掘出潜在的模式，帮助决策者调整市场策略，减少风险，做出正确的决策。

从数据挖掘的定义可以看出数据挖掘的特点有：1）数据挖掘要处理的数据经常是庞大的数据集。少量的数据样本一般用统计分析方法即可。2）数据挖掘面对的原始数据是多样化的。可以是结构化、半结构化和非结构化的数据，或分布在网络上的异构型数据。3）数据挖掘中的数据经常是不完整的或有噪声的。不完整数据指数据项缺失，噪声数据指数据中存在错误或异常（偏离期望值）的数据。4）数据挖掘输出的结果通常是模型或规则，譬如挖掘用户购物行为模式、预测商品之间的关联并进行推荐等。5）数据挖掘的目标是挖掘未知但有潜在价值的信息。这些知识的前提是存在且针对特定的需求者是有价值的。

针对第 5 个特点，需要强调的是，数据挖掘最初就是面向应用的，用于指导实际问题的求解。而且，数据挖掘会获得有价值的信息或知识，信息或知识的有用性都是相对的，是有特定前提和约束条件的，是面向特定领域的，同时还要求易于被用户理解。

通过数据挖掘得到的知识可以用于信息管理、查询优化、决策支持、过程控制，以及数据本身的维护。数据挖掘主要采用决策树、神经网络、关联规则、聚类分析等统计学、人工智能、机器学习方法进行挖掘，因此数据挖掘是一门应用较广的广义交叉学科。

下面列举几个数据挖掘应用的经典案例。

NBA 篮球队的教练利用 IBM 公司提供的数据挖掘技术，临场决定替换队员，以最大化本队得分，一度被传为佳话。乔布斯是世界上第一个对自身所有 DNA 和肿瘤 DNA 进行排序的人。为此，他支付了高达几十万美元的费用。他得到的不是样本，而是包括整个基因的数据文档。医生对所有基因按需下药，最终帮助乔布斯延长了好几年的生命。全球零售业巨头沃尔玛在分析消费者购物行为时发现，男性顾客在购买婴儿尿片时，常常会顺便搭配几瓶啤酒来犒劳自己，于是尝试推出了将啤酒和尿布摆在一起的促销手段。结果，这个举措使尿布和啤酒的销量都大幅增加了。阿根廷的信贷公司 Credilogros 利用 SPSS Inc. 的数据挖掘软件 PASW Modeler 将用于处理信用数据和提供最终信用评分的时间缩短到 8 秒以内，快速决策批准或拒绝信贷请求，同时该决策引擎还使 Credilogros 能够最小化每个客户必须提供的身份证明文档，大大提高了业务准确度和执行效率。

数据挖掘主要侧重解决四类问题：分类、聚类、关联和预测（定量、定性）。分类问题是指预测一个未知类别的项目属于哪个已知的类别；聚类是指根据选定的指标，对一群数据进行划分，形成具有各自特征的类别；关联规则是指从数据背后发现事物之间可能存在的关联或联系；预测是指根据一系列的已知数据对未知的数据和形式进行预判。

目前出现了很多数据挖掘工具，如 Python、Sas、Weka 和 RapidMiner 等。数据挖掘工具的出现让使用者不必掌握高深的统计分析技术，但是使用者仍然需要了解数据挖掘工具是如何工作的，以及它所采用的算法原理是什么。

8.1.3 数据挖掘的步骤

数据挖掘的过程被认为是知识发现的过程，即在大量数据中发现有用的和令人感兴趣的信息的过程。数据挖掘的步骤可以分为数据准备、数据挖掘、解释评估三大部分。而数据准备阶段又包含三个子步骤：数据采集、数据探索和数据预处理。数据挖掘步骤示意图如图 8-1 所示。

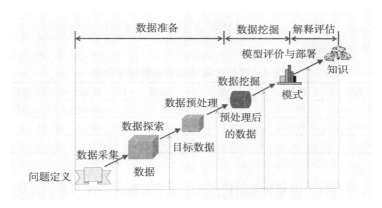

图 8-1　数据挖掘过程

对上述步骤的简要分析如下：

1）问题定义。问题定义主要是分析任务需求，定义问题的范围，确定数据挖掘的对象和特定目标，以及挖掘模型所用的度量方法等。问题定义包括从哪些数据中挖掘、数据如何分布、数据是否可以反映任务的业务流程、挖掘什么性质的规律或关系、如何度量挖掘结果的质量等。

2）数据采集。数据采集的目的是获取任务的操作对象，即目标数据，是根据用户的需要从原始数据库中抽取某些数据。

3）数据探索。数据探索是对抽取的样本数据进行探索、审核和必要的加工处理。这一步是保证最终挖掘模型质量的必要条件。数据探索通常包括数据的质量分析和特征分析。

4）数据预处理。数据预处理是数据挖掘过程中的一个重要步骤，特别是对噪声数据、不完整数据或者不一致数据进行挖掘时，需要对于数据挖掘所涉及的数据对象进行数据预处理。预处理一般包括数据清洗、数据集成、数据变换和数据归约。

5）数据挖掘。数据挖掘阶段是数据挖掘过程的基本步骤，是指在数据预处理后，可以根据问题定义，选择合适的算法进行挖掘。

6）模型评价与知识表示。对同一个问题采用不同的算法，会得到不同的模型。模型评价是根据效率、约束条件等度量指标，选择最好的模型。知识表示是使用可视化和知识表示等技术，向用户提供他们能够理解和读取的知识。

8.2　数据采集

数据是数据挖掘的基石。没有充足、有效的数据，就不能进行数据分析和挖掘，不能获取有价值的知识。

8.2.1　数据来源

数据挖掘所依赖的数据是多种多样的，数据来源主要取决于问题存在的领域和数据挖掘的目的。常见的数据来源有关系数据库、事务数据库、文本数据库和多媒体数据库等。

1. 关系数据库

关系数据库是数据挖掘的主要数据来源之一。各个领域的日常运行业务经常以关系数据库形式保存，如银行或保险公司的客户信息、高校学生的选课信息、居民不同时刻的用电量以及交通部门的车辆数据库等，从关系数据库中可以方便地挖掘有趣的模式。表 8-1 为银行顾客信息的关系数据库示例。

表 8-1   银行顾客信息关系数据库示例

编号	姓名	性别	年龄	婚否	存款	理财	信用
3456	张三	男	56	是	400	200	好
3457	李四	男	35	否	40	100	一般
……	……	……	……	……	……	……	……

2. 事务数据库

事务数据库是挖掘行为模型的常用数据库。事务数据库中的每个记录代表一个事务，如顾客的一次购物、用户的一次网页点击等。通常，每个事务包含唯一的事务标识号，以及一个组成事物的项列表。事务数据库中可能有一些与之相关联的附加表，包含关于事务的其他信息，如商品描述、销售人员信息等。譬如，可以将某商店顾客的一次购物定义为一个事务。表 8-2 为商品销售事务数据库的记录示例。

表 8-2   商品销售事务数据库示例

Trans_ID	商品 ID 的列表
T100	I2, I4, I6, I9, I18
T200	I1, I2, I4, I12, I20
……	……

3. 文本数据库

文本数据库是指以文本形式存储的数据库资源，包括文件、新闻网页等。文本文档是一种重要的信息来源，利用数据挖掘的方法可以从一系列的文档中检索有价值的文本，发现文档中的规律。可以将文档看作单词和标点的序列。典型的文档集合如"今日头条 -www.toutiao.com"，这是一款基于数据挖掘的推荐引擎，网站中的每一篇文档都是一篇新闻专线文章。

4. 多媒体数据库

多媒体数据库是基于数据库技术和多媒体技术的，主要存储声、文、图等信息。多媒体数据库通常数据量巨大，而且数据在库中的组织方法和存储方法复杂。多媒体数据库主要应用于基于内容的图片检索、声音传递系统、视频点播系统、基于语音识别的系统界面等。图数据还包括网络结构数据和分子结构数据等。针对多媒体数据库的数据挖掘目的主要是图像挖掘、视频挖掘、音频挖掘、Web 挖掘和多媒体综合挖掘。

5. 顺序数据

与时空相关的数据也称为顺序数据，包括空间数据、时间数据和序列数据。

空间数据又称几何数据，用来表示物体的位置、形态、大小分布等各方面的信息，是对现实世界中存在的具有定位意义的事物和现象的定量描述。常见的空间数据有地图数据、影像数据、地形数据、属性数据和混合数据。属性数据主要来源于各类调查统计报告、实测数据、文献资料等。混合数据是由来源于卫星、航空遥感与各种类型的普通地图和专题地图的数据形成的多方面数据。

时间数据也称时间序列数据。这类数据是按时间顺序收集到的，用于反映某一事物、现象随时间的变化状态或程度。很多计量经济学模型也用到了时间序列数据。比如，2000～2019年我国国内生产总值数据就是时间序列数据。

序列数据指代表事物特征的数据按照某种特定的规律排列在一起。例如基因序列、摩斯密码等。

8.2.2　数据采集方法

数据采集又称数据获取。数据的采集是挖掘数据价值的第一步，当数据量越来越大时，可提取出来的有用数据通常会更多。

数据采集的主要方法是利用物理实体或应用软件进行采集，例如利用摄像头、麦克风、传感器等数据采集设备进行采集，利用爬虫软件获取网页上的某些信息等。还可以通过访谈、观察等方法获取信息。不同应用领域的大数据具有不同的特点，其数据量、用户群体均不相同，所以通常可以根据数据源的物理性质及数据分析的目标采取不同的数据采集方法。

常用的数据采集方法可以归结为以下三类：传感器、日志文件、网络爬虫。

（1）传感器

传感器通常用于测量物理变量，一般包括声音、温湿度、距离、电流等，将测量值转化为数字信号，传送到数据采集点。

（2）日志文件

日志文件数据一般由数据源系统产生，用于记录数据源

的各种操作活动，比如网络监控的流量管理、金融应用的股票记账和 Web 服务器记录的用户访问行为。

很多互联网企业都有自己的海量数据采集工具，多用于系统日志采集，如 Hadoop 的 Chukwa、Cloudera 的 Flume、Facebook 的 Scribe 等，这些工具均采用分布式架构，能满足每秒数百 MB 的日志数据采集和传输需求。

（3）网络爬虫

网络爬虫是一种按照一定的规则，自动地抓取万维网信息的程序或脚本。它是搜索引擎和 Web 缓存的主要数据采集方式。通过网络爬虫或网站公开 API 等方式从网站上获取数据信息时，可以将非结构化数据从网页中抽取出来，存储为统一的本地数据文件，并以结构化的方式存储。它支持图片、音频、视频等文件或附件的采集，附件与正文可以自动关联。

此外，对于企业生产经营中的客户数据、财务数据等保密性要求较高的数据，可以通过与数据技术服务商合作，使用特定系统接口方式采集数据。

进行数据采集时主要考虑以下因素：

（1）全面性

数据量必须具有足够的分析价值，数据面必须能支撑分析需求。比如对于"查看商品详情"这一行为，需要采集用户触发时的环境信息、会话以及背后的用户 id，最后需要统计这一行为在某一时段触发的人数、次数、人均次数、活跃比等。

（2）多维性

数据更重要的是能满足分析需求。采集数据时要灵活、快速、准确地定义数据的多种属性和不同类型，从而满足不同的分析目标。比如要分析顾客的网购行为，需要先设置商品的

品牌、功能、价格、类型、商品 id、退换货比例、顾客评价等多个属性，从而知道用户看过哪些商品、什么类型的商品被查看得多、某一个商品被查看了多少次、销量如何、得到什么样的评论，这样才能准确分析顾客的购买行为模式。

（3）高效性

高效性包含技术执行的高效性、团队内部成员协同的高效性以及数据分析需求和目标实现的高效性。也就是说，采集数据一定要明确采集目的，带着问题搜集信息，使信息采集更高效、更有针对性。此外，还要考虑数据的及时性。

8.3　数据探索

数据探索是通过绘图、计算等手段，分析数据集的数据质量、数据结构、数据趋势和数据关联性，为数据探索之后的数据挖掘打下坚实的基础。数据探索是数据准备过程的重要一环，是数据预处理的前提，也是保证数据挖掘得到的结论的有效性和准确性的基础。没有可信的数据，构建的挖掘模型只是空中楼阁。数据探索主要包括数据质量分析和数据特征分析。

8.3.1　数据质量分析

数据质量分析是数据预处理的前提，也是数据挖掘结果的有效性和准确性的基础。数据质量分析的主要任务是检查原始数据中是否存在脏数据。在常见的挖掘工作中，脏数据包括缺失值、异常值、噪声和不一致的值、重复数据及含有特殊符号的数据。下面介绍几种常见的数据质量分析方法。

1. 缺失值分析

数据的缺失主要包括记录的缺失和记录中的某个字段信息的缺失，两者都会影响挖掘结果的准确性。产生缺失值的主要原因有：由于输入时认为不重要、忘记填写或对数据理解错误等一些人为因素而遗漏的；有些信息暂时无法获取，譬如儿童的信用等级；有些信息获取的代价太大或暂时不能获取。

缺失值会对数据挖掘建模的准确度造成影响，也会使建模过程更加困难。通过简单的统计分析，可以得到含有缺失值的属性的个数，以及每个属性的未缺失数、缺失数和缺失率等。

对缺失值的处理主要有三种方法：直接删除缺失值记录、不处理以及对可能值进行插补。直接删除会导致丢失大量的有用信息，不处理会增加数据挖掘结果的不确定性，而缺失值插补法是常用的方法。插补法通常采用缺失值所在字段的其他值的均值、众数、中位数等值替换缺失值。

2. 异常值分析

异常值是指样本中的个别值，其数值明显偏离其他的观测值，异常值也称为离群点。在大规模数据集中，由于噪声、扰动、采样过程误差等原因，会有一些数据点偏移其他数据集。而数据挖掘算法对数据分布会存在一定的假设，或期待数据集较为"正常"。如果把异常值直接纳入数据挖掘的数据源中，会对挖掘结果的准确性产生影响。因此，在数据挖掘中，常常需要在预处理中去除该类离群点，让算法能更好地发现"正常"数据间存在的关系。

异常值检测可以应用于很多领域。譬如，通过离群点检测信用卡欺诈、偷窃电等行为；

通过识别离群值对工业生产过程中的不良产品进行检测；通过实时监测手机活跃度，实现手机诈骗行为检测等。对于异常值的处理方法有以下三种：

1）简单统计分析。先对变量做描述性统计，进而查看哪些数据是不合理的。最常用的统计量是最小值和最大值，用来判断这个变量的取值是否超过了合理的范围。如银行客户年龄的最大值为 223 岁，则说明该变量的取值存在异常。

2）3σ 原则。若数据符合正态分布，在 3σ 原则下，异常值被定义为一组测定值与平均值的偏差超过三倍标准差的值。若数据不符合正态分布，可以用远离平均值多少倍的标准差来描述。

3）箱线图。又称为盒须图、盒式图或箱形图，是一种用于显示一组数据分散情况的统计图。箱线图的绘制方法是：先找出一组数据的最大值、最小值、中位数和两个四分位数；然后，连接两个四分位数，画出箱子；再将最大值和最小值与箱子相连接。

图 8-2 为箱线图。其中 Q1 是第一四分位数，表示有 25% 的数据小于此值。Q3 是第三四分位数，表示有 75% 的数据小于等于该值。Q2 是中位数，即一组数据从小到大排列时中间的那个数字。如果数据个数是偶数，中位数就是中间两个数字的平均值。Q1 和 Q3 之间的矩形框被称为四分位间距框。整个四分位间距框所代表的是数据集中 50%（即 25% ～ 75%）的数据。Q3 与 Q1 的差值称为该组数的内距 R。

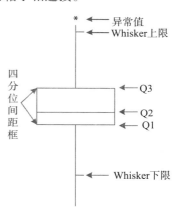

图 8-2　箱线图的构成

Whisker 上限是从 Q3 向上延伸至四分位间距框顶部 1.5 倍框高范围内的最大数据点，Whisker 下限是从 Q1 向下延伸至四分位间距框底部 1.5 倍框高范围内的最小数据点，超出 Whisker 上限或下限的数值为异常点。Whisker 上限值等于 Q3+ $1.5 \times R$，Whisker 下限值等于 Q1−$1.5 \times R$。

【例 8-1】画出以下一组数据的箱线图，并求出最大值、最小值、内距、异常点。

14　6　3　2　4　15　11　8　−14　7　2　−8　3　4　10　28　25

解：将数组排序：

−14　−8　2　2　3　3　4　4　6　7　8　10　11　14　15　25　28

数据个数 n=17，最小值 min=−14，最大值 max=28，中位数 Q2=6。

第一四分位数 Q1=（2+3）/2 = 2.5，第三四分位数 Q3=（11+14）/2 = 12.5。

内距：R=Q3−Q1=10

Whisker 下限：Q1−$1.5 \times R$=2.5−15=−12.5

Whisker 上限：Q3+$1.5 \times R$=12.5+15=27.5

比较数据与 Whisker 上限和下限的关系，得知异常值为 −14 和 28。

本例的箱线图如图 8-3 所示。

在绘制箱线图时，还经常用到外限的概念。Whisker 上限和 Whisker 下限表示数据组的内限，而 Q3+3R 和 Q1−3R 两个值分别为外限上限和外限下限，即这两个点表示了数据组的外限。在内限与外限之间的异常值为温和的异常值（mild outlier），在外限以外的为极端的异常值（extreme outlier）。进一步计算可以得知，上例中的异常值都是温和的异常值。

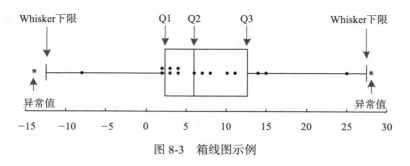

图 8-3 箱线图示例

3. 一致性分析

数据不一致是指数据的矛盾性、不相容性。直接对不一致的数据进行挖掘，可能会产生与实际规模或模式相违背的结果。

不一致数据通常产生在不同数据源集成的过程中，或者对于重复存放的数据未能进行一致性更新等。例如，两张表中都存储了用户的电话号码，当用户电话号码改变时，如果只更新一张表中的数据，就产生了不一致数据。

处理不一致数据时，可以建立级联机制，进行级联更新和级联删除。

8.3.2 数据特征分析

对数据进行质量分析后，可以通过数据特征分析把握数据的整体性质。数据特征分析使用统计量来检查数据特征，主要是检查数据的集中程度、离散程度和分布形状等。这些信息对后续的数据挖掘有很大的参考价值。

数据特征分析的主要分析角度有：分布分析、贡献度分析、统计分析、相关性分析、对比分析和周期性分析。这里简要介绍几种数据特征分析方法。

1. 分布分析

分布分析能揭示数据的分布特征和分布类型。分布分析可以从定量数据和定性数据两个方面展开。

对定量数据的分布分析可以使用组数、组宽、频率和频数等指标进行。定量数据分析的第一步就是将数据进行分类，即分组，归纳为一张表，这种表也称为频数表。频数表中各组所分配到的总体单位数称为频数或次数，将各组单位数与总体单位数相比，得到的结构相对数称为频率或比率。累积频数是将各类别的频数逐级累加起来。通过累积频数，可以很容易看出某一类别以上或以下的频数之和。累积频数包括向上累积和向下累积两种。

【例 8-2】全班有 50 名学生，男生 30 人，女生 20 人。频数和频率表如表 8-3 所示。

表 8-3　频数和频率表举例

	频数	频率	向下累计频数	向上累计频数
男生	30	60%	30	50
女生	20	40%	50	20

在频数表中，按照某个标志将资料加以分类，划分成各个等级，这种方法一般称为分组，如上例中的按性别进行分组。

与分组相关的几个概念有：

- 极差：极差是最大值和最小值的差值。

$$极差 = 最大值 - 最小值$$

- 组距：就是组的宽度，是每组观测值的最大差，即每组观测值变化的范围。

$$组距 = \frac{最大值 - 最小值}{组数}$$

- 组限：组与组之间的界限，即每组观测值变化的范围，包括上组限和下组限，其中各个组的起点值为下组限，终点值为上组限。
- 组中值：在频数表中，上组限和下组限的中点称为组中值。

$$组中值 = \frac{上组限 + 下组限}{2}$$

分组的一般步骤为：求极差，决定组距和组数，决定分组点，列出频数分布表，绘制频率分布直方图。

其中，组数的确定方法有两种。一种是确定总体各单位在选定的数量分组标志下的差别，有几种性质的差别就分几组。例如，学生成绩分为优、良、中、及格、不及格 5 种。另一种方法是根据数据的多少、数据差异的大小来确定，一般数据越多，差异越大，组数就越多，反之组数就越小。分组遵循的主要原则有：各组之间必须是互相排斥的，所有的数据都要归到分组中，各组的组宽最好相等（即等距分组）。当总体单位的标志值变动有急剧增长或下降，或者波动较大时，往往采取异距分组。

常用柱形图和曲线图绘制频率分布图或频数分布图以进行定量分析。譬如，频数分布直方图能清楚显示各组频数分布情况，又易于显示各组之间频数的差别。对于定性的数据，可以用饼图和条形图直观显示分布情况。

2. 贡献度分析

贡献度分析又叫帕累托分析，原理是 20/80 定律，即 80% 的利润常常来自于 20% 的产品，所以又称 2-8 法则。通过绘制累计频率百分比，能够区分出至关重要的少数和无关紧要的帕累托法则多数。贡献度分析有助于在之后的数据挖掘工作中分析重要的类别和因素。

3. 统计分析

统计分析常从集中趋势和离散趋势两个方面进行分析。反映平均水平的指标是对个体集中趋势的度量，使用最广泛的是均值、中位数和众数等。均值又包括算术平均数、加权平均数、调和平均数、几何平均数等。假设有 n 个数，$x_1, x_2, \cdots, x_n$，各种平均数的计算方法如下。

算术平均数：$\bar{x} = \dfrac{x_1 + x_2 + \cdots + x_n}{n}$，这是最常见的平均数计算方法。

加权平均数：$\bar{x} = \dfrac{x_1 f_1 + x_2 f_2 + \cdots + x_n f_n}{n}$，$f_1$，$f_2$，$\cdots$，$f_n$ 对应各个变量的权值。适用于数值具有不同权值的均值计算。

调和平均数：$\bar{x} = \dfrac{n}{\dfrac{1}{x_1} + \dfrac{1}{x_2} + \cdots + \dfrac{1}{x_n}}$，又称倒数平均数。

加权调和平均数：$\bar{x} = \dfrac{\sum_{i=1}^{n} x_i \cdot f_i}{\sum_{i=1}^{n} f_i}$。

几何平均数：$G_n = \sqrt[n]{a_1 \cdot a_2 \cdots a_n}$，主要用于对比率、指数等进行平均，可计算平均发展速度、复利下的平均年利率、连续作业车间中产品的平均合格率。

其他的集中趋势分析指标如下。

众数：一组数中出现次数最多的数。例如，23，29，20，32，23，21，33，25 这组数的众数是 23。一组数中的众数可以有多个。

中程数：又称中列数，中程数 $= \dfrac{最小值 + 最大值}{2}$。

中位数：表示位置中间的数。计算中位数时需要将数据排序。样本数量为奇数时，计算公式为 $\text{median} = X_{(n+1)/2}$。样本数量为偶数时，计算公式为 $\text{median} = \dfrac{X_{(n/2)} + X_{((n/2)+1)}}{2}$。

当测试数据的数量很大时，中位数的计算开销很大。对于数值属性，如果数据已经按照区间分组，而且各个分组区间的频数是已知的，则可以用以下公式计算中位数的近似值。

$$\text{median} = L_1 + \left(\frac{\frac{N}{2} - \left(\sum \text{freq} \right)_l}{\text{freq}_{\text{median}}} \right) \text{width}$$

其中，L_1 为中位数区间的下限，N 为数据集数据个数，$\left(\sum \text{freq} \right)_l$ 表示低于中位数区间的所有区间的频数和，$\text{freq}_{\text{median}}$ 是中位数区间的频数，width 是中位数区间的宽度。

【例 8-3】假定给定的数据集的值已经分组为区间，区间和对应的频数如表 8-4 所示。计算数据的近似中位数。

表 8-4　频数表

年龄	频数
1 ~ 5	200
5 ~ 15	450
15 ~ 20	300
20 ~ 50	1500
50 ~ 80	700
80 ~ 110	44

解：

1）先判断中位数所在区间。

样本数据总量为：$N = 200 + 450 + 300 + 1500 + 700 + 44 = 3194$。

样本数据的一半为 $N/2 = 1597$。

几个区间的向下累计频数为：$200 + 450 + 300 = 950$，$200 + 450 + 300 + 1500 = 2450$。

因为 $950 < 1597 < 2450$，所以，中位数所在区间为：累计频数在 950 ~ 2450 的区间，即中位数对应的年龄区间为 20 ~ 50 岁。

2）计算中位数公式中的相关参数值。

$L_1 = 20$　　　　　　　中位数区间的下限

$N/2 = 1597$　　　　　　样本数据量的一半

$\left(\sum \text{freq} \right)_l = 950$　　　低于中位数区间的所有区间的频数和

$\text{freq}_{\text{median}} = 1500$　　　中位数区间的频数

$\text{width} = 30$　　　　　　中位数区间的宽度

3）计算中位数。

median=20+(1597-950)/1500×30=32.94（岁）

离散趋势是反映变异程度的指标，是对个体离开水平程度的度量，使用最广泛的是标准差（方差）、四分位差。离散趋势分析常用的指标如下。

极差：又称为全距，是最大值和最小值的差，极差 =max-min。

平均差：也叫平均离差，离差是指总体各单位的标志值与算术平均数之差。因离差和为零，不便于计算，所以需要对离差取绝对值来消除负号带来的影响。求平均差的公式为：$A \cdot D = \dfrac{\sum |x_i - \bar{x}|}{n}$。

方差：将各离差求平方来消除负号的影响，然后再求平均即为方差，方差的计算公式为 $\sigma^2 = \dfrac{\sum_{i=1}^{n}(x_i - \bar{x})^2}{N}$。

标准差：方差的平方根为标准差 σ。

离散系数：无论是标准差还是方差，都是带量纲的，譬如两个同样大小的标准差，一个用厘米做单位，另一个用毫米做单位，其含义是不同的。所以，在比较两种不同性质或不同单位数据的总体差异时，常采用离散系数来比较其离散程度。离散系数计算公式为 $V_\sigma = \sigma / \bar{x}$，即用标准差除以均值。

另外，箱线图中的四分位差（内距）也是衡量数据离散趋势的一个重要指标。

4. 相关性分析

相关性分析是指对两个或多个具备相关性的变量元素进行分析，从而衡量两个变量因素的相关密切程度。元素之间需要存在一定的联系才可以进行相关性分析。

在考察两种现象之间是否存在关联时，一般有函数关系、相关关系和没有关系三种情况。函数关系是指对于一种现象的每个值，另一种现象必定有一个或多个确定的数值与之对应；没有关系是指一种现象对另一种现象无任何影响；相关关系是指两个现象之间确实存在一定联系而关系值不确定的数量依存关系。

皮尔逊（Pearson）相关系数常用于度量两个变量之间的相关程度，定义如下。

设现象 X 的变化引起现象 Y 的变化，X 的取值为 x_1，x_2，$\cdots$，x_n，Y 的取值为 y_1，y_2，$\cdots$，y_n，则皮尔逊相关系数 r 的计算公式为：

$$r = \frac{n\sum xy - \sum x \sum y}{\sqrt{n\sum x^2 - \left(\sum x\right)^2} \cdot \sqrt{n\sum y^2 - \left(\sum y\right)^2}}$$

r 的取值范围在 -1 和 1 之间。当 $r > 0$ 时为正相关，$r<0$ 时为负相关。$|r|=1$ 表示完全线性相关，即函数关系。$|r|=0$ 表示不存在线性相关关系。$|r| \leqslant 0.3$ 为不存在线性相关。$0.3<|r| \leqslant 0.5$ 为低度线性相关。$0.5<|r| \leqslant 0.8$ 为显著线性相关。$|r|>0.8$ 为高度线性相关。

判断两个变量是否具有线性相关的最直观的方法是绘制散点图。需要同时考察多个变量间的相关关系时，可以绘制散点矩阵图，从而快速发现多个变量间的主要相关性。

8.4　数据预处理

数据预处理是数据挖掘过程中的一个重要步骤，特别是对包含噪声的数据、不完整数据和不一致数据进行挖掘时，更需要进行数据预处理，以提高数据挖掘对象的质量，并最终达到提高数据挖掘所获取的模式或知识的质量的目的。数据预处理一方面是要提高数据的质量，另一方面是要让数据更好地适应特定的挖掘技术或工具。据统计发现，在数据挖掘的过程中，数据预处理工作量占到了整个过程的 60%。数据预处理的主要方法有数据清洗、数据集成、数据变换和数据归约。

8.4.1 数据清洗

数据清洗的目的主要是填补遗漏数据、删除重复数据、消除异常数据、平滑噪声数据、纠正不一致的数据以及去掉与挖掘目标无关的数据。下面介绍数据清洗的主要处理方法。数据清洗方法可分为三类：直接删除记录、不处理和数据插补。

1. 遗漏数据处理

如果发现数据源中一些记录的某些属性值为空，例如银行客户的收入属性为空，可以用以下方法进行遗漏数据处理。

- 忽略该条记录。若一条记录中有属性值缺失，则将此记录排除在数据挖掘过程之外。但缺失值比例较大时，这种方法会影响挖掘的效果。
- 固定值替换法。也称为缺省值填补法。比如银行客户的收入属性缺失，可以用当年城市居民的平均收入替代。这种方法比较简单，但属性值遗漏较多时，无差别的固定值替换会误导挖掘进程。通常需要对填补后的数据进行数据分析，避免对最终结果产生较大的影响。
- 均值 / 众数填补法。就是用平均值或众数进行替换。平均值或众数是从缺失值所属属性值的其他记录值中获取的。例如，一个顾客的年龄缺失，则统计其他顾客年龄的均值或众数以填充年龄缺失值。
- 同类别均值填补法。与均值填补法不同，同类别均值法用同一类别中缺失值属性的平均值去替代缺失值。例如，针对银行客户的收入缺失值，首先计算与缺失值记录具有同样信用等级的收入属性的平均值，再用它去填补缺失值。例如，如果一个用户收入值缺失，该用户信用等级为优良。则先计算信用等级为优良类别的用户的收入平均值，再用计算的值填补该用户的收入缺失值。这种方法通常用于分类挖掘中。
- 插值法插补。利用已知点建立合适的插值函数 $f(x)$，未知值对应点 x_i，求出近似的函数，用 $f(x_i)$ 来代替缺失值。
- 利用最可能值插补。利用回归分析、贝叶斯公式或决策树等方法判断出该条记录特定属性的最大可能的取值。例如，利用数据集中其他顾客的属性值，构造一个决策树来预测收入的缺失值。

最后一种方法应用最为广泛，它最大程度地利用了当前数据包含的信息来帮助预测缺失值。

2. 噪声数据处理

噪声是测量变量的随机错误或偏差，常采用分箱、聚类等数据平滑技术去除噪声、平滑数据。

1）分箱法。分箱法通过考察数据周围的值来平滑存储数据的值。分箱法也称为分组法或分桶法。分箱法包括等宽（每组数据极差相同）、等频 / 等深（每组数据个数相同）和聚类分箱法（组间距最大）。此处以等深分箱法为例进行讲解。

【例 8-4 】一组排好序的数据为 2，4，5，7，8，9，12，15，16，20，28，36。先进行等深分箱，再利用平均值平滑法和边界平滑法进行数据平滑。

解：用等深法划分数据后，结果为：箱 1：2，4，5，7；箱 2：8，9，12，15；箱 3：16，20，28，36。

平均值平滑法：箱中的每一个值被箱中数据的平均值替代。平滑结果为：箱 1：4.5，4.5，4.5，4.5；箱 2：11，11，11，11；箱 3：25，25，25，25。

边界平滑法：箱中的最大值和最小值被视为边界。箱中的每一个值被距其最近的边界值替换。平滑结果为：箱 1：2，2，7，7；箱 2：8，8，15，15；箱 3：16，16，36，36。

2）聚类。通过聚类分析可以发现数据中的异常值。相似或相临近的数据聚合在一起形成各个聚类集合，而那些位于这些聚类集合之外的数据对象就被认为是异常数据。聚类分析方法的具体内容将在本章后面详细介绍。

3）回归方法。可以利用拟合函数对数据进行平滑。例如，借助线性回归方法可以获得多个变量之间的拟合关系，从而达到利用一个（或一组）变量值来帮助预测另一个变量值的目的。利用回归分析方法所获得的拟合函数，能够帮助平滑数据及除去其中的噪声。

3. 不一致数据处理

对于有些事务，所记录的数据可能存在不一致的情况。有些数据不一致可以利用它们与外部的关联手工加以解决，例如，数据录入错误一般可以通过与原稿进行对比来加以纠正。知识工程工具也可以帮助发现违反数据约束条件的情况，例如，知道属性间的函数依赖，可以查找违反函数依赖关系的值。

由于同一属性在不同数据库中的取名不规范，在进行数据集成时，常常导致不一致情况的发生。在进行数据集成时，当不同数据源的数据聚集在一起时，会出现实体识别问题和属性冗余识别问题，需要对同名异义、异名同义这样的属性值进行修改。另外，增加数据库之间相互通信确认的次数，可以保证更严谨的一致性。

8.4.2　数据集成

数据挖掘需要的数据往往分布在不同的数据源中，来自多个数据源的现实世界实体的表达形式可能是不一样的，有可能不匹配。数据集成要把多种数据源合成一个统一的数据集合，以便为数据挖掘工作的顺利完成提供完整的数据基础。在数据集成过程中，主要解决以下几个问题。

1）模式集成问题。模式集成要考虑如何使来自多个数据源的现实世界的实体相互匹配，这其中就涉及实体识别问题。例如，如何确定一个数据库中的"stu_id"与另一个数据库中的"student_number"是否表示同一个实体的同一个属性。数据库与数据仓库通常包含元数据，元数据即数据的数据，主要用于描述数据的属性。通常利用元数据信息的比对避免在模式集成时发生错误。

2）冗余问题。冗余问题是数据集成中经常遇到的问题。若一个属性能从其他属性中推演出来，那这个属性就是冗余属性。例如，一张学生信息表中的平均成绩属性就是冗余属性，因为它可以从之前的各科成绩中推算出来。属性或维命名的不一致也可能导致数据集中的冗余。

有些冗余可以通过相关性分析技术检测到。通常，两个属性 A 和 B 的相关系数大于 0，表明 A 和 B 是正相关的，意味着一个属性随另一个属性的增加而增加，而且相关性越大，一个属性蕴含另一个属性的可能性越大，因此其中的一个属性可以作为冗余而被去掉。如果相关性等于 0，则 A 和 B 是独立的，它们之间不相关。如果相关性小于 0，则 A 和 B 是负相关的，即一个值随另一个值的减少而增加，这表明一个属性阻止另一个属性出现。当负相关性的绝对值较大时，也可以考虑删减该属性。

3）数据值冲突的检测与消除。对于现实世界的同一个实体，其在不同数据源中的属性值可能会不同。这主要是由表示形式、单位差异以及编码差异造成的。例如，在成绩表中，有的成绩用优、良、中、及格、不及格表示，有的用 5 到 1 的分值表示；对于温度，有的用华氏度，有的用摄氏度；对数值表示，有的采用十进制，有的采用十六进制。这些表示或语义的差异为数据集成提出了很多问题。通常可以采用人机配合检验法，借助编码转换方法和模式识别方法识别冲突值。

8.4.3　数据变换

数据变换是对数据进行规范化处理，将数据转换为"适当的"形式，以适用于挖掘任务及算法的需要。数据变换主要包括函数变换、规范化、离散化和属性构造四种方法。

1. 函数变换

简单的函数变换包括平方、开方、取对数、差分运算等，或可以将不具有正态分布的数据变换成具有正态分布的数据。为了保留原始数据的特征，要求变换函数必须是单调的。

例如，采用开方乘十的方法处理竞赛成绩，将结果作为最终分数。分析时间序列时，通过差分运算将非平稳序列（包含趋势、季节性或周期性的序列）转换成平稳序列（基本上不存在趋势的序列），再构造序列模型。

2. 规范化

规范化就是将一个属性取值范围投射到一个特定的范围之内，以消除数值型属性因大小不一而造成的挖掘结果偏差。规范化处理通常用于神经网络、基于距离计算的数据与处理中。对于神经网络，采用规格化后的数据不仅有助于确保学习结果的正确性，而且也会提高学习的速度。对于基于距离计算的挖掘，规范化可以消除因属性取值范围不同而导致挖掘结果公正性较低的问题。

常用的规范化处理方法有：

1）最小最大规范化。对原始数据进行线性变换，将数值映射到 [0,1] 区间。转换公式为 $x^* = \dfrac{x - \min}{\max - \min}$。这种方法的优点是保留了原来数据中存在的关系，是消除量纲和数据取值范围影响的最简单方法，但缺点是若数据比较集中且某个数值很大，则规范化后各部分的值会接近 0，并且会相差不多。

2）零 – 均值规范化。也称标准差标准化，经过处理的数据的均值为 0，标准差为 1。计算公式为 $x^* = \dfrac{x - \bar{x}}{\sigma}$。这种方法是当前用得最多的数据标准化方法，常用于数据的最大值与最小值未知，或使用最大最小规范化方法出现异常数据的情况。但是在零 – 均值规范化中，均值和标准差受离群点的影响很大。

3）小数定标规范化。通过移动属性值的小数位数，将属性值映射到 [−1,1] 区间，移动的小数位取决于属性值绝对值的最大位数 k 值。转换公式为 $x^* = \dfrac{x}{10^k}$。

3. 离散化

有些数据挖掘算法，特别是某些分类算法（如朴素贝叶斯），要求数据是分类属性形式（类别型属性）。这样常常需要将连续属性变换成分类属性，即进行离散化。另外，如果一个分类属性（或特征）具有大量不同值，或者某些值出现不频繁，则对于某些数据挖掘任务，可以通过合并某些值来减少类别的数目。

常用的离散化方法有等宽分箱法、等频分箱法、聚类分箱法。其中，等频分箱法在噪声数据处理的分箱法中已经介绍过，下面主要介绍等宽和聚类分箱法。等宽分箱法中，每箱的上下限差值相等，即每箱标定的数值间距是相等的。可以将聚类法的目的简单理解为保证组之间的间距足够大。

【例 8-5】一组排好序的数据为 2，4，5，7，8，9，12，15，16，20，28，38。用等宽分箱法和聚类分箱法分别将数据离散化为三组。

解： 等宽分箱法：每箱宽度 =（最大值 − 最小值）/ 组数 =（38−2）/3=12。

所以，第一箱的数值范围为：2 ～ 14；第二箱的数值范围为：15 ～ 27；第三箱的数值范围为：28 ～ 40。等宽分箱法结果为：箱 1：2，4，5，7，8，9，12；箱 2：15，16，20；箱 3：28，38。

聚类分箱法：计算两两数据之间的间隔，按间隔降序标准进行分类。由于要分成三组，取间隔最大的两个数之间的分隔点进行分箱划分。最大间隔为 38−28=10，然后是 28−20=8。所以，聚类分箱法的结果为：箱 1：2，4，5，7，8，9，12，15，16，20；箱 2：28；箱 3：38。

进行分箱之后，将在同一箱内的属性值作为统一标记。离散化特征相对于连续性特征更容易理解，更接近知识层面的表达。

4. 属性构造

属性构造是指由给定属性构造出新的属性，并加入现有的属性集合中以帮助进行更深层次的模式识别，提高挖掘结果的准确性。例如，可以根据高度和宽度属性构造出面积属性，并添加到现有的属性集合中。通过数形结合可以帮助发现所遗漏的属性间的相互关系，这对于数据挖掘过程是十分重要的。

8.4.4 数据归约

在大数据集上进行复杂的数据分析和挖掘需要很长时间，这使得数据挖掘变得不现实和不可行，尤其是需要交互式数据挖掘时。数据归约可以产生更小但保持原数据完整性的新数据集，在归约后的数据集上进行分析和挖掘将更有效率，而且挖掘出来的结果与使用原有数据集所获得的结果基本相同。数据归约的主要策略有以下几种。

1. 数据立方合计

数据立方合计主要用于构造数据立方。例如，目前已经收集的数据是连续三年每个季度的销售额，如图 8-4 左侧所示。当数据挖掘需要年销售额时，就可以对原始数据进行再聚集，得到图 8-4 右侧部分的表格。此时，数据量小很多，而且不会丢失分析任务所需的信息。

假设某公司主要销售四种商品，而

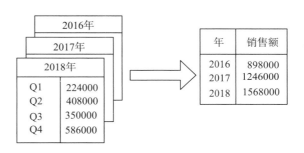

图 8-4　数据合计描述示意

且公司由四个分部构成。当需要对所有分部每类商品的年销售进行多维数据分析时，就可以用数据立方表示，如图 8-5 所示。它从时间、公司分部以及商品类型三个维度描述相应时空的销售额，对应于一个小立方块。每个属性都可以对应一个概念层次数，以帮助进行多抽象层次的数据分析。图 8-5 中，最低层次所建立的数据立方称为基立方，而最高抽象层次的数据立方称为顶立方。顶立方代表整个公司三年内所有分支所有类型商品的销售总额。显然，每个层次的数据立方都是对其低一层数据的进一步抽象，因此是一种有效的数据归约。

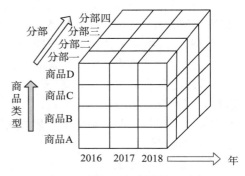

图 8-5   数据立方合计描述示意

2. 维数消减

采集的源数据可能包含数以百计的属性，其中大部分属性与挖掘任务不相关，是冗余属性。譬如推荐任务是根据用户的历史观影数据向用户推荐新电影，这个任务与用户的身高、住址等属性无关。即便领域专家可能找到其中的某些联系，但这会是一项困难的工作。留下不相关的属性会导致挖掘算法无所适从，从而影响挖掘模式的质量。另外，不相关或冗余属性的存在增加了数据量，会影响数据挖掘的进程。

数据归约包括属性归约和数值归约。其中，属性归约也叫维归约，通过删除不相关的属性（维）减少数据量。属性归约的目标是找出最小属性集，使得数据类的概率分布尽可能接近原来使用所有属性的分布。使用属性归约后，能够减少出现在发现模式上的属性数目，使得模式易于理解。属性归约的主要方法有：属性合并、删除无用属性、主成分分析以及决策树方法等。

数值归约通过选择替代的、较少的数据来减少数据量，包括有参数方法和无参数方法。有参数方法是通过一个模型来评估数据，只需要模型参数，不需要存放实际数据，如回归模型。无参数方法需要存放实际数据，常见的无参数方法有直方图、聚类和抽样等。直方图法利用分箱方法对数据分布情况进行近似，是一种常用的数据归约方法。聚类是对数据进行分析，使其组成不同的类别。聚类的特点是同一类中的对象彼此相似而不同类中的对象彼此不相似。采样是指利用一小部分子集来代表一个大数据集，从而消减数据。

8.5   分类和预测

分类和预测是两种数据分析形式，主要用于提取描述重要数据类的模型或预测未来的数据趋势。分类和预测的区别是，分类是预测数据或记录的分类标号或从属的某个离散值，例如判断一个银行客户是不是新业务推广的潜在客户；而预测是建立连续值函数模型，预测给定自变量所对应的因变量的值，例如，预测银行客户未来两年内在理财产品上的投入、预测下一年的房价走势。下面介绍数据分类和数据预测的常用算法。

8.5.1   分类

分类是一种重要的数据挖掘技术，其目的是根据数据集的特点构造一个分类函数或分类模型（也常称作分类器），该模型能把未知类别的样本映射到给定的类别当中。简单地说，分类就是按照某种标准给对象贴标签。例如，常用的贝叶斯分类法在进行分类时需要将数据集分为两部分：一部分是训练集，用于机器训练，通过归纳分析训练样本集来建立分类模型，得到分类规则；另一部分是测试集，利用测试集评估分类规则的准确率，如果准确率是可以接受的，则使用该模型对未知类标号的待测样本集进行分类或预测。

分类被广泛应用到现实生活中，譬如判断邮件是不是垃圾邮件、判断客户的信用等级等。客观分类如性别、民族、学历、血型等，主观分类如好人、坏人等。按照类别数目可以分为二类问题或多类问题，譬如国内新闻/国外新闻属于二类分类问题，而提供政治/经济/军事/科技/娱乐/体育等类别的新闻分类属于多类分类问题。按照每个对象可能归属的类别数目，可以分成单标签分类和多标签分类。例如，一个人只能是老/中/青/少/幼类别中的一个，属于单标签分类。一件衣服同时归属于棉质/秋装/男装/运动装四个类别，属于多标签分类。

常见的分类方法有朴素贝叶斯分类、决策树分类、最近邻分类、人工神经网络以及支持向量机等，本节主要介绍前三种方法。

1. 朴素贝叶斯

朴素贝叶斯分类方法是基于贝叶斯定理和条件独立性假设的一种分类方法。它的工作原理是：计算给定的待分类项被分给各个类别的条件概率（后验概率），并将该待分类项指派给概率最大的候选类别。

贝叶斯定理是关于随机事件 A 和 B 的条件概率的一则定理。贝叶斯定理的公式为：

$$P(B \mid A) = \frac{P(A \mid B)P(B)}{P(A)}$$

其中，$P(A)$ 和 $P(B)$ 分别表示事件 A 发生的概率和事件 B 发生的概率，称为先验概率。$P(A|B)$ 是在条件 B 下，事件 A 发生的概率，称为条件概率。贝叶斯定理就是在已知 $P(A|B)$、$P(A)$ 和 $P(B)$ 的情况下求得后验概率 $P(B|A)$。

条件独立假设是指当待分类项包含多个属性时，一个属性值对给定类的影响独立于其他属性的值，在这种假定下的分类称为朴素贝叶斯分类。

朴素贝叶斯分类的主要定义如下：设 $x=\{x_1,x_2,\cdots,x_m\}$ 为一个待分类项，而每个 x_i 为 x 的一个属性。有候选类别集合 $C=\{y_1,y_2,\cdots,y_n\}$。计算 $P(y_1|x)$，$P(y_2|x)$，$\cdots$，$P(y_n|x)$。如果 $P(y_k|x) = \max\{P(y_1|x), P(y_2|x), \cdots, P(y_n|x)\}$，则 $x \in y_k$。

计算朴素贝叶斯分类的步骤如下：

1）找到一个已知分类的待分类项集合，即训练样本集。

2）统计得到在各类别下各特征属性的条件概率估计。

3）如果各特征属性是条件独立的，则贝叶斯定理公式为

$$P(y_i \mid x) = \frac{P(x \mid y_i)P(y_i)}{P(x)}$$

根据 $P(y_i|x)$ 的取值判断样本 x 所属的类别。因为该公式的分母对于所有类别为常数，所以，只需考虑比较分子的大小，就能判定样本 x 的分类。当样本 x 包含 m 个属性时，即 $x=\{x_1,x_2,\cdots,x_m\}$，有

$$P(x|y_i)=P(x_1|y_i) \cdot P(x_2|y_i) \cdot \cdots \cdot P(x_m|y_i)$$

【例 8-6】有一个如表 8-5 所示的数据库，数据库描述了客户的属性，包括年龄、收入、

是否是学生和信用等级。按照客户是否购买电脑将他们分成"是"和"否"两类。假定有一条新的客户记录要添加到数据库中，但并不知道这个客户是否会购买电脑。为此，可以构造和使用分类模型，对该客户进行分类。该客户记录为：x={30 岁以下，中等收入，学生，信用等级一般}，请用朴素贝叶斯分类方法判断该客户是否购买电脑。

表 8-5　分类样本

编号	年龄	收入	学生	信用等级	购买电脑
1	≤30	高	否	一般	否
2	≤30	高	否	良好	否
3	[31,40]	高	否	一般	是
4	>40	中等	否	一般	是
5	>40	低	是	一般	是
6	>40	低	是	良好	否
7	[31,40]	低	是	良好	是
8	≤30	中等	否	一般	否
9	≤30	低	是	一般	是
10	>40	中等	是	一般	是
11	≤30	中等	是	良好	是
12	[31,40]	中等	否	良好	是
13	[31,40]	高	是	一般	是
14	>40	中等	否	良好	否

　　解：使用朴素贝叶斯分类。x = {x_1, x_2, x_3, x_4}={30 岁以下，中等收入，学生，信用等级一般}，C={y_1, y_2}={是，否}，其中是 / 否分别表示买 / 不买电脑。

　　首先计算 $P(y_1|x)$ 即 x 样本的购买属性为"是"的概率。由于

$$P(y_i|x) = \frac{P(x|y_i)P(y_i)}{P(x)}$$

$$P(y_1|x) = \frac{P(x|y_1)P(y_1)}{P(x)} = \frac{P(x_1|y_1) \cdot P(x_2|y_1) \cdot P(x_3|y_1) \cdot P(x_4|y_1) \cdot P(y_1)}{P(x)}$$

$$= \frac{\left(\frac{2}{9}\right)\left(\frac{4}{9}\right)\left(\frac{6}{9}\right)\left(\frac{6}{9}\right)\left(\frac{9}{14}\right)}{P(x)} = \frac{0.444 \times 0.643}{P(x)} = \frac{0.028}{P(x)}$$

同理，求得 $P(y_2|x) = \dfrac{0.007}{P(x)}$。

　　由于 $P(y_1|x) > P(y_2|x)$，所以，样本 x 的购买属性应为"是"。

2. 决策树

　　决策树分类的基本原理是采用概率论原理，用决策点代表决策问题，用方案分支代表可供选择的方案，用概率分支代表方案可能出现的各种结果，经过对各种方案在各种结果条件下损益值的计算比较，为决策者提供决策依据。

　　譬如银行判断是否通过一个客户的贷款申请，主要根据图 8-6 所示的策略。

　　图 8-6 中，粗框节点表示判断条件，细框节点表示决策结果。可以将上图看作一棵决策树，通过收入、信用、收入和贷款历史情况，将用户申请结果分类为拒绝和通过。

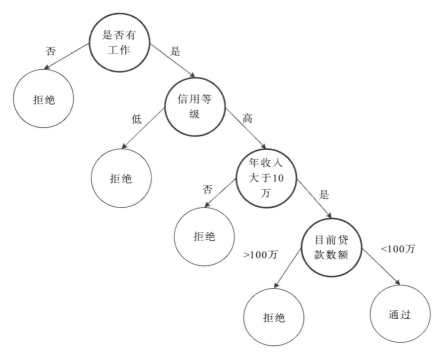

图 8-6   决策树过程

信息论的知识表明，期望信息越小，信息增益越大，从而分类纯度越高，纯度高表示尽量让一个分裂子集中的待分类项属于同一个类别。构造决策树的关键是根据信息增益度量选择测试属性，决策分裂标准。选择具有最高信息增益的属性作为当前节点的测试属性，这样能保证对结果划分中的样本分类所需的信息量最小，并保证划分的最小随机性。

决策树有很多算法，最典型的算法是 ID3 算法和 C4.5 算法。下面介绍 ID3 算法生成决策树的过程。

设 D 为训练元组，D 的熵为：

$$\inf(D) = -\sum_{i=1}^{m} P_i \log_2(P_i)$$

P_i 表示第 i 个类别在整个训练元组中出现的概率，可以用此类别元素的数量除以训练元组元素总数量作为估计。

如果将训练元组按属性 A 进行划分，则 A 对 D 划分的期望信息为：

$$\inf_A(D) = \sum_{j=1}^{v}\left(\frac{|D_j|}{D}\inf(D_j)\right)$$

信息增益即为两者的差值：

$$\text{gain}(A) = \inf(D) - \inf_A(D)$$

ID3 算法就是在每次需要分裂时，计算每个属性的增益率，然后选择增益率最大的属性进行分裂。

【例 8-7】表 8-6 中是根据 SNS 社区中不真实账号检测的例子，描述如何使用 ID3 算法构造决策树。表中给出 10 条训练集记录，其中 s、m 和 l 分别表示小（small）、中（medium）和大（large）。

表 8-6　分类样本

日志密度	好友密度	是否使用真实头像	账号是否真实
s	s	no	no
s	l	yes	yes
l	m	yes	yes
m	m	yes	yes
l	m	yes	yes
m	l	no	yes
m	s	no	no
l	m	no	yes
m	s	no	yes
s	s	yes	no

解： 设 L、F、H 和 R 分别表示日志密度、好友密度、是否使用真实头像和账号是否真实这四个属性，下面计算各属性的信息增益。

以日志密度 L 的信息增益 gain(L) 为例给出计算步骤，首先计算训练元组的熵 $\inf(D)$，

$$\inf(D) = -\sum_{j=1}^{m} P_i \log(P_i) = -\left(0.7 * \log_2(0.7) + 0.3 * \log_2(0.3)\right) = 0.879$$

0.7 和 0.3 分别表示"账号是否真实"属性为 yes 和 no 的概率。

然后计算 L 对 D 划分的期望信息 $\inf_L(D)$：

$$\inf_L(D) = \sum_{j=1}^{v}\left(\frac{|D_j|}{D}\inf(D_j)\right) = 0.3 \times \left(-\frac{0}{3}\log_2\frac{0}{3} - \frac{3}{3}\log_2\frac{3}{3}\right) + 0.4 \times \left(-\frac{1}{4}\log_2\frac{1}{4} - \frac{3}{4}\log_2\frac{3}{4}\right)$$

$$+ 0.3 \times \left(-\frac{1}{3}\log_2\frac{1}{3} - \frac{2}{3}\log_2\frac{2}{3}\right) = 0.603$$

以第二项为例，0.4 是日志密度为 m 的记录比例，1/4 是日志密度为 m 的记录中"账号是否真实"属性为 no 的概率。3/4 是日志密度为 m 的记录中"账号是否真实"属性为 yes 的概率。

最后计算得到日志密度的信息增益 gain(L) 为：

$$\text{gain}(L) = 0.879 - 0.603 = 0.276$$

同理，gain(H)=0.033，gain(F)=0.553。比较得知，属性 F 具有最大的信息增益，所以第一次分裂选择 F 为分裂属性。分裂后的结果如图 8-7 所示。

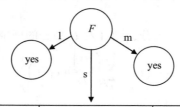

日志密度	是否使用真实头像	账号是否真实
s	no	no
m	no	no
m	no	yes
s	yes	no

图 8-7　第一次分裂后的结果示意图

在图 8-7 的基础上，递归使用上述方法计算子节点的分类属性，最终就可以得到整个决策树。

本例中，日志密度和好友密度这两个特征属性已经被离散化，而事实上它们都是连续的属性。对于特征属性为连续值的情况，可以将 D 中的元素按照特征属性排序，这样，每两个相邻元素的中间点可以被当作潜在分裂点，从第一个潜在分裂点开始分裂 D，并计算两个集合的期望信息，具有最小期望信息的点称为这个属性的最佳分裂点，将其信息期望作为此属性的信息期望。

另外，在实际构造决策树时，通常要进行剪枝，这是为了处理由于数据中的噪声和离群点导致的过分拟合问题。剪枝有两种：

- 先剪枝——在构造过程中，当某个结点满足剪枝条件时，则直接停止此分支的构造。
- 后剪枝——先构造完成完整的决策树，再通过某些条件遍历树进行剪枝。

3. K- 近邻（K-NearestNeighbor，KNN）算法

KNN 算法是通过测量不同特征值之间的距离进行分类。它的思路是：当给定一个新的样本时，首先在训练集中寻找距离新样本最邻近的 K 个样本，如果这 K 个样本多数属于某个类，则将新样本归类为这个类。其中 K 通常是不大于 20 的整数。KNN 算法中，所选择的邻居都是已经正确分类的对象。

衡量两个样本之间相似度的方法是距离。距离包括多种，如绝对距离、欧式距离、曼哈顿距离、明式距离、切式距离等。其中以欧氏距离或曼哈顿距离最为常用。

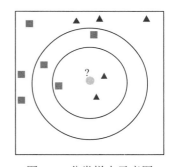

下面通过一个简单的例子说明一下 KNN 算法的分类思想。图 8-8 中，中间的圆点属于哪个类？是三角形还是四方形？如果 K=3，则距离新样本最近的 3 个样本中有 2 个是三角形，即三角形所占比例为 2/3，圆将被赋予三角形那个类；如果 K=5，由于距离新样本最近的 5 个样本中有 3 个是正方形，即四方形比例为 3/5，圆被赋予四方形类。由此也说明了

图 8-8　分类样本示意图

KNN 算法的结果很大程度取决于 K 的选择。

KNN 算法通过计算对象间距离来作为各个对象之间的非相似性指标，避免了对象之间的匹配问题。同时，KNN 依据 K 个对象中占优的类别进行决策，而不是单一的对象类别。采用这种方法可以较好地避免样本的不平衡问题。另外，由于 KNN 方法主要是靠周围有限的邻近样本，而不是靠判别类域的方法来确定所属类别，因此对于类域的交叉或重叠较多的待分样本集来说，KNN 方法较其他方法更为合适。

KNN 方法的不足之处是计算量较大，因为对每一个待分类的样本，都要计算它到全体已知样本的距离才能求得 K 个最邻近点。针对该不足，主要有以下两种改进方法：

- 对于计算量大的问题，目前常用的解决方法是事先对已知样本点进行剪辑，去除对分类作用不大的样本。
- 对样本进行组织与整理，分群分层，尽可能将计算压缩在接近测试样本领域的小范围内，避免盲目地与训练样本集中的每个样本进行距离计算。

KNN 算法的适应性强，尤其适用于样本容量较大的自动分类问题，而那些样本容量较小时则容易出现误分。

4. 分类算法的评价方法

评价必须基于测试数据进行，而且该测试数据是与训练数据完全隔离的，即两者样本之间无交集。评价分类算法性能的主要指标有正确率、召回率、F1 值、分类精确率等。而这些指标都是基于混淆矩阵进行计算的，表 8-7 描述了混淆矩阵的构成。

表 8-7　混淆矩阵的构成

	实际属于该类	实际不属于该类
判定为该类	TP	FP
判定不属于该类	FN	TN

将"在类中"视为正例，正例分为实际正例（实际属于该类）和判定正例（判定为该类）。将"不在类中"视为负例，同样分为实际负例（实际不属于该类）和判定负例（判定不属于该类）。混淆矩阵包含的四种数据含义如下：

- TP：实际为正例，被判定为正例，预测正确。
- FP：实际为负例，被判定为正例，预测错误。
- FN：实际为正例，被判定为负例，预测错误。
- TN：实际为负例，被判定为负例，预测正确。

由以上四种数据得到的主要评价性能指标为：

- 正确率 / 查准率：precision = TP / (TP + FP)。
- 召回率 / 查全率：recall = TP / (TP + FN)。
- 精确率：accuracy = (TP+TN)/(TP + FP + FN + TN)。
- F-Score：precision 和 recall 的调和平均值，更接近 precision 和 recall 中较小的那一个值，F=2 × P × RP+RF=2 × P × RP+R。
- 假阳率：False Positive Rate(FPR)=FP/(FP+TN)。
- 真阳率：True Positive Rate(TPR)=TP/(TP+FN)=Recall。

【例 8-8】分析表 8-8 中混淆矩阵的含义。

表 8-8　混淆矩阵举例

	实际属于该类	实际不属于该类
判定为该类	100	50
判定不属于该类	40	80

解： 正确率：precision = 100 / (100 + 50)。

召回率：recall = 100 / (100 + 40)。

精确率：accuracy = (100+80)/(100 + 50 + 40 + 80)。

另外，ROC（Receiver Operating Characteristic）曲线和 AUC（Area Under the Curve）值常被用来评价二值分类器（binary classifier）的优劣。

8.5.2　预测

分类是指判断一个新样本属于哪一个已知类别，需要得到一个类别标号。如果需要预测连续的值，而不是分类标号，则可以使用回归技术进行建模，得到预测值。

常用的预测方法是线性回归模型。线性回归是确定两种或两种以上变量间相互依赖的定量关系的一种统计分析方法。回归分析按照涉及的变量的多少，分为一元回归分析和多元回归分析；按照因变量的多少，分为简单回归分析和多重回归分析；按照自变量和因变量之间的关系类型，分为线性回归分析和非线性回归分析。如果在回归分析中，只包括一个自变量和一个因变量，且二者的关系可用一条直线近似表示，这种回归分析称为一元线性回归分析。如果回归分析中包括两个或两个以上的自变量，且自变量之间存在线性相关，则称为多重线性回归分析。

1. 一元线性回归分析与预测

一元线性回归是最为简单和基本的回归分析，是分析一个因变量与一个自变量之间的线性关系的预测方法。一般通过测定相关系数，了解两组数据之间存在的依存关系。通过拟合回归直线，描述这两组数据之间的数量变化关系。所以，一元线性回归分析中，最重要的是求出直线的斜率和截距，从而得出回归直线方程 $y=a+bx$，其中，a 和 b 为回归系数。通常用最小平方法求解回归系数。给定 s 个样本或者 s 个数据点为 (x_1,y_1)，(x_2,y_2)，(x_3,y_3)，$\cdots$，(x_s,y_s)，则回归系数计算公式如下：

$$b = \frac{\sum_{i=1}^{s}(x_i - \bar{x})(y_i - \bar{y})}{\sum_{i=1}^{s}(x_i - \bar{x})^2}, a = \bar{y} - b\bar{x}$$

其中，$\bar{x}$ 和分别为变量 x 和 y 的样本均值。

【**例 8-9**】已知一组年薪数据，如表 8-9 所示。其中 X 表示大学毕业后工作的年数，Y 表示对应的收入。请你预测一下第十年对应的收入是多少。

表 8-9   年薪样本数据

X	Y	X	Y	X	Y	X	Y	X	Y
3	30	8	57	9	64	13	72	3	36
6	43	11	59	21	90	1	20	16	83

解：利用公式计算，可得 $b=3.5375$，$a=23.21$。所以，$y=a+bx=23.21+3.5375x$。当 $x=10$ 时，$y=58.585$。得到的一元线性回归图如图 8-9 所示。

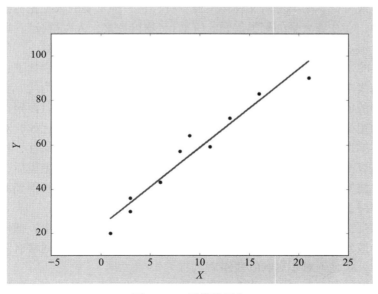

图 8-9   一元线性回归

从图 8-9 中也可以看出，$x=9$，$y=64$；$x=11$，$y=59$。$x=10$ 时，$y=58.585$。

通常，在得到回归参数的基础上，需要进行一元线性回归的统计检验，主要包括回归参数的拟合度检验和显著性检验。拟合优度检验是对回归结果总体拟合程度的检验，拟合优度越高，说明回归方程所描述的自变量和因变量之间的关系和实际情况越符合。变量的显著性检验是指在得到回归方程后，对方程各个自变量的系数在一定置信度范围内进行 T 检验，如果检验结果是在置信度范围内，则认为该系数可信，能够用来描述这一自变量和因变量的关系，反之则为不显著。

2. 多元线性回归

在回归分析中，如果有两个或两个以上的自变量，就称为多元回归。事实上，一种现象常常是与多个因素相联系的，由多个自变量的最优组合共同来预测或估计因变量，比只用一个自变量进行预测或估计更有效且更符合实际。因此多元线性回归比一元线性回归的实用意义更大。

以二元线性回归模型为例，二元线性回归模型如下：

$$y_i = b_0 + b_1 x_1 + b_2 x_2 + u_i$$

通常使用最小二乘法进行参数估计。另外，有时需要对不呈现线性依赖的数据进行预测建模，即给定的响应变量和预测变量之间的关系可以用多项式函数表示。这时候可以在基本线性模型上添加多项式项，利用多项式回归建模，通过对变量进行变换，将非线性模型转换成线性的，再用最小平方法求解。

8.6 聚类算法

8.6.1 聚类的概念

将物理或抽象对象的集合分成由相似对象组成的多个类的过程称为聚类。由聚类所生成的簇是一组数据对象的集合。同一组数据对象具有相似的性质或特征，不同组数据对象具有高度不同的性质或特征。聚类分析又称作集群分析，是一种重要的数据挖掘技术。在自然科学和社会科学中，存在着大量的聚类问题。譬如，"物以类聚，人以群分"，通常人们会选择与其具有同等价值观或者同样兴趣爱好的人交朋友，形成不同的朋友圈。

聚类和分类的最终目的是将新样本归到某个类中，两者的主要区别如下：分类是用已知类别的样本训练集来设计分类器，属于有监督学习。比如，将成绩设为优、良、中、差四个等级，每个同学的成绩可以直接归到四个等级中的一个，这就是分类。而聚类是事先不知样本的类别，须利用样本的先验知识来构造分类器，属于无监督学习。比如，对一些文档进行分类，但事先不知道划分标准，只是根据某些算法判断文档之间的相似性，相似度高的就放在一起，这就是聚类。完成聚类前，每一类的特点是不可知的。完成聚类后，借助经验来分析聚类结果，才能知道每个聚类的大概特点。在很多应用中，聚类分析得到的每一个类中的成员都可以被统一看待。

聚类的原则是：高内聚，即将那些相似的样本尽量聚在同一个类中；低耦合，即将相异的样本尽可能分散到不同的类中。描述两个样本之间相似程度的指标通常有距离、夹角余弦等。常用的距离公式是绝对距离和欧式距离。

聚类的用途很广泛。例如，在商业上可以帮助市场分析人员从消费者数据库中区分出不同的消费群体，并概括出每一类消费者的消费模式或习惯。在生物学中，可以用聚类辅助研究动植物的分类，可以用来分类具有相似功能的基因，还可以用来发现人群中一些潜在的模式或者结构等。聚类还经常用来从万维网上分类不同类型的文档。另外，聚类分析也可以用于数据挖掘算法的预处理。

聚类分析算法大致可以分为以下几类：分层法、分裂法、基于密度的方法、基于网格的方法和基于模型的方法等。本章主要介绍分层法中的系统聚类法和分类法中的 K 均值聚类法，这两种算法分别是聚类类别未知和聚类类别已知的聚类算法代表。

8.6.2　系统聚类法

系统聚类法包括最短距离法和最长距离法。系统聚类法将样本按照距离准则逐步分类，类别由多到少，最终可以聚为一类。根据分类要求确定最终的分类数目。

以最短距离法为例，介绍系统聚类法的步骤：

1）构造 n 个类，每个类只包含一个样品。

2）计算 n 个样品两两间的距离 $\{d_{ij}\}$，记作 D0=$\{d_{ij}\}$。

3）合并距离最近的两类为一个新类。

4）计算新类与当前各类的距离。若类个数为 1，转到步骤 5，否则回到步骤 3。

5）画聚类图。

6）决定类的个数和类。

计算样本距离的常用公式有：

- 绝对距离：$d(\vec{x},\vec{y})=\sum_{k=1}^{p}\left|x_{ik}-x_{jk}\right|$

- 欧氏距离：$d(\vec{x},\vec{y})=\sqrt{\sum_{k=1}^{p}\left(x_{ik}-x_{jk}\right)^2}$

- 明氏距离：$d(\vec{x},\vec{y})=\sqrt[q]{\sum_{k=1}^{p}\left(x_{ik}-x_{jk}\right)^q}$

- 切氏距离：$d(\vec{x},\vec{y})=\max_{i\leqslant k\leqslant P}\left|x_{ik}-x_{jk}\right|$

- 兰氏距离（Lance、Williams）：$d(\vec{x},\vec{y})=\sum_{i=1}^{n}\dfrac{\left|x_i-y_i\right|}{\left|x_i+y_i\right|}$

- 马氏距离：$d^2(\vec{x},\vec{y})=(\vec{x}_i-\vec{x}_j)^T V^{-1}(\vec{x}_i-\vec{x}_j)$，其中：

$$V=\frac{1}{m-1}\sum_{i=1}^{m}(\vec{x}_i-\bar{\vec{x}}_i)(\vec{x}_i-\bar{\vec{x}}_i)^T,\ \bar{\vec{x}}_i=\frac{1}{m}\sum_{i=1}^{m}\vec{x}_i$$

【例 8-10】表 8-10 是 1991 年 5 省份城镇居民的月人均消费数据。

表 8-10　聚类样本

	X1	X2	X3	X4	X5	X6	X7	X8
辽宁	7.90	39.77	8.49	12.94	19.27	11.05	2.04	13.29
浙江	7.68	50.37	11.35	13.30	19.25	14.59	2.75	14.87
河南	9.42	27.93	8.20	8.14	16.17	9.42	1.55	9.76
甘肃	9.16	27.98	9.01	9.32	15.99	9.10	1.82	11.35
青海	10.06	28.64	10.52	10.05	16.18	8.39	1.96	10.81

其中，X1 表示粮食支出，X2 表示副食支出，X3 表示烟酒茶支出，X4 表示其他副食支出，X5 表示服装支出，X6 表示日用品支出，X7 表示燃料支出，X8 表示非商品支出。用系统聚

类方法对上表进行聚类分析。给出聚类的全过程。

解：构造 5 个类（$n=5$），即每一个省份单独是一个类。G1={1}，G2={2}，G3={3}，G4={4}，G5={5}。1、2、3、4、5 表示的省份如表 8-11 所示。

计算 n 个样品两两之间的距离 $\{d_{ij}\}$，记作 D0=$\{d_{ij}\}$。其中 D0 的取值如表 8-11 所示。

表 8-11　距离矩阵 D0

	1	2	3	4	5
辽宁 1	0				
浙江 2	11.67	0			
河南 3	13.80	24.63	0		
甘肃 4	13.12	24.06	2.20	0	
青海 5	12.80	23.54	3.51	2.21	0

以辽宁和浙江的距离计算公式为例：

$$d_{21}=\sqrt{(7.90-7.68)^2+(39.77-50.37)^2+\cdots+(13.29-14.87)^2}=11.67$$

同理，可以获得其他省份之间的距离，如表 8-11 所示。

然后合并最近的两类为一个新类。在 D0 距离矩阵中找最小值为 2.20，所以将河南 G3 和甘肃 G4 合并为一个新类，用 G6 代替，G6={3,4}。在距离矩阵 D0 中消去 3、4 所对应的行和列，添加由 {3,4} 构成的新类 G6。计算 G6 与 G1、G2、G5 之间的距离。D(6, i)=min{D(3,i)，D(4,i)}，i=1,2,5，计算得：

$$d_{61}=\min\{d_{31}, d_{41}\}=\min\{13.80,13.12\}=13.12$$
$$d_{62}=\min\{d_{32}, d_{42}\}=\min\{24.63,24.06\}=24.06$$
$$d_{61}=\min\{d_{35}, d_{45}\}=\min\{3.51,2.21\}=2.21$$

得到距离矩阵 D1 如表 8-12 所示。

表 8-12　距离矩阵 D1

	G6	G1	G2	G5
G6={3,4}	0			
G1	13.12	0		
G2	24.06	11.67	0	
G5	<u>2.21</u>	12.80	23.54	0

由于聚类个数不为 1，重复类的合并步骤，在距离矩阵 D1 中找到最小值 2.21，因此合并类 G6 和 G5 得到新类 G7={6,5} = {3,4,5}，再利用 D(7,i)=min{D(5,i),D(6,i)}，i=1,2 计算得：

$$d_{71}=\min\{d_{51}, d_{61}\}=\min\{12.80,13.12\}=12.80$$
$$d_{72}=\min\{d_{52}, d_{62}\}=\min\{23.54,24.06\}=23.54$$

得到新的距离矩阵 D2 如表 8-13 所示。

表 8-13　距离矩阵 D2

	G7	G1	G2
G7={3,4,5}	0		
G1	12.80	0	
G2	23.54	<u>11.67</u>	0

由于聚类个数不为 1，重复类的合并步骤，在距离矩阵 D2 中找到最小值 11.67，因此合

并类 G1 和 G2 得到新类 G8={1,2}。这样，只有两个不同的类 G7 和 G8，这两个类别的距离为：

$$d_{78}=\min\{d_{71}, d_{72}\}=\{12.80, 23.54\}=12.80$$

得到新的距离矩阵 D3 如表 8-14 所示。

表 8-14 距离矩阵 D3

	G7	G8
G7={3,4,5}	0	
G8={1,2}	12.80	0

将 G7 和 G8 合并成一个类，这样得到一个包含所有样本的类别 G9={1,2,3,4,5}，根据以上类间合并的距离绘制谱系聚类图如图 8-10 所示。

从这张谱系图可以看出，如果距离阈值大于 12.80 小于 15，则所有省份为一类。如果阈值为 2.21 到 12.80 之间，那么当前聚类为两个类，G1 和 G2 是一类，G3、G4 和 G5 是一类。所以可以根据实际需要确定距离阈值，再决定类的个数和类别。

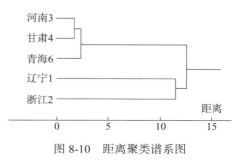

图 8-10 距离聚类谱系图

8.6.3 K-means 聚类法

K-means 是聚类算法中最常用的一种，该算法最大的特点是简单、容易理解、运算速度快，但是只能应用于连续型的数据，并且一定要在聚类前手工指定要分成几类。

K-means 算法的基本思想是使聚类性能指标最小化，所用的聚类准则函数是聚类集中每一个样本点到该类中心的距离平方之和，并使其最小化。过程的简单描述如下：

1）首先输入 k 的值，即希望将数据集经过聚类得到 k 个分组。

2）从数据集中随机选择 k 个数据点作为初始质心，质心是指各个类别的中心位置。

3）对集合中每一个数据点，计算其与每个质心的距离。数据点离哪个质心近，就跟这个质心属于同一组。

4）使用每个聚类的样本均值作为新的质心，该质心可能是实际存在的点，也可能是不存在的数据点，即虚拟质心。

5）如果每个聚类中原质心和新质心之间的距离小于设置的阈值，表示质心的位置变化不大，聚类趋于稳定，或者说收敛。此时认为聚类效果已经达到期望的结果，算法终止。

6）如果每个聚类中原质心和新质心的差距很大，需要迭代 3 ~ 5 步，直至质心不发生变化，或者质心的变化小于阈值。

下面通过一个例子介绍 K-means 算法的聚类过程。

【例 8-11】图 8-11 中有六个点，各点的坐标值如表 8-15 所示，请用 K-means 方法将六个点聚为两类。

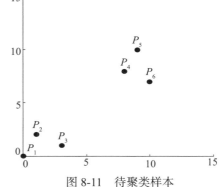

图 8-11 待聚类样本

表 8-15　样本点坐标

	X	Y		X	Y		X	Y
P_1	0	0	P_3	3	1	P_5	9	10
P_2	1	2	P_4	8	8	P_6	10	9

解：

1）随机选择初始质心 $P_A=P_1$，$P_B=P_2$。

2）计算其余每个点 P_A 到 P_B 和的距离，结果如表 8-16 所示。

表 8-16　初始聚类距离表

	P_A	P_B
P_3	3.16	2.24
P_4	11.3	9.22
P_5	13.5	11.3
P_6	12.2	10.3

考虑每个点 P_A 到 P_B 和距离的最小值，得到第一次聚类分组结果：

组 A：P_1

组 B：P_2、P_3、P_4、P_5、P_6

3）计算分组的新质心。A 组质心还是 A，$P'_A=P_A$。B 组的新质心为五个点的坐标均值，计算可得坐标 $P'_B=((1+3+8+9+10)/5, (2+1+8+10+7)/5)=（6.2，5.6）$。

4）再次计算各个数据点到 P'_A 和 P'_B 的距离，计算结果如表 8-17 所示。

表 8-17　第二次聚类距离表

	P'_A	P'_B
P_2	2.24	6.33
P_3	3.16	5.60
P_4	11.3	3
P_5	13.5	5.22
P_6	12.2	4.05

考虑每个点 P'_A 到 P'_B 的距离的最小值，得到第二次聚类分组结果：

组 A：P_1、P_2、P_3

组 B：P_4、P_5、P_6

5）计算分组的新质心。A 组的质心 $P''_A=(1.33,1)$。B 组的质心为 $P''_B=(9,8.33)$。

6）第三次计算各点到质心的距离，结果如表 8-18 所示。

表 8-18　第三次聚类距离表

	P''_A	P''_B
P_1	1.4	12
P_2	0.6	10
P_3	1.4	9.5
P_4	47	1.1
P_5	70	1.7
P_6	56	1.7

根据上表距离进行第三次聚类分组，结果为：

组 A：P_1、P_2、P_3

组 B：P_4、P_5、P_6

通过比较，发现这次聚类分组的结果和第二次没有任何区别，说明已经收敛，聚类结束。

在使用 K-means 算法时需要注意几个问题：1）K 值的确定方法主要取决于经验和实验，通常的做法是多试几个 K 值，看哪种聚类结果更好解释，更符合分析的目的。或者通过计算聚类结果的和方差等指标，取和方差最小的 K 值。2）初始的 K 个质心通常是随机选择的。有的优化方法选择彼此距离最远的点，即先选第一个点，然后选离第一个点最远的点当第二个点，然后选到第一、第二两点的距离之和最小的点作为第三个点，以此类推。还有的方法利用初步聚类的结果，从每个分类中选择一个点作为质心。3）判断每个点与质心之间的距离时通常用欧几里得距离和余弦相似度。欧几里得距离是两点之间的真实距离。余弦相似度用向量空间中两个向量夹角的余弦值来衡量两个个体间差异的大小。相比距离度量，余弦相似度更加注重两个向量在方向上的差异，而非距离或长度上的差异。

8.7 关联规则

关联规则挖掘方法旨在发现大量数据中项集与项集之间存在的有趣的关联或相关关系。从大量商务事务记录中发现有趣的关联关系，可以应用于顾客购物分析、目录设计、商品广告邮寄分类、追加销售、仓储规划、网络故障分析等。关联规则的数据挖掘在商业等领域中的广泛应用，使它成为数据挖掘中最成熟、最主要的研究内容之一。

关联规则挖掘的典型例子是购物篮分析。该过程通过发现顾客放入购物篮中的不同商品之间的联系，分析顾客的购买习惯。通过分析哪些商品频繁地被顾客同时购买，得到商品之间的关联，这种关联可以应用于市场规划、广告策划、分类分析等。譬如通过购物篮分析，得知如果顾客购买了面包，那他购买果酱的可能性很大。这种结果可以帮助经理设计不同的商品布局。如果采取将两者放在一起的策略，可能有助于增加二者的销售量；如果将两者放在距离较远的位置，可以刺激顾客在选择这两种商品的途中购买其他商品。如果发现面包和果酱之间的关联，就可以有选择地安排货架，进行营销活动。

8.7.1 关联规则挖掘的基本概念

将任务相关的数据 D 称为事务数据。事务数据项的集合为 $I=\{i_1,i_2,\cdots,i_m\}$，每个事务 T 是 I 中某些项的集合，即 I，每一个事务都有一个标识符，称为 TID。包含 k 个项的集合称为 k 项集。譬如，在购物篮分析中，$I=\{i_1,i_2,\cdots,i_m\}$ 表示所有购物篮中包含 m 种商品，TID 为 001 的事务 $001=\{i_1,i_4,i_7,i_{12}\}$，表示该事务中包含 4 个项集，为 4 项集，即该购物篮有 4 种商品。D 包含从 TID 为 001 到 100 之间事务的集合，表明待分析的事务共 100 项。

设有 A 和 B 两个事务，$A \subset I$，$B \subset I$，且 $A \cap B = \varnothing$，关联规则是形如 $A \rightarrow B$ 的蕴含式。规则 $A \rightarrow B$ 在事务集 D 中成立，具有支持度 s。s 是 D 中包含 $A \cup B$（即 A 和 B 的并集）的百分比，记为 support_count$(A \rightarrow B)=P(A \cup B)$。

规则 $A \rightarrow B$ 在事务集 D 中成立，具有置信度 c。c 是 D 中包含事务 A 同时也包含事务 B 的百分比，记为 confidence$(A \rightarrow B)$。

$$\text{confidence}(A \rightarrow B) = P(B \mid A) = \frac{\text{support\_count}(A \cup B)}{\text{support\_count}(A)}$$

例如，有 10 000 个顾客购买了商品。其中，购买尿布的有 1000 人，购买啤酒的有 3000 人，同时购买尿布和啤酒的有 600 人。

$$\{尿布，啤酒\} \text{ 的支持度} = 600/10\ 000 = 0.06$$
$$（尿布 \to 啤酒）\text{ 的置信度} = 600/1000 = 0.6$$
$$（啤酒 \to 尿布）\text{ 的置信度} = 600/3000 = 0.2$$

{ 尿布，啤酒 } 的支持度与 { 啤酒，尿布 } 的支持度相等。（尿布→啤酒）的置信度与（啤酒→尿布）的置信度不相等。

包含项集的事务数简称项集的频率、项集的支持度计数或计数。如果项集满足最小支持度 min_sup，则称为频繁项集，频繁 k 项集的集合通常记作 L_k。最小置信度的阈值记为 min_conf。同时满足最小支持度和最小置信度阈值的规则称为强关联规则。例如上例中，{ 尿布 } 的频数为 1000，{ 啤酒 } 的频数为 3000。如果最小支持度 min_sup 为 2000，则 { 尿布 } 为频繁项集，可以记作 L_{3000}。如果 min_conf 为 55%，则（尿布→啤酒）是强关联规则。

关联规则的挖掘步骤主要有两步：第一步是找出所有的频繁项集，根据频繁项集的定义，这些项集出现的频繁性不应小于最小支持度计数；第二步是由频繁项集产生强关联规则，根据强关联规则和频繁项集的定义，找到的规则必须满足最小支持度和最小置信度。

8.7.2　Apriori 算法

关联算法是数据挖掘中的一类重要算法。1993 年，R. Agrawal 等人首次提出了挖掘顾客交易数据中项目集间的关联规则问题，其核心是基于两阶段频繁集思想的递推算法。基于该规则的典型算法是 Apriori 算法。

Apriori 算法将发现关联规则的过程分为两个步骤：第一步通过迭代检索出事务数据库中的所有频繁项集，即支持度不低于用户设定的阈值的项集；第二步利用频繁项集构造出满足用户最小置信度的规则。其中，挖掘或识别出所有频繁项集是该算法的核心，占整个计算量的大部分。

Apriori 算法的具体步骤为：首先将所有的 1 项集视为候选 1 项集 C_1，对每个候选 1 项集进行支持度计数，找出频繁 1 项集，记为 L_1；然后利用 L_1 来产生候选 2 项集 C_2，对 C_2 中的项进行判定，挖掘出 L_2，即频繁 2 项集；不断如此循环，直到无法发现更多的频繁 k 项集为止。每挖掘一层，L_k 就需要扫描整个数据库一遍。

Apriori 算法的主要性质为：任一频繁项集的所有非空子集必须也是频繁的。也就是说，生成一个 k 项集的候选项时，如果这个候选项中的一些子集不在频繁 $(k-1)$ 项集中，那么就不需要对这个候选项进行支持度判断了，可以直接删除这个 k 项集的候选项。具体而言，Apriori 算法的性质体现在连接和剪枝两个操作步骤中：

1）连接：通过将 L_{k-1}（所有的频繁 $k-1$ 项集的集合）与自身连接产生候选 k 项集的集合。

2）剪枝：如果某个候选的非空子集不是频繁的，那么该候选肯定不是频繁的，从而可以将其从 C_k 中删除。

【例 8-12】AllElectrionics 事务数据库中有 9 个事务，每个事务包含的项集如表 8-19 所示。设最小支持度计数为 2，置信度为 70%，挖掘该数据库中的关联规则。表 8-19 中的 I1、I2、I3、I4 和 I5 分别代表不同的物品，TID 是指事务数据库中的事务编号，每一个编号代表一次购买行为，如一个购物小票。

表 8-19　AllElectrionics 事务数据库

TID	项集	TID	项集	TID	项集
T100	I1,I2,I5	T400	I1,I2,I4	T700	I1,I3
T200	I2,I4	T500	I1,I3	T800	I1,I2,I3,I5
T300	I2,I3	T600	I2,I3	T900	I1,I2,I3

解：应用 Apriori 算法进行挖掘的步骤如下。

1）从事务数据库中找出候选 1 项集 C_1。统计候选 1 项集的支持度计数，如表 8-20 所示。再选出支持度计数大于等于 2 的 1 项集构成频繁 1 项集 L_1，得到表 8-21。由于 C_1 中每个项集的支持度计数均大于等于 2，所以每个项集都是频繁 1 项集，即 C_1 和 L_1 相同。

表 8-20　C_1

项集	支持度计数	项集	支持度计数
{I1}	6	{I4}	2
{I2}	7	{I5}	2
{I3}	6		

表 8-21　L_1

项集	支持度计数	项集	支持度计数
{I1}	6	{I4}	2
{I2}	7	{I5}	2
{I3}	6		

2）对 L_1 进行自身连接，即对所有频繁 1 项集进行组合，构成候选 2 项集 C_2，统计 2 项集的支持度计数，得到表 8-22。选出支持度计数大于等于 2 的项集构成频繁 2 项集 L_2，如表 8-23 所示。

表 8-22　C_2

项集	支持度计数	项集	支持度计数
{I1,I2}	4	{I2,I4}	2
{I1,I3}	4	{I2,I5}	2
{I1,I4}	1	{I3,I4}	0
{I1,I5}	2	{I3,I5}	1
{I2,I3}	4	{I4,I5}	0

表 8-23　L_2

项集	支持度计数	项集	支持度计数
{I1,I2}	4	{I2,I3}	4
{I1,I3}	4	{I2,I4}	2
{I1,I5}	2	{I2,I5}	2

3）对 L_2 进行自身连接，构成候选 3 项集 C_3。在连接时同时可以完成剪枝。例如由于 {I1,I2}、{I1,I3} 和 {I2,I3} 都是频繁 2 项集，所以 {I1,I2,I3} 是候选 3 项集。虽然 {I2,I3} 和 {I2,I4} 是频繁 2 项集，但是 {I3,I4} 不是频繁 2 项集，所以，{I2,I3,I4} 不是候选 3 项集。统计 3 项集的支持度计数，得到表 8-24。选出支持度计数大于等于 2 的项集构成频繁 3 项集 L_3，如表 8-25 所示。

表 8-24 C_3	
项集	支持度计数
{I1,I2,I3}	2
{I1,I2,I5}	2

表 8-25 L_3	
项集	支持度计数
{I1,I2,I3}	2
{I1,I2,I5}	2

4）对 L_3 进行自连接，由于 {I1,I3,I5}、{I2,I3,I5} 不是频繁 3 项集，所以不能由 L_3 产生候选 4 项集。所以满足最小支持度计数 2 的频繁项集有两个，即 {I1,I2,I3} 和 {I1,I2,I5}。算法的连接和剪枝步骤结束。

5）计算频繁项集的置信度，产生强关联规则。频繁项集 {I1,I2,I3} 的非空子集有 {I1}、{I2}、{I3}、{I1,I2}、{I1,I3}、{I2,I3}，即可以产生 6 条规则。根据置信度公式计算各个规则的置信度如下：

I1 ∧ I2 → I3   confidence = 2/4 = 50%

I1 ∧ I3 → I2   confidence = 2/4 = 50%

I2 ∧ I3 → I1   confidence = 2/4 = 50%

I1 → I2 ∧ I3   confidence = 2/6 = 33%

I2 → I1 ∧ I3   confidence = 2/7 = 29%

I3 → I1 ∧ I2   confidence = 2/6 = 33%

上述规则的置信度均小于给定的置信度阈值 70%，所以没有强关联规则。

频繁项集 {I1,I2,I5} 的非空子集有 {I1}、{I2}、{I5}、{I1,I2}、{I1,I5}、{I2,I5}，即由此可产生 6 条规则。根据置信度公式计算各个规则的置信度如下：

I1 ∧ I2 → I5   confidence = 2/4 = 50%

I1 ∧ I5 → I2   confidence = 2/2 =100%

I2 ∧ I5 → I1   confidence = 2/2 =100%

I1 → I2 ∧ I5   confidence = 2/6 = 33%

I2 → I1 ∧ I5   confidence = 2/7 = 29%

I5 → I1 ∧ I2   confidence = 2/2 =100%

上述规则的置信度有三个超过给定的置信度阈值 70%。所以强关联规则为：

I1 ∧ I5 → I2，I2 ∧ I5 → I1，I5 → I1 ∧ I2

本章介绍了数据挖掘的步骤和主要的数据挖掘算法。在进行数据挖掘的实际过程中，数据集的数量和质量起到了至关重要的作用。所以数据采集、数据探索和数据预处理是数据挖掘的关键步骤。在具有优良数据集的前提下，选择和设计合适的数据挖掘方法有助于提高挖掘模式的质量。通常可以针对任务需求和数据特点，对不同的数据挖掘算法进行算法融合或集成。速度和易用性也是选择数据挖掘方法的标准。

习题

简答题

1. 请列举数据挖掘的作用，并思考有没有数据挖掘不利于人们生活的应用场景。
2. 请举一个生活中会遇到的数据挖掘实例，描述数据挖掘的目的、步骤和具体的挖掘算法。
3. 数据预处理的目的是什么？不进行数据预处理会有什么样的问题？数据预处理的常用方法是什么？
4. 请举例说明数据分类和预测的应用领域，并说明两者的区别。
5. K-means 聚类方法的步骤是什么？
6. 关联规则中连接和剪枝操作的主要目的是什么？

第 9 章
计算机新技术

学习目标

- 了解计算机技术的基本内容。
- 了解计算机新技术的发展趋势。
- 了解计算机新技术的应用领域。

计算机技术是指用计算机实现快速准确的计算能力、逻辑判断能力和人工模拟能力。通过对系统进行定量计算和分析，为解决复杂系统问题提供手段和工具。计算机技术发展到现在，已经成为人类社会不可缺少的技术工具。人们的生活起居、工作学习、交友旅游、投资理财、购物和就医等都离不开计算机技术。随着计算机软硬件技术的发展以及互联网和大数据的发展，出现了很多计算机新技术。譬如大数据技术、人工智能、量子计算机、BIM 等。本章主要介绍常见的计算机新技术，以及它们各自的特点、主要应用领域和未来发展趋势。

9.1 大数据技术

大数据是计算机和互联网结合的产物，计算机实现了数据的数字化，互联网实现了数据的网络化，两者结合赋予了大数据生命力。人们对于各种应用的依赖也表明大数据时代已经来临（见图 9-1）。大数据时代带给我们的是一种全新的思维方式，而思维方式的改变会对社会的发展带来颠覆性变革。

9.1.1 大数据的概念与特点

近年来，随着计算机技术的不断发展，物联网、云计算等信息技术不断渗透到生活中的各行各业，影响着人们传统的生活方式和生产方式。同时，伴随着移动设备及服务平台的普及应用，产生了数据的爆炸式增长。

图 9-1　大数据时代来临

广义上，大数据是指无法在一定时间内用常规软件工具对其内容进行分析处理的数据集合；狭义上，大数据是需要新处理模式才能具有更强的决策力、洞察发现力和流程优化能力的海量、高增长率和多样化的信息资产。

大数据的特点分四个层面，业界将其归纳为 4 个 V，即 Volume、Variety、Velocity 和 Value。

- 第一个 V——Volume，指数据体量大。其中非结构化数据的增长规模巨大，占数据增长总量的 80% ～ 90%，比结构化数据增长快 10 ～ 50 倍，也是传统数据仓库规模的 10 ～ 50 倍。
- 第二个 V ——Variety，指数据类型繁多。大数据有很多不同形式，如文本、图像、视频等。这些数据往往无模式或者模式不明显，且拥有不连贯的语法或句义等。
- 第三个 V——Velocity，指数据的产生和处理速度比较快。互联网的普及加快了大数据的产生速度。同时，这些数据是需要及时处理的，因为花费大量资本去存储作用较小的历史数据是非常不划算的。基于这种情况，大数据对处理速度有非常严格的要求，服务器中大量的资源都用于处理和计算数据，很多平台都需要做到实时分析。
- 第四个 V——Value，指价值密度低。为了获得一点点有价值的信息，往往需要保留大量的数据，类似于沙里淘金。对大量不相关信息进行合理利用并对其进行正确、准确的可预测分析，有可能获得极高的价值回报。

9.1.2　大数据的度量

大数据的度量沿袭了第 2 章讲到的二进制度量标准，如图 9-2 所示。

图 9-2　大数据的度量

为了更直观地表示数据度量，我们以《红楼梦》为例了解数据的"量"的概念。《红楼梦》含标点共计约 87 万字（不含标点 853509 字），每个汉字占两个字节（1 汉字 =2Byte=2 × 8bit = 16bit）。那么 1GB 空间约等于 671 部红楼梦。据不完全统计，截至目前人类生产的所有印刷材料的数据量约为 200PB，而历史上全人类所有言论的数据量约为 5EB。根据 IDC 的"数字宇宙"的报告，预计到 2020 年全球数据使用量将达到 35.2ZB。

虽然不同行业对大数据的标准不同，但是一般来说，达到 PB 或者 EB 级别的数据量就可以称为大数据。

9.1.3　大数据生态圈

大数据领域已经涌现出了大量新的技术，它们成为大数据采集、存储、处理和呈现的有力武器。大数据处理关键技术一般包括：大数据采集、预处理、大数据存储及管理、大数据分析及挖掘、大数据展现等。而依托大数据和大数据技术的大数据生态圈成为当前计算机科学和计算思维的生存环境。大数据生态圈其实没有准确的定义，主要是伴随着对大量数据的处理而诞生的，是一个互为增益的闭环生态系统。可以形象地把大数据生态圈比喻成厨房系统，厨房系统主要由锅碗瓢盆等做饭工具组成，每个工具既有自己的特性，互相之间又有重合。图 9-3 是 2012 年由 Dave Feinleib 绘制的大数据生态圈组成图，简称大数据生态图。近年来，由于大数据新技术和新产品的不断涌现，大数据生态图经常更新变化，内容越来越多，结构也越来越复杂。

从图 9-3 中可以看出，整个生态系统从下往上分成 3 个部分：

1）最底层的是大数据的基础支撑技术，如开源平台 Hadoop、Hadoop 的 MapReduce、Mahout、HBase、Cassandra 等。其中最有名的就是 Google 实验室的 Hadoop，这是一款开源软件，能对大量数据进行分布式处理。

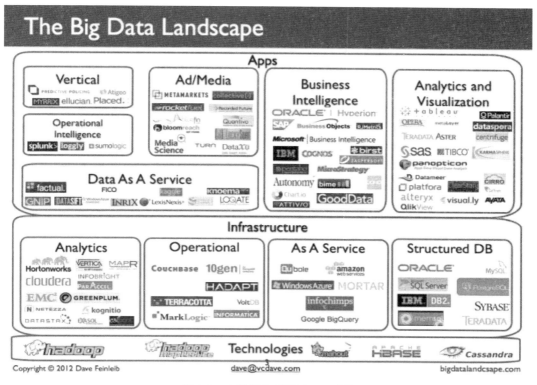

图 9-3　大数据生态图（2012 年）

2）往上一层是大数据平台层，包括四类大数据平台，即数据分析平台、数据操作平台、IaaS 和结构化数据库。

- 数据分析平台的主要产品有 Horton Works、Cloudera、MapR、Vertica、ParAccel、InfoBright、Kognitio、Calpont、Exasol、Datastax、Informatica 等。例如，惠普公司收购的 Vertica 是一个能提供高效数据存储和快速查询的列存储式数据库，适合云计算，支持大规模并行处理，能为高端数字营销、电子商务客户（比如 AOL、Twitter、Groupon）分析处理 PB 级的数据。Kognitio 是基于内存运算的数据仓库和数据分析平台。Infobright 是列存储数据库，能为数十 TB 级别的数据提供各类分析服务。
- 数据操作平台的主要产品有 Couchbase、Teradata、10gen、Hadapt、Terracotta、MarkLogic、VoltDB 等。例如，Couchbase 和 MarkLogic 都是企业级的 NoSQL 数据库。
- IaaS 的主要产品有 Amazon Web Services Elastic MapReduce、Infochimps、Microsoft Windows Azure、Google BigQuery 等的云计算平台。
- 结构化数据库的主要产品有 Oracle、Microsoft SQL Server、MySQL、PostgreSQL、Memsql、Sybase、IBM DB2 等。

3）再上一层是应用层，包括六大类应用，即分析和可视化应用、商业智能、DaaS、广

告 / 媒体应用、日志数据应用和垂直应用。

- 分析和可视化应用的主要产品有 Tableau Software、Palantir、MetaMarkets、Teradata Aster、Visual.ly、KarmaSphere、EMC Greenplum、Platfora、ClearStory Data、Dataspora、Centrifuge、Cirro、Ayata、Alteryx、Datameer、Panopticon、SAS、Tibco、Opera、Metalayer、Pentaho。EMC 收购 Greenplum 形成的套件，整合了大规模并行处理 (MPP) 数据库，能对各种类型的数据进行分析和可视化展现。Teradata 收购的 Aster Data 是高级分析和管理各种非结构化数据领域的市场领导者和开拓者。
- 商业智能的主要产品有 Oracle Hyperion、SAP BusinessObjects、Microsoft Business Intelligence、IBM Cognos、SAS、MicroStrategy、GoodData、Autonomy、QlikView、Chart.io、Domo、Bime、RJMetrics 等。
- DaaS 的主要产品有 Gnip、Datasift、Space Curve、Factual、Windows Azure Marketplace、LexisNexis、Loqate、Kaggle、Knoema、Inrix。 例 如，Windows Azure Marketplace 就是基于 Windows Azure 云计算平台的供数据供应商和开发人员购买和销售数据集（或应用程序）的在线市场。
- 广 告 / 媒 体 应 用 的 主 要 产 品 有 Media Science、Bluefin Labs、CollectiveI、Recorded Future、LuckySort、DataXu、RocketFuel、Turn。例如，RocketFuel 是一家广告优化公司，Rocket Fuel 每天处理 15 亿次品牌广告展示，广告效果完全基于数据来进行改善。
- 日志数据应用的主要产品有 Splunk、Loggly、Sumo Logic。例如，Splunk 是一个可运行于各种平台的 IT 数据、日志分析软件。
- 大数据垂直应用的主要产品有 Predictive Policing、BloomReach、Atigeo、Myrrix。例如，BloomReach 公司面向市场营销开发大数据应用 (BDA)，通过机器学习、网络爬虫和搜索技术来挖掘数据，对网站的数据进行分析，然后设法为网站带来更多的流量，从而给他们的客户带来更多的利润。

9.1.4 大数据典型应用

随着大数据在互联网领域的应用逐渐走向成熟，大数据技术体系也日趋完善，所以未来大数据向传统行业的发展是一个必然的趋势，大数据的发展前景非常值得期待。下面给出几个大数据应用的例子。

（1）《点球成金》

布拉德·皮特主演的电影《点球成金》是一部奥斯卡获奖影片，片中讲述的是布拉德·皮特扮演的棒球队总经理利用大数据分析，对球队进行了翻天覆地的改造，让一家不起眼的小球队取得了巨大成功的故事（见图 9-4）。

（2）灾后救援

2017 年 8 月 8 日 21:19 分，四川九寨沟发生 7.0 级强震。在地震发生 48 小时之后，中国地震台网中心第一时间通过大数据分析，提供地震人群热力分布图（见图 9-5），为政府抗震救灾提供科学的数据支持，为保障人民生命财产安全赢得了重要时间。

（3）智慧交通

目前城市交通拥堵现象愈演愈烈，已成为制约城市发展及影响人们宜居体验的关键因素之一。智慧交通是在交通领域中充分运用物联网、云计算、人工智能、自动控制、移动互联网等现代电子信息技术面向交通运输的服务系统。智慧交通系统的主要构成如图 9-6 所示。

譬如在城市交通中，智慧交通通过实时分析轨迹大数据，挖掘区域平均速度、交叉口进口道平均停车次数、路段旅行时间等交通信息，科学改善交叉口的信号灯时间资源分配，使城市交通运行更高效。

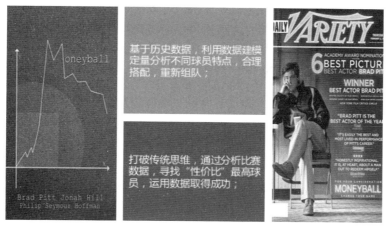

图 9-4　《点球成金》与大数据

图 9-5　地震后四川九寨沟景区人口热力图

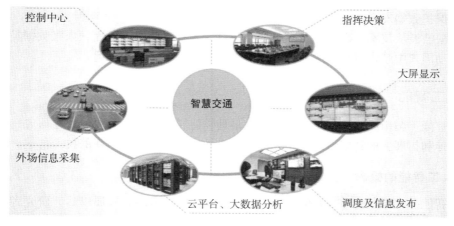

图 9-6　智慧交通系统

9.1.5 大数据的发展趋势

2017 年《中国大数据发展调查报告（2017 年）》发布，"数字经济"首次写入政府工作报告，我国大数据产业的发展也进入爆发期。同年 12 月 8 日中共中央政治局就实施国家大数据战略进行第二次集体学习，中共中央总书记习近平在主持学习时强调，实施国家大数据战略加快建设数字中国。2018 年，达沃斯世界经济论坛等全球性重要会议都把大数据作为重要议题进行讨论和展望。根据调研机构 IDC 公司的预测，大数据和业务分析市场将从 2018 年的 1301 亿美元增长到 2020 年的 2030 多亿美元。大数据是未来科技浪潮发展不容忽视的巨大推动力量，其发展可以分为以下六大方向。

1）大数据采集与预处理方向。移动互联网和物联网的发展大大丰富了大数据的采集渠道，来自外部社交网络、可穿戴设备、车联网、物联网及政府公开信息平台的数据将成为大数据增量数据资源的主体。当前，移动互联网的深度普及，为大数据应用提供了丰富的数据源。

2）大数据存储与管理方向。大数据存储和计算技术是整个大数据系统的基础。2000 年谷歌提出的文件系统 GFS（Google File System）以及随后的 Hadoop 分布式文件系统 HDFS（Hadoop Distributed File System）奠定了大数据存储技术的基础。未来的挑战是存储规模大，存储管理复杂，同时需要兼顾结构化、非结构化和半结构化数据。尤其是大数据索引和查询技术，以及实时及流式大数据存储与处理技术的发展。

3）大数据计算模式方向。由于大数据处理多样性的需求，目前出现了多种典型的计算模式，包括大数据查询分析计算（如 Hive）、批处理计算（如 Hadoop MapReduce）、流式计算（如 Storm）、迭代计算（如 HaLoop）、图计算（如 Pregel）和内存计算（如 Hana），未来基于这些计算模式的混合计算模式将成为满足大数据处理多样性的有效手段。

4）大数据分析与挖掘方向。在数据量迅速膨胀的同时，还要进行深度的数据分析和挖掘，并且对自动化分析的要求越来越高。

5）大数据可视化分析方向。通过可视化方式来帮助人们探索和解释复杂的数据，有利于决策者挖掘数据的商业价值，进而有助于大数据的发展。

6）大数据安全方向。当我们利用大数据分析和数据挖掘获取商业价值的时候，黑客很可能也在觊觎我们的数字财富。大数据的安全一直是企业和学术界非常关注的研究方向。通过文件访问控制来限制对数据的操作、基础设备加密、匿名化保护技术和加密保护等正在最大限度地保护数据安全。

大数据已经从技术、政策和资本等多个角度深入社会的方方面面，未来数据经济也会成为经济驱动因素中越来越重要的一部分，大数据的影响也将更加深远。

9.2 人工智能

人工智能（Artificial Intelligence，AI）是计算机科学的一个分支，它是研究、开发用于模拟、延伸和扩展人的智能的理论、方法、技术及应用系统的一门新的技术科学。

9.2.1 人工智能的概念

人工智能一词最初是在 1956 年 Dartmouth 学会上提出的。从那以后，研究者发展了众多理论和原理，人工智能的概念也随之扩展。人工智能之父约翰·麦卡锡（John McCarthy）

将人工智能定义为制造智能机器的科学和工程。人工智能模仿人类的思考方式，使计算机能智能地思考问题。人工智能通过研究人类大脑的思考、学习和工作方式，然后将研究结果作为开发智能软件和系统的基础。人工智能是如何实现的？这种智能又是从何而来的？随着科技的发展，一种实现人工智能的方法——机器学习（machine learning）应运而生，其主要是设计和分析一些让计算机可以自己学习的算法。而深度学习（deep learning）是一种实现机器学习的技术，让机器学习能够实现众多的应用，也是当今人工智能大爆炸的核心驱动力。人工智能、机器学习和深度学习的关系如图 9-7 所示。

图 9-7　人工智能、机器学习和深度学习的关系图

　　人工智能必须是通过人为设定的方法和流程创造出来的智能体，这就限定了人工智能不能是通过任何自然事件或自然程序产生的。计算机科学和密码学先驱图灵就曾在论文《计算机器与智能》中提及如何判断机器是否具有人的智能，即如果一台计算机被一个测试者通过键盘或语音随机提问，并经过多次测试后，超过 30% 的测试者不能确定被测者为机器，那么这台计算机就可以被认为具有人的智能。这就是经典的图灵测试。

9.2.2　人工智能的发展

　　人工智能的发展历史可归结为孕育、形成和发展三个阶段。

　　1）孕育。孕育阶段主要是指 1956 年以前。自古以来，由于人们的聪明才智，创造出了大量可以代替部分体力劳动的脑力劳动，不仅提高人们应对自然灾害的能力，而且对人工智能的产生、发展具有重大影响。1936 年，英国数学家图灵提出了一种理想计算机的数学模型，即图灵机，为后来电子数字计算机的问世奠定了理论基础。

　　2）形成。这个阶段主要是指 1956 ~ 1969 年。1956 年夏季，在一次为时两个月的学术研讨会上，麦卡锡提议正式采用“人工智能”这一术语。麦卡锡因此被称为人工智能之父。此后，美国形成了多个人工智能研究组织，如纽厄尔和西蒙的 Carnegie RAND 协作组、明斯基和麦卡锡的 MIT 研究组、塞缪尔的 IBM 工程研究组等。1969 年成立的国际人工智能联合会议（IJCAI）是人工智能发展史上一个重要的里程碑，它标志着人工智能这门新兴学科已经得到了世界的肯定和认可。1970 年创刊的国际人工智能杂志《 Artificial Intelligence 》对推动人工智能的发展更是起到了至关重要的作用。

3）发展。这个阶段主要是指 1970 年以后。进入 20 世纪 70 年代，许多国家都开展了人工智能研究，涌现了大量的研究成果。我国也把"智能模拟"作为国家科学技术发展规划的主要研究课题之一，并在 1981 年成立了中国人工智能学会（CAAI）。最杰出的 AI 科学成就就是围棋选手，在 2016 年 3 月，AlphaGo 以 4∶1 战胜韩国棋手李世石，成为第一个击败人类职业棋手的软件。2017 年 5 月 23～27 日，在乌镇，AlphaGo Master 以 3∶0 轻松击败围棋排名世界第一的柯洁。AI 围棋选手的胜利表明了人工智能所达到的成就，也证明了电脑能够以人类远远不能企及的速度和准确性，实现属于人类思维范畴的大量任务。

9.2.3　人工智能的主要研究领域

人工智能的研究领域包罗万象，各种观点百家争鸣。其中比较有代表性的是浙江大学的王万良教授，他提出了人工智能的 24 个研究领域。下面介绍其中主要的几个研究领域。

1）自动定理证明。自动定理证明是人工智能中最先进行研究并得到成功应用的一个研究领域，同时也为人工智能的发展起到了重要的推动作用。实际上，除了数学定理证明以外，医疗诊断、信息检索等许多非数学领域的问题，都可以转化为定理证明问题。尤其是鲁宾逊提出的归结原理使定理证明得以在计算机上实现，对机器推理做出了重要贡献。我国的吴文俊院士提出并实现的几何定理机器证明"吴氏方法"，是机器定理证明领域的一项标志性成果。

2）博弈。诸如下棋、打牌等一类竞争性的智能活动被称为博弈。人工智能研究博弈的目的并不是让计算机与人进行下棋、打牌之类的游戏，而是通过对博弈的研究来检验某些人工智能技术是否能实现对人类智慧的模拟，促进人工智能技术的深入研究。正如俄罗斯人工智能学者亚历山大·克隆罗得所说，"象棋是人工智能中的果蝇"，将象棋在人工智能研究中的作用类比于果蝇在生物遗传研究中作为实验对象所起的作用。

3）模式识别。模式识别是一门研究对象描述和分类方法的学科。模式是对一个物体或者某些感兴趣实体定量的或者结构的描述，而模式类是指具有某些共同属性的模式集合。用机器进行模式识别的主要内容是研究一种自动技术，依靠这种技术，机器可以自动地或者尽可能少需要人工干预地把模式分配到它们各自的模式类中去。传统的模式识别方法有统计模式识别和结构模式识别等类型。

4）机器视觉。机器视觉或者计算机视觉是用机器代替人眼进行测量和判断，是模式识别研究的一个重要方面。在国内，近年来机器视觉产品刚刚起步，目前主要集中在制药、印刷、包装、食品饮料等行业。但随着国内制造业的快速发展，对于产品检测和质量的要求不断提高，各行各业对图像和机器视觉技术的工业自动化需求将越来越大，因此机器视觉在未来制造业中将会有很大的发展空间。

5）自然语言理解。关于自然语言理解的研究可以追溯到 20 世纪 50 年代初期。当时由于通用计算机的出现，人们开始考虑用计算机把一种语言翻译成另一种语言的可能性，在此之后的 10 多年中，机器翻译一直是自然语言理解中的主要研究课题。近 10 年来，在自然语言理解的研究中，一个值得注意的事件是语料库语言学的崛起，它认为语言学知识来自于语料，人们只有从大规模语料库中获取理解语言的知识，才能真正实现对语言的理解。

6）智能信息检索。数据库系统是存储大量信息的计算机系统。随着计算机应用的发展，存储的信息量越来越庞大，研究智能信息检索系统具有重要的理论意义和实际应用价值。

7）数据挖掘与知识发现。随着计算机网络的飞速发展，计算机处理的信息量越来越大。数据库中包含的大量信息无法得到充分的利用，造成信息浪费，甚至变成大量的数据垃圾。因此，人们开始考虑以数据库作为新的知识源。数据挖掘和知识发现是 20 世纪 90 年代初期崛起的一个活跃的研究领域。

8）专家系统。专家系统（expert system）是目前人工智能中最活跃且最有成效的一个研究领域。自费根鲍姆等研制出第一个专家系统 DENDRAL 以来，它已获得了迅速的发展，广泛地应用于医疗诊断、地质勘探、石油化工、教学及军事等各个领域，产生了巨大的社会效益和经济效益。专家系统是一个智能的计算机程序，运用知识和推理步骤来解决只有专家才能解决的疑难问题。因此，可以这样来定义专家系统：专家系统是一种具有特定领域内大量知识与经验的程序系统，它应用人工智能技术模拟人类专家求解问题的思维过程来求解领域内的各种问题，其水平可以达到甚至超过人类专家的水平。

9）自动程序设计。自动程序设计是将自然语言描述的程序自动转换成可执行程序的技术。自动程序设计与一般的编译程序不同，编译程序只能把用高级程序设计语言编写的源程序翻译成目标程序，而不能处理自然语言类的高级形式语言。

10）机器人。机器人是指可模拟人类行为的机器。人工智能的所有技术几乎都可以在它身上得到应用。机器人可作为人工智能理论、方法技术的实验场地。反过来，对机器人的研究又可大大推动人工智能研究的发展。

11）组合优化问题。有许多实际问题属于组合优化问题。例如，旅行商问题、生产计划与调度、通信路由调度等都是属于这一类问题。组合优化问题一般是 NP 完全问题。NP 完全问题是指，用目前知道的最好的方法求解，需要花费的时间（或称为问题求解的复杂性）是随问题规模增大以指数关系增长的。至今还不知道对 NP 完全问题是否有花费时间较少的求解方法。

12）人工神经网络。人工神经网络是一个由大量简单处理单元经广泛连接而组成的人工网络，用来模拟大脑神经系统的结构和功能。神经网络已经成为人工智能中一个极其重要的研究领域。对神经网络模型、算法、理论分析和硬件实现的大量研究，为神经计算机走向应用提供了物质基础。神经网络已经在模式识别、图像处理组合优化、自动控制、信息处理、机器人学等领域获得日益广泛的应用。

13）分布式人工智能与多智能体（agent）。分布式人工智能是分布式计算与人工智能结合的结果。分布式人工智能系统以健壮性作为控制系统质量的标准，并具有互操作性，即不同的异构系统在快速变化的环境中，具有交换信息和协同工作的能力。分布式人工智能的研究目标是创建一种描述自然系统和社会系统的模型。分布式人工智能并非独立存在，而是只能在团体协作中实现，因而其主要研究问题是各智能体之间的合作与对话，包括分布式问题求解和多智能体系统（Multi-Agent System, MAS）两个领域。分布式问题求解把一个具体的求解问题划分为多个相互合作和知识共享的模块或者节点。智能体系统更能够体现人类的社会智能，具有更大的灵活性和适应性，更适合开放和动态的世界环境，成为人工智能领域的研究热点。

9.2.4　人工智能的主要实现技术

人工智能在智能家居、智能制造、智能硬件、机器人、自动驾驶等领域取得了较大的成功。无论在哪个领域，实现人工智能不仅需要有底层硬件的支撑，如人工智能芯片、视觉传感器等，也需要人工智能软技术的支撑。人工智能技术的主要任务是让计算机像人类一样，能够进行问题的表示和推理，并用机器的感知和行为方式进行模拟求解。主要的人工智能实现技术如下。

1）知识表示和推理。语言和文字是人们表达思想与交流信息的重要工具之一，但人类的知识表示和推理方法却并不适合于计算机处理。因此如何有效地把人类知识存储到计算机中，是解决实际问题的首要任务。知识表示和推理方法可分为如下两大类：符号表示法和连接机制表示法。符号表示法用各种包含具体含义的符号进行排列组合，是一种逻辑性知识表达和推理方法。连接机制表示法建立一个相关性连接的神经网络，是一种隐式的知识表示和推理方法。

2）机器感知。机器感知就是运用传感器技术使机器获得类人的感知能力。机器感知是机器获取外部信息的基本途径，是机器智能化过程中不可缺少的组成部分。正如人的智能离不开感知一样，为了使机器具有感知能力，就需要为它配置相对应的感知传感器。对此，人工智能中已经形成了专门的研究领域，即模式识别、自然语理解等。

3）机器学习。机器学习研究如何使计算机具有类似于人的学习能力，与脑科学、神经心理学、计算机视觉、计算机听觉等都有密切联系。机器学习是一个难度较大的研究领域，目标是使计算机能通过学习自动地更新知识和适应环境变化，并在实践中实现自我完善。直接从书本中学习、通过与人谈话学习、通过观察学习都是机器学习所具备的特性。

4）机器行为。机器行为的最主要成因应与它的激发条件和产生环境有关。与人的行为能力相对应，机器行为主要是指计算机的表达能力，如智能机器人的"说""写""画"等能力，它还应具有人类四肢的功能，即能走路、能取物、能操作等。

9.2.5　人工智能典型应用

人工智能应用的范围很广，包括计算机科学、金融贸易、医药、重工业、运输、远程通信、在线和电话服务、法律、科学发现、玩具和游戏、音乐等诸多方面。下面给出几个人工智能应用的例子。

1）无人驾驶。根据英国《金融时报》，Alphabet 旗下自动驾驶汽车公司 Waymo，在亚利桑那州正式首度推出了付费无人的士服务——WaymoOne，在全球率先开启自动驾驶技术的商业化进程（见图 9-8）。WaymoOne 是 Alphabet 研究长达 10 年的项目，被视为无人驾驶商业化的一个重要里程碑。2019 年 7 月获得加州监管部门的批准后，Waymo 现在可以利用机器人出租车运送乘客了。

图 9-8　Waymo 无人驾驶汽车

2）语音识别。2019 年 1 月 16 日，在百度输入法"AI·新输入　全感官输入 2.0"发布会上，国内首款真正意义上的 AI 输入法——百度输入法 AI 探索版正式亮相，这是一款默认输入方式为全语音输入，并调动表情、肢体等进行全感官输入的全新产品。同时，百度宣布流式截断的多层注意力建模（SMLTA）将在线语音识别精度提升了 15%，并在世界范围内首次实现了基于 Attention 技术的在线语音识别服务大规模上线应用（见图9-9）。

3）机器翻译。2004年下半年起，随着Franz Josef Ochn成为首席科学家，谷歌翻译进入迅速发展阶段，在2005和2006年NIST机器翻译系统比赛中表现优异，成功拿下多项第一。2016年9月谷歌发布神经网络机器翻译系统，简称GNMT系统，能够实现103种语言翻译，每天为超过两亿人提供免费的多种语言翻译服务（见图9-10）。

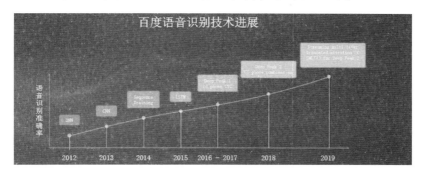

图9-9　百度AI语音识别技术发展

a）实时翻译　　　　　　　　　　　　　　b）在线翻译

图9-10　谷歌翻译

人工智能的应用领域还有很多，如智能客服、灾害预测、人脸识别等。总之，随着人工智能技术的发展，以及人工智能与不同的学科的研究相交叉，人工智能的应用必将渗透到更多的领域。

9.3　量子计算机

随着硅材料芯片接近物理极限，冯·诺依曼架构的计算机发展面临着越来越大的挑战。量子计算机（quantum computer）作为一种未来新型的计算机，将会对计算机架构和计算机处理能力带来重大的变革。

9.3.1　量子计算机的概念

量子计算机，是一种全新的基于量子计算的机器，遵循量子力学规律进行高速数学和逻辑运算，并存储及处理量子信息。换句话说，当某个装置处理和计算的是量子信息、运行的是量子算法时，它就是量子计算机。量子计算机的特点主要有运行速度较快、处置信息能力较强、应用范围较广等。与一般计算机比较起来，信息处理量愈多，对于量子计算机实施运算也就愈有利，也就更能确保运算具备精准性。

量子计算机的概念源于对可逆计算机的研究，而研究可逆计算机是为了克服计算机中的能耗问题。20 世纪 60 年代至 70 年代，人们开始发现传统计算机的能耗越高，其内部芯片散热性越差，严重影响了芯片的集成性，进而影响了计算机的运算速度。研究还发现，能耗是计算过程中为数不多的不可逆操作。相对于传统计算机只能处于 0 或 1 的二进制状态，量子计算机应用的是量子比特，可以同时处在多个状态，加快运算速率。

9.3.2　量子计算机的发展

20 世纪 80 年代初，计算机科学的研究领域里就出现了量子计算机的概念。R. P. Feynman 在他晚年有关计算理论的讲演中提出了量子计算机的概念，他认为基于量子力学理论的量子计算机的计算速度一定比现在的经典计算机要快。2003 年 Jeremy O'Brien 在著名科技杂志《科学》发表了其制成的第一个用于单个光子的可控 NOT 量子逻辑栅极。此后，一系列的研究使得量子计算机的理论变得丰富起来。

20 世纪 80 年代初，Benioff 首先提出了量子计算的思想，他设计了一台可执行的、有经典逻辑的量子图灵机，是量子计算机的雏形。1982 年，Feynman 发展了 Benioff 的设想，提出量子计算机可以模拟其他量子系统。为了仿真量子力学系统，Feynman 提出了按照量子力学规律工作的计算机的概念，这被认为是最早的关于量子计算机的思想。

1985 年，牛津大学的 David Deutsch 发表论文，证明了任何物理过程原则上都能很好地被量子计算机模拟，并提出基于量子干涉的计算机模拟即"量子逻辑门"这一新概念，并指出量子计算机可以通用化，以及量子计算错误的产生和纠正等问题。

1996 年，S. Loyd 证明了 Feyrman 的猜想，他指出模拟量子系统的演化将成为量子计算机的一个重要用途，量子计算机可以建立在量子图灵机的基础上。从此，量子计算的理论和实验研究蓬勃发展，量子计算机的发展开始进入新的时代，各国政府和各大公司也纷纷制定了针对量子计算机的一系列研究开发计划。

欧美等发达国家的政府和科技产业巨头大力投入量子计算技术研究，取得了一系列重要成果并建立了领先优势。以美国加州大学、美国马里兰大学、荷兰代尔夫特理工大学和英国牛津大学等为代表的研究机构基于超导、离子阱和半导体等不同技术路线，展开了量子计算机原理样机试制与实验验证。谷歌与加州大学合作布局超导量子计算，2016 年报道了 9 位超导量子比特的高精度操控，并推出 D-Wave 量子退火机，探索人工智能领域。2018 年 3 月，Google 量子人工智能实验室宣布推出全新的量子计算器"Bristlecone"（狐尾松），号称"为构建大型量子计算机提供了极具说服力的原理证明"。Intel 于 2017 年 10 月报道了 17 位量子比特的超导芯片。IBM 在 2016 年上线了全球首例量子计算云平台，目前 IBM Q 处理器已升级至 16/17 位量子比特；2017 年 11 月宣布基于超导方案实现了 20 位量子比特的量子计算机。同时，以 D-Wave、IonQ、Rigetti Computing、1QBit 为代表的初创企业迅速发展，各具特色，涵盖硬件、软件、云平台等方面。

2017 年 5 月 3 日，中国科学院潘建伟团队构建的光量子计算机实验样机的计算能力已超越早期计算机。此外，中国科研团队完成了 10 个超导量子比特的操纵，成功打破了目前世界上最大位数的超导量子比特的纠缠和完整的测量记录。

2018 年 12 月，首款量子计算机控制系统 OriginQ Quantum AIO 在中国合肥诞生，该系统由本源量子开发（见图 9-11）。

2017 年 12 月，德国康斯坦茨大学与美国普林斯顿大学及马里兰大学的物理学家合作，开发出了一种基于硅双量子位系统的稳定量子门。2019 年 1 月，IBM 更是在 2019 年度国际消费电子展（CES）上宣布，推出世界上第一台商用的集成量子计算系统——IBM Q System One（见图 9-12）。

图 9-11　首款量子计算机控制系统　　　　　图 9-12　第一台商用的集成量子计算系统——
OriginQ Quantum AIO　　　　　　　　　　　IBM Q System One

虽然 Q System One 可能是为商业用途而设计的，但像这样的量子计算机在很大程度上仅仅是实验设备，并且目前这样的量子计算机在实际任务中并不比传统计算机表现得更好。即使 IBM 已经为量子计算的商业化应用打开了道门，但是量子计算机的高性能计算在国内外仍然是一个难题，更需要我们去努力探索。

9.3.3　量子计算机典型应用

"在不久的将来，量子计算可以改变世界。"量子计算能力十分惊人，但却并不是简单地以十亿倍的速度运行目前的软件。量子计算机主要利用量子叠加有效地处理经典计算科学中的许多难题。但它们擅长解决的也仅仅是特定领域和某些类型的问题。量子计算机的一些主要应用如下。

1）人工智能。Google 量子人工智能实验室在 2018 年 3 月宣布推出全新的量子计算器 "Bristlecone"（见图 9-13），Bristlecone 已经支持到多达 72 个量子位（qubit），并且还可以作为试验平台，研究量子模拟优化及机器学习。而 Google 公司也正在使用该平台进行能够区分汽车和地标的机器学习设计。

2）网络安全。我国"广域量子通信网络计划"已经开始，潘建伟团队作为国内唯一开展星地自由空间量子通信实验研究的团队，牵头组织了中科院战略先导专项"量子科学实验卫星"，已经在 2016 年 8 月成功地将一颗轨道"墨子号"量子通信卫星上的纠缠光子发送到地球上的三个独立基站。"墨子号"通信卫星是世界上首颗量子科学实验卫星，它可以解决最快传输问题，并且可以做到最安全快捷的通信，尤其在通信加密方面几乎无懈可击（见图 9-14）。

3）天气预测。麻省理工学院的劳埃德和同事们发现，通过量子计算机可以描述控制天气的方程式中一种隐藏的波浪特性。量子计算公司 QxBranch 表示：在量子计算机的帮助下可以建立更好的气候模型，从而让人类更深入地了解我们是如何影响环境的。这些模型是我们用来对未来气候变暖进行评估的工具，帮助人类确定现在需要采取什么措施来防止灾难的发生。

图 9-13 "Bristlecone"量子计算机

图 9-14   墨子卫星

9.4   BIM

BIM（Building Information Modeling）无论是作为现阶段的技术工具，还是作为未来协同管理模式的创新，其应用推广都势不可挡。BIM 的出现正在改变项目参与各方的协作方式，极大地提高了设计、建筑、管理、维护等环节的效率与收益。

9.4.1   BIM 的概述与意义

BIM 技术是 Autodesk 公司在 2002 年率先提出的，目前已经在全球范围内得到建筑界的广泛认可。它是以三维数字技术为基础，集成了建筑工程项目各种相关信息的工程数据模型，是建筑学、工程学及土木工程的新工具。BIM 不仅把从建筑的设计、施工、运行直至建筑寿命周期终结的全部过程中的各种信息整合于一个三维模型信息数据库中，而且设计团队、施工单位、设施运营部门和业主等各方人员还可以基于 BIM 进行协同工作，有效提高工作效率、节省资源、降低成本，以实现建筑行业的可持续发展。

BIM 是实现建筑业走向智能信息时代的一种新技术，它在建筑业各阶段的全面应用，将对业界的科技进步产生无可估量的影响，大大提高建筑工程的集成化程度。同时，也为建筑业的发展带来巨大的效益，使设计乃至整个工程的质量和效率显著提高，并使成本降低。

BIM 的核心是通过建立虚拟的建筑工程三维模型，利用数字化技术，解决建筑工程在分布式、异构工程数据之间的一致性和全局共享问题，为这个模型提供完整的、与实际情况一致的建筑工程信息库。该信息库不仅包含描述建筑物构件的几何信息、专业属性及状态信息，还包含了非构件对象（如空间、运动行为）的状态信息。借助这个包含建筑工程信息的三维可视化模型，不仅搭建了建筑工程的集成管理环境，还使建筑工程在其整个进程中显著提高效率和大量减少风险。

9.4.2   BIM 的代表软件

Revit 是 Autodesk 公司专门针对 BIM 建筑信息模型设计的，是最先引入建筑社群并提供建筑设计和文件管理支持的软件（见图 9-15）。Autodesk 的 BIM 系列软件相互之间的协作性很强，其产品主要以 Revit Architecture 为核心，相关软件还有结构分析软件 Revit Structure、管线设计软件 Revit MEP、数量计算软件 Autodesk Quantity Takeoff、施工排程软件 Autodesk Navisworks、机器人结构分析软件 Robot Structural Analysis、可持续设计分析软件 Ecotect Analysis 等。

图 9-15　Revit 软件

Bentley Navigator 是 Bentley 公司对 3D 可视模型进行检验和分析的协同工作软件，其不仅提供对所有冲突进行详细描述的报表功能，还可支持几何形状较复杂曲面、记录编修流程、比较修改前后图形差异、管理权限及数字签名功能等（见图 9-16）。其主要相关软件有结构系统软件 Structural、建筑系统软件 Building、机电系统软件 Mechanical Systems、建筑弱电系统软件 Building Electrical Systems 等。

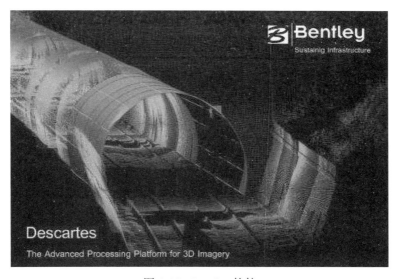

图 9-16　Bentley 软件

9.4.3　BIM 典型应用

1）珠海歌剧院。珠海歌剧院总建筑面积 59000 平方米，是我国第一座海岛剧院（见图 9-17），在剧院的设计过程中，通过 Autodesk BIM 软件的统一设计平台，建筑师可以直观地看到观众视点的状况，从而逐点核查座椅高度和角度，并做出合理、迅速的调整。设计的各阶段都可以与其他各个专项团队紧密合作，同步并共享设计成果。这一模式大大提升了设计的效率，同时避免了各团队之间由于沟通问题而产生的失误与返工。

2）北盘江特大桥。北盘江特大桥在 2016 年建成，是沪昆线上的控制性工程，现为世界上跨度最大的钢筋混凝土拱桥（见图 9-18）。这座大桥不但结构复杂，工程规模大，而且施工步骤特别多，控制因素多且控制难度大。在设计和建设过程中，采用 BIM 技术全程贯穿于设计、施工、应力和线形监控、建设管理、运营维护等多个环节，成为国内铁路工程运用BIM 的代表性工程。

图 9-17   珠海歌剧院

图 9-18   北盘江特大桥实景图

3）石鼓山隧道。石鼓山隧道长度仅有 4.33km，但隧道所在地地形起伏较大，开挖难度高，浅埋段长，被中国铁路总公司列为高风险隧道。为了克服技术难关，项目部利用 BIM技术实现了铁路隧道建设全生命周期的信息共享和隧道安全远程监控，使隧道设计由传统的二维向三维、四维转变，可视性、协调性、可操作性均大大增加，为我国高风险隧道的施工建设积累了重要经验（见图 9-19）。

目前在学术界和软件开发商中，BIM 已经获得共识，Graphisoft 公司、Bentley 公司、Autodesk 公司以及斯维尔的建筑设计（Arch）等这些引领潮流的国内和国际建筑设计软件公司，都应用了建筑信息模型技术，可以支持建筑工程全生命周期的集成管理。

为了进一步推动行业 BIM 发展，我国无论是传统建筑行业，还是铁路行业，都在积极举办"智能建造技术"主题论坛，并承办相关 BIM 联盟，从多个角度研究并制定适合我国的 BIM 相关标准。

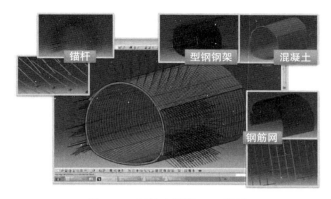

图 9-19   石鼓山隧道 BIM 设计

9.5   其他计算机新技术

除上述技术外，云计算作为一种基于互联网的计算新方式，显示了强大的计算性能。计算机新技术也渗透到我们身边，如家居、建筑、城市和旅行购物之中。计算机新技术与我们的生活密不可分。

9.5.1   云计算

云计算（cloud computing）是一种以公开的标准和服务为基础的超级计算模式，在互联网的数据中心，成千上万台电脑和服务器连接成一片电脑云，为每一个网民提供海量数据和每秒 10 万亿次以上的运算能力。因此，"云"中的资源可以随时获取、按需使用并无线扩展。云计算最初的目标是对资源的管理，主要包括计算资源、网络资源和存储资源。现在云计算可以扩充到管理与网络相关的各种应用、安全、管理和基础平台，如图 9-20 所示。

图 9-20   云计算内涵示意图

IDC 公司（国际数据资讯公司）认为云计算的增长速度将是传统 IT 行业增长率的几倍，未来 5 年云端服务的平均年增长率有望达到 26%。在国内，云计算与物联网一起被列为将会给人们的生活带来变革，甚至会改变生活、生产方式的新技术。

9.5.2   物联网

物联网（Internet of Things，IoT）被誉为信息科技产业的第三次革命（见图 9-21）。《 The Internet of Things 》一书给出了物联网的定义：物联网是一个基于互联网、传统电

图 9-21   物联网示意图

信网等信息承载体，让所有能够被独立寻址的普通物理对象实现互联互通的网络。它具有普通对象设备化、自治终端互联化和普适服务智能化3个重要特征。物联网的关键技术是传感器技术和嵌入式技术。我国的物联网技术研发水平处于世界前列。

9.5.3　智能家居

智能家居是物联网的体现。以住所为平台，通过物联网技术将家居生活中有关的设施（如音频、视频、照明、窗帘控制、空调控制、安防等）集成，构建高效的智能设备与家居日常事务的管理系统。系统不仅具有传统的居住功能，还兼具家电控制、网络通信、室内外遥控、安全防范、环境监测、设备自动化等全方位的信息交互功能，与此同时，还可以提升家居的安全性、便利性、舒适性、艺术性，并实现环保节能的居住环境（见图9-22）。

图9-22　智能家居示意图

9.5.4　智慧建筑

自20世纪80年代开始，建筑业高新科技迅速发展。智能建筑的产生不仅改善和扩充了绿色和环保建筑的功能，也是建筑发展中一个质的飞跃。智能建筑是计算机技术、控制技术、通信技术与建筑技术相结合的产物。可以实现建筑的自动化综合管理，楼内的空调、供水、防火、防盗、供配电系统等均由电脑控制，使客户真正感到舒适、方便和安全（见图9-23）。智能建筑作为21世纪建筑技术进步与发展的趋势，在我国具有广阔的发展前景。

图9-23　智能建筑示意图

9.5.5　智慧城市

随着人类社会的不断发展，未来城市将承载越来越多的人口。智慧城市就是为了解决城市发展难题、实现城市可持续发展而产生的（见图9-24）。中国智慧工程研究会对智慧城市概念的描述是："智慧城市是目前全球围绕城乡一体化发展、城市可持续发展、民生核心需求这些发展要素，将先进信息技术与先进的城市经营服务理念进行有效融合，通过对城市的地理、资源、环境、经济、社会等系统进行数字网络化的管理，对城市基础设施、基础环境、生产生活相关产业和设施的多方位数字化、信息化的实时处理与利用，为城市治理与运营提供更简洁、高效、灵活的决策支持与行动工具，为城市公共管理与服务提供更便捷、高效、灵活的创新运营与服务模式。"

图 9-24　智慧城市示意图

建设智慧城市已成为当今世界城市发展不可逆转的历史潮流。智慧城市的建设在国内外许多地区已经展开，并取得了一系列成果，国内如智慧上海、智慧双流以及海绵城市，国外如新加坡的"智慧国计划"、韩国的"U-City 计划"等。

9.5.6　VR、AR 和 MR

1. VR

虚拟现实 (Virtual Reality，VR) 是一种可以创建和体验虚拟世界的计算机仿真系统。它利用计算机生成模拟环境，是一种多源信息融合的、交互式的、三维动态视景和实体行为的系统仿真，可以使用户沉浸到设定的虚拟环境中。简单地说，VR 一种用于沉浸式体验三维虚拟世界的技术。VR 以 PC 等外设为基础设备，通过多种传感器实现对眼、手、头部的跟踪，通过三维计算机图形技术、广角立体显示技术等技术来模拟视觉及听觉等感官体验所需的环境。

目前典型的 VR 设备，主要有国外的 HTC Vive、Oculus Rift、三星 Gear VR、LG 360 VR，国内的暴风魔镜、大朋等。目前，这些设备主要还是以 VR 头显、手机 VR 头显以及 VR 盒子等形式为主（见图 9-25）。

图 9-25　VR 设备

2. AR

增强现实（Augmented Reality，AR）也被称为混合现实。它是一种实时地给出影像的位置及角度，并能够加上相应图像、视频、3D 模型的技术。这种技术的目标是将虚拟世界与现实世界融合，并可以进行互动。简单来说，AR 相当于 VR 技术的扩展。相比于 VR 技术，AR 除了需要强大的处理能力、需要外设支持并需要多种传感器外，还具有以下三个特点：真实世界和虚拟世界的信息集成、实时交互性以及在三维尺度空间中增添定位虚拟物体。

真实世界和虚拟世界的信息集成是 AR 与 VR 最本质的区别。简单来说，VR 技术看到的场景和人物全是假的，是把你的意识代入一个虚拟的世界。而 AR 技术看到的场景和人物半真半假，是把虚拟信息代入现实世界中。

在设备方面，VR 装备更多的是用于用户与虚拟场景的互动，但 AR 设备在摄像头拍摄的画面基础上，结合虚拟画面进行展示和互动。

在技术上，VR 技术的核心是图形技术的发展，创作出一个虚拟场景供人体验。可以说是传统游戏娱乐设备的升级版，主要关注虚拟场景是否有良好的体验。而 AR 应用了很多计算机视觉技术，强调复原人类的视觉功能，自主跟踪并且对周围真实场景进行 3D 建模。典型的 AR 设备就是普通的手机，升级版如 Google Project Tango。

3. MR

混合现实（Mix Reality，MR）是虚拟现实技术的进一步发展，该技术通过在虚拟环境中引入现实场景信息，在虚拟世界、现实世界和用户之间搭起一个交互反馈的信息回路，以增强用户体验的真实感。MR 包括增强现实和增强虚拟，指的是合并现实和虚拟世界而产生的新的可视化环境。若用一个简单公式表示，就是 MR=VR+AR。主要的 MR 设备有微软的 Hololens 和 Magic Leap，以及三星的玄龙 MR 和联想的 Explorer 等。

MR 技术中虚拟物体的相对位置是会随设备的移动而改变的。以头戴设备为例，如果你戴着设备坐在沙发上，看到面前的桌子（真实物体）上有一个苹果，你转动头部（设备也跟着转动），苹果相对桌子的位置会因为你的头部转动而改变，那么你戴的设备就是 MR 设备，如果相对桌子的位置不改变的话，就是 AR 设备。

计算机技术的发展日新月异，现有的技术不断更新迭代，也不断涌现新的技术。受篇幅限制，这里难以一一描述。但有一点是可以肯定的，计算机技术已经渗透到了各行各业，未来也必将和各个行业更加深入地融合，产生更多伟大的技术，改变人类的生产和生活方式。

习题

简答题

1. 人工智能技术早已涌现，请结合你在本章学到的知识分析一下，为什么近年人工智能技术得到了追捧？是什么技术的进步推动了人工智能技术的爆发？
2. 请谈谈你所学的专业是否使用了人工智能技术。如果使用了，用在什么地方？如果没使用，你觉得未来在哪个方面可能使用？举例回答。
3. 什么是"薛定谔的猫"？试着讲讲看。
4. 请简述量子计算机的概念。
5. 请简述什么是"云物大智"，它包含了什么技术？
6. 请简述 VR、AR 和 MR 的区别。

参 考 文 献

[1]　万珊珊，吕橙，等 . 大学计算机基础 [M].3 版 . 北京：中国铁道出版社，2015.

[2]　徐志伟，孙晓明 . 计算机科学导论 [M]. 北京：清华大学出版社，2018.

[3]　陈国良 . 计算思维导论 [M]. 北京：高等教育出版社，2012.

[4]　沙行勉 . 计算机科学导论——以 Python 为舟 [M]. 北京：清华大学出版社，2016.

[5]　易建勋，等 . 计算机导论——计算思维和应用技术 [M]. 2 版 . 北京：清华大学出版社，2018.

[6]　战德臣，聂兰顺 . 大学计算机——计算思维导论 [M]. 北京：电子工业出版社，2013.

[7]　唐良荣，唐建湘，等 . 计算机导论——计算思维和应用技术 [M]. 北京：清华大学出版社，2015.

[8]　刘勇，邹广慧 . 计算机网络基础 [M]. 北京：清华大学出版社，2016.

[9]　左孝凌 . 离散数学 [M]. 上海：上海科学技术文献出版社，2018.

[10]　兰晓华 . 逻辑学入门很简单 [M]. 北京：人民邮电出版社，2017.

[11]　白庆祥，韦淑梅，等 . 逻辑学基础 [M]. 北京：中国人民公安大学出版社，2003.

[12]　邱李华，李晓黎，等 . SQL Server 2000 数据库应用教程 [M]. 北京：人民邮电出版社，2007.

[13]　韩家炜 . 数据挖掘：概念与技术 [M]. 范明，等译 . 北京：机械工业出版社，2012.

[14]　毛国君 . 数据挖掘原理与算法 [M]. 北京：清华大学出版社，2017.

推荐阅读

计算机科学与工程导论：基于IoT和机器人的可视化编程实践方法 第2版

作者：陈以农 陈文智 韩德强 ISBN：978-7-111-57444-6 定价：39.00元

从问题到程序——用Python学编程和计算

作者：裴宗燕 ISBN：978-7-111-56445-4 定价：59.00元

计算机组成基础 第2版

作者：孙德文 章鸣嬛 ISBN：978-7-111-53347-4 定价：39.00元

数据挖掘与商务分析：R语言

作者：裴宗燕 ISBN：978-7-111-52118-1 定价：45.00元

数据结构：C语言描述 第2版

作者：殷人昆 ISBN：978-7-111-55982-5 定价：55.00元

算法设计与分析

作者：黄宇 ISBN：978-7-111-57297-8 定价：49.00元